给水排水工程经典案例详解与分析

谭立国　陈秀兰　卓志鹏　主　编

夏雄涛　刘　岩　张世龙
李虎军　荣成龙　李　璞　副主编
薛俊曦　陈希勇　张悠慈

赵志伟　卢金锁　师前进　主　审

中国建筑工业出版社

图书在版编目(CIP)数据

给水排水工程经典案例详解与分析 / 谭立国，陈秀
兰，卓志鹏主编；夏雄涛等副主编. -- 北京：中国建
筑工业出版社，2024.7. -- ISBN 978-7-112-30113-3

Ⅰ. TU991

中国国家版本馆 CIP 数据核字第 2024FZ7913 号

责任编辑：于　莉
文字编辑：李鹏达
责任校对：芦欣甜

给水排水工程经典案例详解与分析

谭立国　陈秀兰　卓志鹏　主　编

夏雄涛　刘　岩　张世龙
李虎军　荣成龙　李　璞　副主编
薛俊曦　陈希勇　张悠慈

赵志伟　卢金锁　师前进　主　审

*

中国建筑工业出版社出版、发行（北京海淀三里河路9号）

各地新华书店、建筑书店经销

北京红光制版公司制版

廊坊市金虹宇印务有限公司印刷

*

开本：787毫米×1092毫米　1/16　印张：19　字数：470千字

2024年7月第一版　　2024年7月第一次印刷

定价：**78.00**元

ISBN 978-7-112-30113-3

（43118）

本书编委会

主 编

谭立国　陈秀兰　卓志鹏

副主编

夏雄涛　刘　岩　张世龙

李虎军　荣成龙　李　璞

薛俊曦　陈希勇　张悠慈

主 审

赵志伟　卢金锁　师前进

参编人员

（排名不分先后）

郑建国	秦　彧	谭　春	米晓勇	郭文娟	陈　朗
冯家俊	林菁华	裴罗刚	周　陈	李宇基	李洪阳
朱卫平	王　琦	万宏文	管喜梅	刘兴哲	刘少由
薛浩贤	陈建利	李　维	王鎜胶	曾永光	金　帅
刘道展	李万银	郭晓伟	黄紫龙	张　华	薛　冰
郑　霞	杨　雷	郭玲玲	宁慧平	赵海华	杨有才
吴莉萱	李森林	王　姚	谷文艺	谭毫建	张　青
陈　吉	陈　健	张宇佳	马智明	胡庆立	任盼盼
王广智	赵志领	马鸿志	李大鹏	崔宪文	李云贺
张英霞	雷　鸣	常　亮	史书俊	柳红军	程汉雨
李伟光					

参编人员单位一览表

（排名不分先后）

中国电子系统工程第四建设有限公司	谭立国
上海联创设计集团股份有限公司	陈秀兰、李洪阳
广东省轻纺建筑设计院有限公司	卓志鹏、张宇佳
武汉金中工程技术有限公司	夏雄涛、裴罗刚、周 陈
	刘道展、李万银
天津市政工程设计研究总院有限公司	刘 岩
中国船舶集团国际工程有限公司	张世龙
中电建铁路建设投资集团有限公司	李虎军
中铁四局集团有限公司	荣成龙
青岛华脉联合工程设计咨询有限公司	李 璞
湖北佳境工程设计集团有限公司	薛俊曦
中国恩菲工程技术有限公司	陈希勇
济南石油化工设计院	杨 雷
东莞市城建规划设计院	薛浩贤
天地科技股份有限公司	马智明
浙江同方建筑设计有限公司	张悠慈
湖南乙竹环境科技有限公司	常 亮
上海韵水工程设计有限公司	郭晓伟
上海申标建筑设计有限公司	曾永光
中胜利达建筑设计有限公司	吴莉萱
琛源电力工程设计有限公司	张 华
成都高投建设开发有限公司	王 琦
成都比亚迪半导体有限公司	史书俊
水发（北京）建设有限公司	郑建国
重庆赛迪工程咨询有限公司	程汉雨
华东建筑设计研究院有限公司	薛 冰、李云贺
河海大学设计研究院有限公司	陈 吉
青岛三和施工图审查有限公司	崔宪文
中国城市建设研究院有限公司	王崟胶
山东普来恩工程设计有限公司	管喜梅
四川电力设计咨询有限责任公司	李森林
北京中衡九兴工程咨询有限公司	陈 健
广东中金岭南环保工程有限公司	杨有才
广东省建筑设计研究院有限公司	刘少由

南宁市勘测设计院集团有限公司	李宇基
成都市建筑设计研究院有限公司	陈建利
上海城投水务（集团）有限公司	冯家俊
深圳市利源水务设计咨询有限公司	黄紫龙
中国建筑西南设计研究院有限公司	谭　春
中联西北工程设计研究院有限公司	米晓勇
中建设计研究院（雄安）有限公司	金　帅
深圳市水务规划设计院股份有限公司	秦　彧、陈　朗
中冶北方（大连）工程技术有限公司	谷文艺
杭州明捷普机电设计事务所有限公司	朱卫平
北京市建筑设计研究院股份有限公司	王　姚
北京首创生态环保集团股份有限公司	郭文娟
北京良乡蓝鑫水利工程设计有限公司	刘兴哲
北控长保（湖北）水务投资有限公司	李　维
中国建筑标准设计研究院有限公司	师前进
广州市图鉴城市规划勘测设计有限公司	张　青
中广电广播电影电视设计研究院有限公司	万宏文
华东建筑设计研究院有限公司重庆分公司	林菁华
水发绿建（北京）城市科技发展有限公司	柳红军
甘肃省水利水电勘测设计研究院有限责任公司	宁慧平
信息产业电子第十一设计研究院科技工程股份有限公司	谭毫建
中铁上海设计院集团有限公司	胡庆立、任盼盼
山西省建筑设计研究院有限公司	郑　霞、郭玲玲、张英霞
抖音视界有限公司	雷　鸣
西安建筑科技大学	卢金锁
哈尔滨工业大学	王广智、李伟光
北京科技大学	马鸿志
湖北工程学院	赵海华
苏州科技大学	李大鹏
广东工业大学	赵志伟
华侨大学	赵志领

序

随着科学技术的飞速发展，给水排水工程作为城市基础设施建设的重要组成部分，受到人们的广泛关注和重视。城市化进程的加快和人们对生活质量要求的提高，使给水排水工程领域所面临的挑战和机遇也日益凸显。在这样的背景下，《给水排水工程经典案例详解与分析》一书的出版，为广大水行业从业者、学者和学生通过典型的工程案例全面、深入、系统地掌握给水排水工程技术知识提供了一本宝贵的参考用书。

本书作者是多年从事教学和工程技术应用工作的大学教师和给水排水工程设计师，他们有着丰富的实践经验和深厚的理论功底。特别值得一提的是，本书作者汇聚了集体智慧，在工程案例选取上非常注重代表性、精准性和实用性，对每一个工程案例都作了全面系统的梳理和深入的分析，旨在帮助读者从工程实践中汲取智慧，从工程案例中领悟真谛。同时，本书还注重语言表达的通俗性，力求让每一位读者都能够容易理解并深入领会书中的内容。

对于从事一线工作的大学教师和给水排水工程设计师来说，本书无疑是一本极具实用价值的工具书。同时，对于准备参加给水排水注册公用设备工程师考试的人员，本书亦具有极高的实用价值。针对这些应试人员的特点和需求，本书通过对代表性工程案例的深入剖析，重点加强了对关键知识点的评述，旨在帮助其更加系统地掌握工程知识，提高解决实际问题的能力。

对于刚步入社会的给水排水专业及相关专业的学生来说，本书也是一本难得的学习用书。通过阅读本书，可以进一步提高对给水排水工程领域知识的全面了解，有利于掌握更多的专业理论知识和实践技能，为未来职业生涯发展奠定坚实的基础。

综上，相信本书能够使广大读者更加深入地了解给水排水工程实践所蕴含的精髓和魅力。同时，为适应水行业的创新发展，更好地应对给水排水工程实践面临的诸多挑战，衷心希望本书能够为之注入新的活力和动力，并能够为广大水行业从业者、学者和学生带来实实在在的帮助和收获。

我为本书作者对给水排水工程技术的发展和水行业人才培养所付出的艰辛努力和卓有成效的工作成就甚感欣慰，未来也非常期待能够有更多这样的优秀作品问世，为共同推动我国给排水科学与工程专业和水行业的高质量发展贡献智慧和力量。

李伟光教授　哈尔滨工业大学环境学院　博士生导师
教育部高等学校给排水科学与工程专业教学指导分委员会主任委员
2024 年 4 月 19 日

前　言

在快速发展的今天，给水排水工程领域正经历着前所未有的变革与挑战。随着技术的不断进步和工程实践的深入，行业内对于经典工程案例的需求愈发迫切，市场上尚缺乏一本全面、深入、系统的给水排水工程案例著作，以供广大从业者、学者和学生参考学习。

正是基于这样的现状，怀揣着对给水排水工程领域的热爱与执着，我们邀请了业内一线工作的大学老师、资深给水排水设计师，共同梳理、分析并评论了一系列具有代表性的工程案例。本书不仅汇聚了众多一线工作大学老师、给水排水设计师的宝贵经验，更融入了他们对工程案例的深入分析与独到见解，力求做到案例选取的精准性、分析评论的深入性以及语言表达的通俗性。这些案例不仅具有代表性，而且充满了实战性，它们将带领读者深入了解水排水工程的精髓与魅力。

对于从事一线工作的大学老师和给水排水设计师来说，本书将成为他们解决实际工程问题的得力助手。无论是面对复杂的工程难题，还是进行课程设计指导，他们都能从中找到宝贵的参考资料和灵感来源。

对于刚步入社会的大学生来说，本书更是一本不可或缺的自我学习用书，将帮助他们建立起对给水排水工程领域的全面认识，掌握基本的理论知识和实践技能，为未来的职业生涯奠定坚实的基础。

此外，本书还特别关注了工程技术人员自我学习和注册给水排水考试人群的需求。我们针对这些人群的特点和需求，精选了一系列适合初学者和考试者的案例，并提供了详细的解析和点评，旨在帮助他们更好地掌握工程知识，提高解决实际问题的能力。

值得一提的是，本书在编写过程中，深入调研了市场上的同类书籍，力求在内容、形式等方面做到与众不同。避免了鱼龙混杂的现象，确保了案例解析的准确性和权威性，旨在为读者提供一本真正有价值的参考书。

总之，本书是一本集经典案例、深入分析、独到见解于一体的给水排水工程著作。不仅具有极高的实用价值，更充满了智慧的火花和人文的关怀。我们相信，通过阅读本书，你将能够更深入地了解给水排水工程的精髓和魅力，更好地应对工程实践中的挑战和机遇。

本书共分 4 篇，共计 23 章，第 1~3 章由谭立国、黄紫龙、郭晓伟、李森林负责编写；第 4~5 章由刘兴哲、冯家俊、宁慧平负责编写；第 6~7 章由郑建国、王鉴胶、陈吉负责编写；第 8~9 章由荣成龙、赵海华、郭文娟负责编写；第 10 章由夏雄涛、周陈、裴罗刚负责编写；第 11~14 章由刘岩、李璞、秦彧、陈朗、薛浩贤、陈健负责编写；第 15~16 章由刘岩、杨有才、李维、王琦、张青负责编写；第 17 章由荣成龙、薛俊曦、夏雄涛、谭毫建负责编写；第 18 章由陈希勇、刘道展、李万银、张宇佳负责编写；第 19 章由卓志鹏、李璞、薛冰、郑霞、万宏文、管喜梅、张悠慈负责编写；第 20 章由张世龙、卓志鹏、曾永光、陈建利、金帅、张华、林菁华负责编写；第 21 章由陈秀兰、张世龙、李虎军、李洪阳、王姚、吴莉萱负责编写；第 22 章由李虎军、陈秀兰、米晓勇、郭玲玲、杨雷、谷文艺负责编写；第 23 章由谭立国、薛俊曦、谭春、朱卫平、刘少由、李宇基负责编写。

　　本书第 1 篇由赵志伟、王广智、赵志领、李大鹏、赵海华几位大学教授审校，第 2 篇由卢金锁、王广智、马鸿志几位大学教授审校，第 3 篇由师前进、李云贺、崔宪文、张英霞等教授级高级工程师审校，本书第 4 篇由全体参编人员共同编写，编写过程中得到了马智明、胡庆立、雷鸣、常亮、任盼盼等行业专家的大力支持，同时为本书提供了国内外相关文献资料，全书由李伟光教授审核，并提出了大量宝贵意见和建议，在此表示衷心的感谢！

　　最后，我们要感谢所有为本书做出贡献的作者和编校人员。他们的辛勤工作和专业知识，使得这本书能够呈现在读者面前。同时，我们也要感谢每一位读者，是你们的支持和反馈，让我们有动力继续前进，为行业的发展贡献更多的智慧和力量。

　　愿本书成为你们职业生涯中的一盏明灯，照亮前行的道路。由于编者水平所限，疏漏和不当之处在所难免，恳请广大读者指正。笔者电子邮箱：103624051@qq.com。

参考书目略写简称速查表

序号	名　称		简　称
1	《室外给水设计标准》	GB 50013—2018	《室外给水标准》
2	《室外排水设计标准》	GB 50014—2021	《室外排水标准》
3	《城市排水工程规划规范》	GB 50318—2017	《城市排水规范》
4	《城镇污水再生利用工程设计规范》	GB 50335—2016	《城镇污水再生规范》
5	《城乡排水工程项目规范》	GB 55027—2022	《城乡排水规范》
6	《城市给水工程项目规范》	GB 55026—2022	《城市给水规范》
7	《城镇内涝防治技术规范》	GB 51222—2017	《城镇内涝规范》
8	《城镇雨水调蓄工程技术规范》	GB 51174—2017	《城镇雨水调蓄规范》
9	《建筑给水排水设计标准》	GB 50015—2019	《建水标准》
10	《建筑中水设计标准》	GB 50336—2018	《中水标准》
11	《建筑与小区雨水控制及利用工程技术规范》	GB 50400—2016	《建筑与小区雨水规范》
12	《民用建筑太阳能热水系统应用技术标准》	GB 50364—2018	《太阳能标准》
13	《建筑设计防火规范》	GB 50016—2014（2018 版）	《建规》
14	《消防给水及消火栓系统技术规范》	GB 50974—2014	《消水规》
15	《自动喷水灭火系统设计规范》	GB 50084—2017	《自喷规范》
16	《水喷雾灭火系统设计规范》	GB 50219—2014	《水喷雾规范》
17	《泡沫灭火系统技术标准》	GB 50151—2021	《泡沫标准》
18	《汽车库、修车库、停车场设计防火规范》	GB 50067—2014	《汽车库防火规范》
19	《全国勘察设计注册公用设备工程师给水排水专业执业资格考试教材（2023 年版）考试教材第 1 册　给水工程》		《给水工程》教材
20	《全国勘察设计注册公用设备工程师给水排水专业执业资格考试教材（2023 年版）考试教材第 2 册　排水工程》		《排水工程》教材
21	《全国勘察设计注册公用设备工程师给水排水专业执业资格考试教材（2023 年版）第 3 册　建筑给水排水工程》		《建水工程》教材

目 录

第1篇 给水工程经典案例详解与分析

第 4 篇 模拟题

第1篇

给水工程经典案例详解与分析

1

第 1 章　给水工程取水量、设计规模、供水量及调节容积等相关计算

1.1　城市规划设计最高日供水量相关计算

【题 1】 某城市规划设计最高日的各用水量分别为：综合生活用水量 78000m³，工业用水量 66000m³，绿地和道路浇洒用水量 8000m³，消防用水量 2160m³，未预见用水量 14500m³，该城市规划设计的最高日供水量（m³/d）是多少？

(A) 183860　　　　(B) 181700　　　　(C) 166500　　　　(D) 167200

答案：【B】。

分析： 最高日供水量不包含消防用水量；题设未直接给出管网漏损水量，可按标准中的规定值确定。

解析：

（1）计算公式确定

根据《给水工程》教材 1.2.1 节，城市给水系统设计供水量应满足其服务对象的下列各项用水量：

1）综合生活用水量（包括居民用水和公共建筑用水）；

2）工业企业用水量；

3）浇洒道路和绿地用水量；

4）管网漏损水量；

5）未预见用水量；

6）消防用水量。

一般城镇供水量远高于消防用水量，故计算城市给水系统供水量时，可不计入消防用水量。而采用系统设计年限之内的上述 1）～5）项的最高日用水量之和进行计算。其中管网漏损水量为综合生活用水、工业企业用水、浇洒道路和绿地用水三项之和的 10%。

（2）参数确定

根据题设，综合生活用水量＝78000m³，工业用水量＝66000m³，

绿地和道路浇洒用水量＝8000m³，未预见用水量＝14500m³。

（3）最高日供水量

将上述 1）～5）项相加，该城市规划设计的最高日供水量：

$$Q_d = (78000 + 66000 + 8000) \times 1.1 + 14500 = 181700 m^3/d$$

故选 B。

评论：

（1）本案例考察的是城市规划设计的最高日供水量，为常考察点。

(2) 值得注意的是：各类用水量是否明确给出；若未明确给出，计算时需注意管网漏损水量为各用水量之和的10%，未预见水量为各用水量和管网漏损水量之和的8%～12%。

1.2 取水工程与供水工程设计流量的相关计算

【题2】 某城市给水系统规划设计最高日供水量100000m³，采用统一供水系统。用户用水量时变化系数1.5，管网中没有设置调节构筑物。原水输水管漏损水量为给水系统设计规模的3%，水厂自用水为给水系统设计规模的5%，管网漏损水量为给水系统设计规模的10%。则二级泵站设计流量比取水泵站设计流量大多少（m³/h）？

(A) 2687.5   (B) 2375.0   (C) 1750.0   (D) 1333.3

答案：【C】。

分析： 题设中已知水厂的设计规模，即最高日供水量 Q_d，由于管网中没有设置调节构筑物，则二级泵站的设计流量 Q_2＝最高日最大时供水量 Q_h；题设中给了水厂自用水和原水输水管漏损水量，可求出取水泵站的设计流量 Q'_1。

解析：

(1) 计算公式确定

根据《给水工程》教材式（1-3），二级泵站设计流量：

$$Q_2 = K_h \frac{Q_d}{T}$$

根据《给水工程》教材式（1-2a），取水泵站的设计流量：

$$Q' = \frac{(1+\beta+\alpha)Q_d}{T}$$

式中 α——供水厂自用水率；

       β——输水管（渠）漏损水量占设计规模的比例。

(2) 参数确定

最高日供水量 Q_d＝100000m³，时变化系数 K_h＝1.5，

输水管（渠）漏损水量占设计规模的比例 β＝3%，供水厂自用水率 α＝5%。

(3) 设计流量差值

二级泵站设计流量：

$$Q_2 = K_h \frac{Q_d}{T} = 1.5 \times \frac{100000}{24} = 6250 \text{m}^3/\text{h}$$

取水泵站的设计流量：

$$Q' = \frac{(1+\alpha+\beta)Q_d}{T} = \frac{(1+3\%+5\%) \times 100000}{24} = 4500 \text{m}^3/\text{h}$$

二级泵站设计流量与取水泵站设计流量差值：

$$\Delta Q = Q_2 - Q' = 6250 - 4500 = 1750 \text{m}^3/\text{h}$$

故选 C。

评论：

(1) 易错点：取水泵站的设计流量计算错误，供水管网漏损水量作为干扰项。

(2) 值得注意的是：设计取水量与设计供水量是不同的，他们的中点在水厂，水厂前

为"设计取水量"，水厂后为"设计供水量"。

（3）延伸点：城市给水系统的设计供水量 Q_d，通常这个数值也称为"城市给水系统的设计规模或水厂的设计规模"。如果取原水输水管漏损水量占水厂设计流量的比例为 β'，则取水构筑物、一级泵站、原水输水管道的设计流量为：

$$Q'_1 = \frac{(1+\beta')(1+\alpha)Q_d}{T}$$

1.3　水厂的设计规模

【题 3】 某城镇设计人口 20 万人，用水普及率以 100% 计，取最高日综合生活用水定额为 300L/（人·d），工业企业用水量与综合生活用水量比例为 1∶4，浇洒市政道路、广场和绿地用水、管网漏失水量及未预见水量合计按综合生活及工业用水量之和的 25% 考虑，城市消防按同一时间 2 起火灾考虑，1 起火灾灭火流量 45L/s，火灾延续时间按 2h 计。水厂的设计规模（m³/d）为下列哪项？

（A）94398　　　　（B）100000　　　　（C）93750　　　　（D）100648

答案：【C】。

分析：根据题设可知计算水厂设计规模的基本条件，按照标准要求解答即可。

解析：

（1）计算公式确定

根据《给水工程》教材 1.2.1 节，综合生活用水量：

$$Q_1 = \frac{1}{1000}\Sigma(q_i N_i)$$

（2）参数确定

根据题设，最高日综合生活用水定额 $q_i = 300$L/（人·d），用水人数 $N_i = 20 \times 10^4$，

工业企业用水量与综合生活用水量比例为 1∶4，浇洒市政道路、广场和绿地用水、管网漏失水量及未预见水量合计按综合生活及工业用水量之和的 25% 考虑。

（3）水厂的设计规模

综合生活用水量：

$$Q_1 = \frac{1}{1000}\Sigma(q_i N_i) = 20 \times 10^4 \times \frac{300}{1000} = 60000 \text{m}^3/\text{d}$$

工业企业用水量：

$$Q_2 = \frac{60000}{4} = 15000 \text{m}^3/\text{d}$$

浇洒市政道路、广场和绿地用水、管网漏失水量及未预见水量：

$$Q_3 = 0.25 \times (60000 + 15000) = 18750 \text{m}^3/\text{d}$$

水厂的设计规模：

$$Q_d = Q_1 + Q_2 + Q_3 = 60000 + 15000 + 18750 = 93750 \text{m}^3/\text{d}$$

故选 C。

评论：

（1）易错点：消防用水量不用于水厂设计规模的计算，仅用于校核。

（2）值得注意的是：城市给水系统的设计供水量 Q_d，通常这个数值也称为"城市给水系统的设计规模或水厂的设计规模"。

（3）考点延伸：还可以不给出用水定额和人数，由《室外给水标准》4.0.3 条城市规模和地区等可判断出来。

1.4 供（用）水时变化系数相关计算

【题4】 某城镇水厂规模 25000m³/d，送水泵房原设计最大供水量为 1300m³/h，因高峰时期部分地区有水压及水量不足的问题，故在管网系统中增设了调节水池泵站。在用水高峰时，调节水池进水量为 50m³/h，调节水池泵站向供水管网系统供水 250m³/h。则本管网系统供水时变化系数为下列哪项？

(A) 1.536　　　　(B) 1.44　　　　(C) 1.488　　　　(D) 1.248

答案：【B】。

分析： 题设给出高峰时期部分地区有水压及水量不足的问题，在管网系统中增设调节水池泵站，则说明最高日最高时供水量是由送水泵站和调蓄泵站同时供给的，由调节水池用水高峰进出水量之差可知调蓄泵站高峰时期管网的供给量。

解析：

（1）计算公式确定

根据《给水工程》教材 1.2.3 节，在一年之中供水最高日那一天的最大一小时的供水量（最高日最高时供水量或用水量）和该日平均时供水量或用水量的比值，称为供水时变化系数 K_h，即：

$$K_h = \frac{最高日最高时供水量}{最高日平均时供水量}$$

（2）参数确定

根据题设，管网最高日最高时供水量＝1300＋250−50＝1500m³/h，

管网最高日平均时供水量＝25000÷24＝1042m³/h。

（3）小时变化系数 K_h

本管网系统供水时变化系数：

$$K_h = \frac{最高日最高时供水量}{最高日平均时供水量} = \frac{1300 + (250 - 50)}{25000 \div 24} = 1.44$$

故选 B。

评论：

（1）本案例考察对小时变化系数、最高日最高时供水量、最高日平均时供水量的理解，该参数在工程中非常重要，是选泵的重要依据。

（2）值得注意的是：题设中又增设了调蓄泵站这一条件，需思考最高日最高时供水量是多少。

1.5 调节构筑物的相关计算

【题5】 某给水管网由二级泵站和高地水库对置供水（图1-1），最大时总供水量为

150L/s，此时，因水库的水位波动使得最大供水时二级泵站供水量产生变化。水库最高和最低水位时，对应的二级泵站供水量占总供水量的比例分别为 60% 和 70%；最大时节点①②③④的流量分别为 28L/s、34L/s、51L/s、37L/s；水库最高水位时，泵站-①、①-③、③-水库的水头损失分别为 3.0m、1.0m、3.0m；水库最低水位时，二级泵站出站管顶测压管水头为 21m（管顶标高为 5m）。试计算最大供水时水库的最低水位标高（m）为下列哪一项？（沿程水头损失计算公式按 $h = sq^2$）

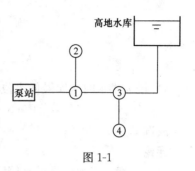

图 1-1

(A) 16.81　　　　(B) 20.75　　　　(C) 21.25　　　　(D) 33.00

答案：【C】。

分析： 水库最高水位、最低水位供水时，均处于管网最大时供水阶段，即管网总供水量、各节点流量不变。据此求出各管段在两种工况下的管道流量，根据水库最高水位时各管道水损求出水库最低水位时的管道水损，再由水库最低水位时二级泵站出站管顶测压管水头和管顶标高，推算出高地水库的最低水位标高。

解析：

（1）计算公式确定

由《给水工程》教材式（1-11）最高供水时二级泵站扬程：

$$H_p = Z_c + H_c + h_s + h_c + h_n$$

式中　Z_c——高地水库地面标高与泵站最低水位的高差，m；

　　　H_p——水库最低水位，m；

h_s、h_c、h_n——最高供水时的流量扣除水库供水流量后水泵吸水管、输水管和管网的水头损失（本案例无 h_s、h_c），m。

根据《给水工程》教材式（2-16），水头损失计算式：

$$h = \alpha l q^2 = sq^2$$

（2）最大供水时水库的最低水位标高

1）水库最高水位时，根据题设，泵站到水库各管段的水头损失为：

$$h_{泵站-1} = 3.0m；h_{1-3} = 1.0m；h_{3-水库} = 3.0m$$

泵站到水库各管段的管段流量为：

$$Q_{泵站-1} = 150 \times 60\% = 90L/s$$

$$Q_{1-3} = 90 - 28 - 34 = 28L/s$$

$$Q_{3-水库} = 150 \times (1 - 60\%) = 60L/s$$

2）水库最低水位时，根据题设，泵站到水库各管段的管段流量为：

$$Q'_{泵站-1} = 150 \times 70\% = 105L/s$$

$$Q'_{1-3} = 105 - 28 - 34 = 43L/s$$

$$Q'_{3-水库} = 150 \times (1 - 70\%) = 45L/s$$

3）由 $h = sq^2$ 可得 $h' = \left(\dfrac{q'}{q}\right)^2 \times h$，由此可得最低水位时各管段的水头损失：

$$h'_{泵站-1} = \left(\frac{105}{90}\right)^2 \times 3.0 = 4.083m$$

$$h'_{1\text{-}3} = \left(\frac{43}{28}\right)^2 \times 1.0 = 2.358\text{m}$$

$$h'_{3\text{-水库}} = \left(\frac{45}{60}\right)^2 \times 3.0 = 1.6875\text{m}$$

4）最大供水时水库最低水位标高：

$$H_c = 21 + 5 - 4.083 - 2.358 + 1.6875 = 21.25\text{m}$$

故选 C。

评论：

（1）本案例考察的是供水管网流量、水损和压力计算。本案例重在分析最大供水时，高地水库在最高、最低水位 2 种状态下的管网设计流量和水损，计算难度不大。

（2）延伸点：除网后的对置水塔，还应掌握网前、网中水塔供水形式下的工况计算，包括根据流量计算水塔水位标高或者二级泵站供水压力，以及根据压力计算节点流量、管道流量和管径等。

第2章 一、二级泵站设计扬程计算

2.1 一级泵站送水压力的相关计算

【题1】某水泵加压输水系统如图 2-1 所示，若在设计流量时水泵吸水管与出水管管道 AB 的水头损失为 $h_{AB}=3m$，BC 段管道水头损失 $h_{BC}=10m$，CD 段水头损失 $h_{CD}=5m$；水池进水所需安全水头不小于 2m。作为选泵的依据，对应设计流量时水泵的最小扬程宜为下列哪一项？（其他水头损失忽略）

（A）38m   （B）40m   （C）43m   （D）45m

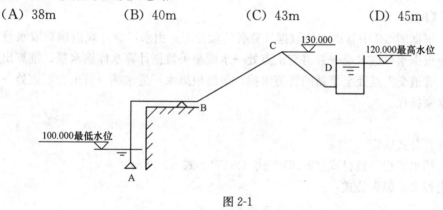

图 2-1

答案：【C】。

分析： 根据《室外给水标准》7.1.4 条及条文解释，在各种设计工况下运行时，管道不应出现负压；输水管线高程应位于各种设计工况下运行的水力坡降线以下。故根据 C 点和 D 点分别求取水泵扬程，取大值。

解析：

(1) 计算公式确定

根据《给水工程》教材 1.3.3 节"水泵扬程的确定"中所述：水泵扬程主要由几何高差、水头损失和用水点的服务水头三部分组成。

根据题设，C 点几何高差最大，D 点具有安全水头 2m 的要求，故应分别按照 C、D 两点为最不利点，求出各自的扬程后，取最大值。

(2) 取水泵扬程的计算

1) 根据 C 点，求水泵扬程：由 $H_C \geqslant 0$ 得，$H_{pC} = 130+10+3-100 = 43m$；

2) 根据 D 点，求水泵扬程：由 $H_D \geqslant 2$ 得，$H_{pD} = 120+2+5+10+3-100 = 40m$；

3) H_{pC} 和 H_{pD} 取大值，即水泵扬程为 43m。

故选 C。

评论：

本案例主要考察水泵扬程的计算及规范的理解，无法直接对 C、D 两点直接判断哪个为控制点，需要分别对其进行计算，并按最大扬程选取。

【题 2】 某水厂设计规模 36 万 m^3/d，水厂自用水率和输水管道漏损率合计为 5%，分别由输水泵站泵压和高地水库重力提供原水。供水系统布置如图 2-2 所示。已知水厂进水标高 24.0m，进水富余水头 1.2m。在泵站设计取水和水库供水水位分别为 2.4m 和 36.0m 的情况下，为满足供水，泵站水泵计算扬程（m）宜为下列哪项？（n 取值 0.013，不计输水管局部水头损失和泵站内部水头损失）

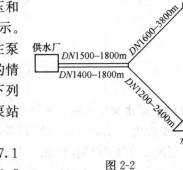

图 2-2

(A) 25.6   (B) 27.1

(C) 29.0   (D) 29.5

答案：【B】。

分析： 根据图 2-2 中管道相关数据计算各管段比阻；由水厂设计规模推算取水管网总取水流量；根据水厂进水端→管道交汇点处→水库相关数据计算水库输水量；推算出泵站设计流量、管道交汇点处至泵站的管道水损；最终根据水厂进水端→管道交汇点处→泵站推算泵站水泵扬程。

解析：

(1) 计算公式确定

根据《给水工程》教材式（2-16）、式（2-17）、式（2-28a），

管道沿程水头损失公式：

$$h = \alpha l q^2 = s q^2$$

$n=0.013$ 时，比阻计算式：

$$\alpha = \frac{0.001743}{d_j^{5.33}}$$

当量摩阻的计算公式：

$$S_d = \frac{S_M \times S_N}{(\sqrt{S_M} + \sqrt{S_N})^2}$$

根据题设，水厂设计规模 $Q_d = 36$ 万 m^3/d，根据《给水工程》教材式（1-2a）计算原水输水管道的设计流量：

$$Q_1' = \frac{(1+\alpha+\beta)Q_d}{T}$$

(2) 参数的确定

DN1200 管道的比阻为：$\alpha_{DN1200} = 0.00066$，$S_{DN1200} = 0.00066 \times 2400 = 1.584$，

DN1400 管道的比阻为：$\alpha_{DN1400} = 0.00029$，$S_{DN1400} = 0.00029 \times 1800 = 0.522$，

DN1500 管道的比阻为：$\alpha_{DN1500} = 0.00020$，$S_{DN1500} = 0.00020 \times 1800 = 0.36$，

DN1600 管道的比阻为：$\alpha_{DN1600} = 0.000142$，$S_{DN1600} = 0.000142 \times 3800 = 0.5396$，

DN1400 管道和 DN1500 管道并联后当量摩阻为：

$$S_d = \frac{0.522 \times 0.36}{\left(\sqrt{0.522} + \sqrt{0.36}\right)^2} = 0.1074$$

（3）水泵扬程的计算

1）水厂至管道交汇点处水头损失：

$$h_1 = S_d q^2 = 0.1074 \times \left[\frac{36 \times 10^4 \times (1 + 5\%)}{86400}\right]^2 = 2.1\text{m}$$

2）水库至管道交汇点处的水头损失：

$$h_2 = 36 - (24 + 1.2 + 2.056) = 8.744\text{m} = S_{DN1200} \times q_1^2$$

计算得：$q_1^2 = 2.35\text{m}^3/\text{s}$

3）泵站至管道交汇点处的水头损失

$DN1600$ 管道流量：

$$q_2 = \frac{36 \times 10^4 \times (1 + 5\%)}{86400} - 2.35 = 2.025\text{m}^3/\text{s}$$

泵站至管道交汇点处的水头损失：

$$h_3 = S_{DN1600} \times q_2^2 = 0.5396 \times 2.025^2 = 2.2\text{m}$$

（4）水泵扬程

泵站水泵计算扬程为：

$$H = 24 + 1.2 + h_1 + h_3 - 2.4 = 24 + 1.2 + 2.1 + 2.2 - 2.4 = 27.1\text{m}$$

故选 B。

评论：

（1）本案例考察取水输水管网流量、水损和压力的计算，分别以水厂进水端→管道交汇点处→水库（泵站）两条主线进行相关计算，考察难度不大，计算量偏大。

（2）值得注意的是：题目中给出的流量为水厂设计规模，计算代入时还应考虑水厂自用水率和输水管道漏损率。

2.2　二级泵站送水压力的相关计算

【题 3】 某城镇统一供水系统中，唯一一座供水厂的规模为 10 万 m^3/d，供水系统管网前设置了面积为 1200m^2，有效容积为 4800m^3 的矩形高位水池，二级泵站设计扬程为 56.0m。新的城市规划要求取消管网前的高位水池，对此，进行了清水池的扩容，扩容后的清水池容积满足取消高位水池后新的调节容积要求，并且最低水位不变。但是，取消高位水池后，最高日最高时二级泵站到供水管网的输水管的水头损失与水泵吸水管等泵站内总水头损失，分别增加了 2.3m 和 0.7m。问：在控制点要求的最小自由水头不变的条件下，取消高位水池后，二级泵站的复核计算扬程是下列哪一项？

（A）59.0m　　　　（B）55.0m　　　　（C）54.3m　　　　（D）52.7m

答案：【B】。

分析：有高位水池时，二级泵站的扬程满足高位水池进水即可，此时高位水池池底标高已满足控制点最小水头。无高位水池时，二级泵站的扬程需满足控制点最小水头。

解析：

（1）计算公式确定

水泵扬程的计算可根据《给水工程》教材表1-9，有高位水池时，二级泵站的扬程：

$$H_{\text{P1}} = Z_{\text{t}} + H_{\text{t}} + H_0 + h_{\text{c}} + h_{\text{s}}$$

无高位水池时，二级泵站的扬程：

$$H_{\text{P2}} = Z_{\text{c}} + H_{\text{c}} + h_{\text{c}} + h_{\text{s}} + h_{\text{n}}$$

式中　Z_{t}——设置水塔处地面标高与清水池最低水位的高差；

H_{t}——网前水塔的水柜底高于地面的高度；

H_{c}——控制点要求的最小服务水头；

Z_{c}——控制点处地面标高与清水池最低水位的高差；

h_{c}——供水管网的输水管的水头损失；

h_{s}——水泵吸水管等泵站内总水头损失；

H_0——水塔水柜的有效水深。

（2）泵站扬程计算

1）取消高位水池前，高位水池有效水深：

$$H_0 = \frac{容积}{面积} = \frac{4800}{1200} = 4\text{m}$$

$$H_{\text{P1}} = Z_{\text{t}} + H_{\text{t}} + H_0 + h_{\text{c}} + h_{\text{s}} = 56\text{m}$$

2）取消高位水池后，二级泵站的扬程：

$$H_{\text{P2}} = [Z_{\text{c}} + H_{\text{c}} + (h_{\text{c}} + 2.3) + (h_{\text{s}} + 0.7)] = 56 - 4 + 2.3 + 0.7 = 55\text{m}$$

故选 B。

评论：

（1）本案例考察的是二级泵站扬程计算，需掌握二级泵站在无水塔（高位水池）和有水塔（高位水池）情况下的计算公式以及各参数的含义。

（2）值得注意的是：本案例所给的水厂规模属于干扰项。在有水塔时，需将水塔内的水位高度代入公式。

第3章 输水管道事故保证率相关计算

3.1 并联输水管道输水能力的计算

【题1】 某高地水库通过 M 管和 N 管并联向水厂输水，两管均为水泥砂浆内衬的钢管，$n=0.013$。沿输水方向，M 管由管径分别为 $DN600$ 和 $DN500$，长度分别为 900m 和 700m 的管段组成。N 管由管径分别为 $DN700$ 和 $DN500$，长度分别为 1000m 和 400m 的管段组成。当输水总量为 1650m³/h 时，N 管的输水流量为下列哪项？（不计局部水头损失）

(A) 0.214m³/s   (B) 0.247m³/s   (C) 0.264m³/s   (D) 0.386m³/s

答案：【C】。

分析： 本案例是已知输水总量，求两条并联管路其中一条管路的输水流量，由每条管路中串联的管段管径和长度可求出每条管路的摩阻，进而求出总摩阻和总水损（不计局部水头损失），再由并联管路水损相等的特性，求出 N 管的输水流量。

解析：

本案例需结合图 3-1 来理解：

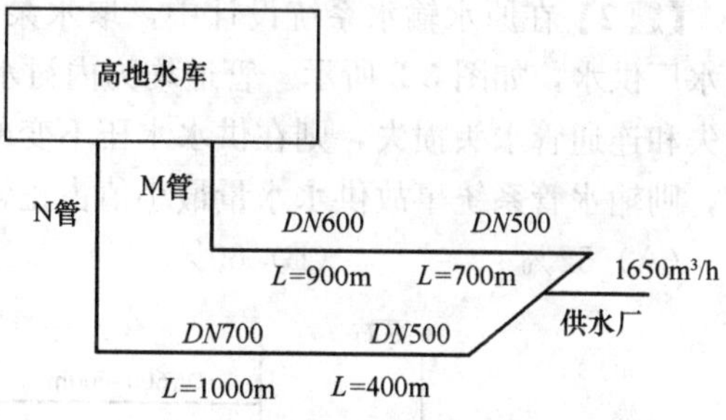

(1) 计算公式确定

根据《给水工程》教材式（2-16）、式（2-17）、式（2-28a），

管道沿程水头损失公式：

$$h = \alpha l q^2 = s q^2$$

$n=0.013$ 时，比阻计算公式：

$$\alpha = \frac{0.001743}{d_j^{5.33}}$$

当量摩阻的计算公式：

图 3-1

$$S_d = \frac{S_M \times S_N}{(\sqrt{S_M} + \sqrt{S_N})^2}$$

(2) 输水流量计算

1) 计算摩阻

M 管管道摩阻：

$$S_M = \frac{0.001743}{0.6^{5.33}} \times 900 + \frac{0.001743}{0.5^{5.33}} \times 700 = 72.956 s^2/m^5$$

N 管管道摩阻：

$$S_N = \frac{0.001743}{0.7^{5.33}} \times 1000 + \frac{0.001743}{0.5^{5.33}} \times 400 = 39.711 s^2/m^5$$

2）计算当量摩阻

$$S_d = \frac{S_M \times S_N}{(\sqrt{S_M} + \sqrt{S_N})^2} = \frac{72.956 \times 39.711}{(\sqrt{72.956} + \sqrt{39.711})^2} = 13.149 s^2/m^5$$

（3）计算输水流量

两条并联输水管道的水头损失相等，其数值也等于总水头损失，故 N 管的输水流量：

$$h_总 = S_d \times q^2 = 13.149 \times 1650 \div 3600 \times 2 = 2.758m$$

$$h_总 = h_n = S_N \times q_n^2 = 39.711 \times q_n^2 = 2.758m$$

计算得：N 管的输水流量 $q_n = 0.264 m^3/s$。

故选 C。

评论：

（1）并联输水管道的知识点，是给水工程中的重要内容之一，可以画草图协助理解。

（2）本案例也可以先根据两条并联管道的水头损失相等，求出两条管道输水流量的比值，再根据总流量换算出来，结果相同。

（3）延伸点：以 2 根管道为例，串联管道，$Q_总 = Q_1 = Q_2$、$S_总 = S_1 + S_2$、$H_总 = H_1 + H_2$；并联管道，$Q_总 = Q_1 + Q_2$、$S_总 = \frac{S_1 \times S_2}{(\sqrt{S_1} + \sqrt{S_2})^2}$、$H_总 = H_1 = H_2$。

3.2 输水管道事故供水水量计算

【题 2】 在原水输水系统设计中，取水泵站通过两根并联的不同管径和管长的输水管向水厂供水，如图 3-2 所示。管道均为内衬水泥砂浆的钢管，$n=0.013$。若不计局部水头损失和连通管水头损失，则在供水水压不变的条件下，当输水管系统中某一管段事故停运时，则输水管系统事故供水水量最小值占正常运行供水水量的百分比为下列哪项？

（A）52%　　　　（B）60%　　　　（C）67%　　　　（D）85%

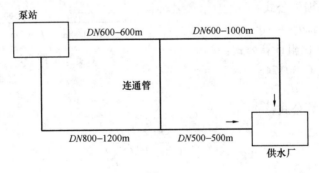

图 3-2

答案：【A】。

分析： 由供水水压不变可知，正常输水和事故输水水损是一样的，从而建立等式关系。

解析：

（1）计算公式确定

根据《给水工程》教材式（2-16）、式（2-17）、式（2-28a），管道沿程水头损失公式：

$$h = \alpha l q^2 = s q^2$$

$n = 0.013$ 时，比阻计算式：

$$\alpha = \frac{0.001743}{d_{\rm j}^{5.33}}$$

当量摩阻的计算公式：

$$S_{\rm d} = \frac{S_{\rm M} \times S_{\rm N}}{(\sqrt{S_{\rm M}} + \sqrt{S_{\rm N}})^2}$$

（2）正常时输水量计算

1）设上支路第一段摩阻为 S_1，上支路第二段摩阻为 S_2，下支路第一段摩阻为 S_3，下支路第二段摩阻为 S_4。

2）根据《给水工程》教材式（2-16）$S = \alpha l$，计算得四段管路的摩阻分别为：

$$S_1 = 0.02653 \times 600 = 15.918 {\rm s}^2/{\rm m}^5$$
$$S_2 = 0.02653 \times 1000 = 26.53 {\rm s}^2/{\rm m}^5$$
$$S_3 = 0.00573 \times 1200 = 6.876 {\rm s}^2/{\rm m}^5$$
$$S_4 = 0.0701 \times 500 = 35.05 {\rm s}^2/{\rm m}^5$$

3）正常输水时，并联管道的摩阻计算分别为：

S_1 与 S_3 并联：

$$S_{1\text{-}3} = \frac{S_1 \times S_3}{(\sqrt{S_1} + \sqrt{S_3})^2} = \frac{15.918 \times 6.876}{(\sqrt{15.918} + \sqrt{6.876})^2} = 2.50 {\rm s}^2/{\rm m}^5$$

S_2 与 S_4 并联：

$$S_{2\text{-}4} = \frac{S_2 \times S_4}{(\sqrt{S_2} + \sqrt{S_4})^2} = \frac{26.53 \times 35.05}{(\sqrt{26.53} + \sqrt{35.05})^2} = 7.59 {\rm s}^2/{\rm m}^5$$

正常输水时，总水头损失为：

$$h = s q^2 = (2.50 + 7.59) q^2 = 10.09 q^2$$

（3）事故时输水量及百分比计算

1）上支路第一段损坏，水头损失为：

$$h_{\rm a1} = (6.876 + 7.59) q_{\rm a1}^2 = 14.466 q_{\rm a1}^2$$

$$\frac{q_{\rm a1}}{q} = \sqrt{\frac{10.09}{14.466}} \times 100\% = 85\%$$

2）上支路第二段损坏，水头损失为：

$$h_{\rm a2} = (2.50 + 35.05) q_{\rm a2}^2 = 37.55 q_{\rm a2}^2$$

$$\frac{q_{\rm a2}}{q} = \sqrt{\frac{10.09}{37.55}} \times 100\% = 52\%$$

3）下支路第一段损坏，水头损失为：

$$h_{\rm a3} = (15.918 + 7.59) q_{\rm a3}^2 = 23.508 q_{\rm a3}^2$$

$$\frac{q_{\rm a3}}{q} = \sqrt{\frac{10.09}{23.508}} \times 100\% = 67\%$$

4）下支路第二段损坏，水头损失为：

$$h_{a4} = (2.50 + 26.53)q_{a4}^2 = 29.03q_{a4}^2$$

$$\frac{q_{a4}}{q} = \sqrt{\frac{10.09}{29.03}} \times 100\% = 60\%$$

由上述计算结果得出：

输水管系统事故供水水量最小值占正常运行供水水量的百分比为52%。

故选A。

评论：

（1）本案例考察事故时和正常时的输水量、摩阻、水损等相关计算，计算量大，偏难。

（2）由计算结果可分析出，哪个管段的摩阻最大，它损坏时，水流通过其他管道时的事故输水量最小。

第4章 输、配工程管道水力计算

4.1 取水工程管道水力计算

【题1】 已建取水工程设计水量 16 万 m^3/d，取水头部采用单根 $DN1200$ 内涂水泥砂浆钢管自流至集水井，管长 700m。若最低设计取水水位由原 4.2m 调整至 3.80m，而集水井现有最低水位保持不变，为 2.62m，问原单管设计流量为下列哪一项（m^3/s）？（局部水头损失均不计）

(A) 1.852　　　　(B) 1.736　　　　(C) 1.600　　　　(D) 1.550

答案：【C】。

分析： 本案例考察不同取水条件下自流管流量的计算。由于取水头部最低设计水位发生变化，导致取水头部与集水井之间水位发生变化，进而影响自流管流量，根据管道摩阻调整前后不变的原则去解答。

解析：

（1）计算公式确定

根据《给水工程》教材式（2-16）可知，

管道沿程水头损失公式：

$$h = \alpha l q^2 = s q^2$$

（2）参数的确定

调整前水位差克服水头损失，有 $\alpha l q_1^2 = 4.2 - 2.62 = 1.58\text{m}$，其中 $q_1 = 16$ 万 m^3/d；

调整后水位差克服水头损失，有 $\alpha l q_2^2 = 3.8 - 2.62 = 1.18\text{m}$。

（3）调整后单管设计流量

上述（2）中两个式子相比后可得：

$$1.18 \times \left(\frac{160000}{86400}\right)^2 = 1.58 \times q_2^2$$

计算得：原单管设计流量 $q_2 = 1.600\text{m}^3/\text{s}$。

故选 C。

评论：

（1）本案例考察水位降低后的取水能力，不涉及事故取水等其他因素。

（2）值得注意的是：本案例问题表达没有阐述清楚，应为"调整水位后原单管设计流量"，否则容易引起歧义，不知道是求调整前的，还是调整后的，即"原单管设计流量"并非"已建取水工程设计流量（16 万 $m^3/d = 1.852\text{m}^3/\text{s}$）"；应理解为最低设计水位降低至 3.80m 时的单管设计流量。

4.2 配水工程管网水力计算

【题 2】 某配水管网系统如图 4-1 所示，A 为送水泵站、D 为高位水池。系统最高日供水量为 $60000\mathrm{m}^3/\mathrm{d}$，时变化系数 $K_\mathrm{h}=1.25$。在管网最高日最高时用水和高位水池最大转输时，若送水泵站供水量分别为最高日平均时流量的 100% 和 90%，同时向高位水池最大转输时的管网用水量为最高日平均时用水量的 55%。输水管道流速取 $1.2\mathrm{m/s}$，则图 4-1 中 CD 管段的设计计算管径宜为下列哪一项？

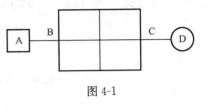

图 4-1

(A) 429mm   (B) 508mm   (C) 576mm   (D) 718mm

答案：【B】。

分析： 题设所求 CD 段为高位水池的进出水管。根据《给水工程》教材 1.3.1 节的表述，CD 段应按照二级泵站向水池转输供水流量和最高日最高时水池向管网供水流量两者中的大值确定。

解析：

(1) 计算公式确定

根据《给水工程》教材式（1-3），最高日最高时供水流量：

$$Q_2 = K_\mathrm{h} \frac{Q_\mathrm{d}}{T}$$

(2) 设计管径计算

1) 最高日最高时水池向管网供水时的工况

Q_CD1＝最高日最高时管网流量－最高日最高时送水泵站供水量，

$$Q_\mathrm{CD1} = \frac{60000 \times 1.25}{24} - \frac{60000}{24} = 625\mathrm{m}^3/\mathrm{h}$$

2) 二级泵站向水池转输供水时的工况

Q_CD2＝转输工况送水泵站供水量－转输工况管网用水量，

$$Q_\mathrm{CD2} = \frac{60000 \times 0.9}{24} - \frac{60000 \times 0.55}{24} = 875\mathrm{m}^3/\mathrm{h}$$

(3) CD 管段管径

根据水力学基础公式：

$$Q = vA = v \times \frac{\pi}{4} d^2$$

代入上述计算的数据，计算得：CD 管段的设计计算管径 $d=508\mathrm{mm}$。

故选 B。

评论：

(1) 本案例主要考察高位水塔（水池）进出水管的流量确定，在两种不同工况（转输和最高日最高时供水）下按流量大的确定。

(2) 同时考察了在两种工况下的系统供水形式及原理：最高日最高时工况下，送水泵站和水塔（水池）一起向管网供水；转输时，送水泵站向管网和水塔（水池）供水。

【题 3】 某城市输配水管网系统如图 4-2 所示，管网由两个送水泵站供水。送水泵站 P_1 的泵特性曲线为 $H=50-100Q^2$（Q 以 m³/s 计）、供水流量为 0.25m³/s 时，吸水井水位标高为 Z_1；送水泵站 P_2 的泵特性曲线为 $H=45-81.25Q^2$（Q 以 m³/s 计）、供水流量为 0.20m³/s 时，吸水井水位标高为 Z_2。此时，管网供水处于稳定状态，并且节点 C 位于两个泵站的供水分界线上。已知水头损失 $h_{p1\text{-}A\text{-}B\text{-}C}=9$m、$h_{p2\text{-}D\text{-}C}=6$m，若不考虑泵站内部水头损失，则此时两个泵站吸水井水位差（Z_1-Z_2）为下列哪一项？

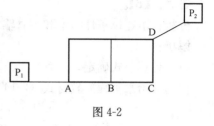

图 4-2

(A) 6.0m　　　　(B) 3.0m　　　　(C) 1.0m　　　　(D) −2.0m

答案：【C】。

分析： 流量分界点的特征是多水源供水时，在供水管网中某个点上或某一系列点（环状）上形成的压力平衡点，即流量分界点两侧水压相等。

解析：

(1) 计算公式确定

根据《给水工程》教材 2.3.1 节所述可知：

$$节点水压标高=节点地面标高+自由水头$$

(2) 水位差计算

根据 C 点两侧水压相等建立等式：

$$Z_1+(50-100\times0.25^2)-9=Z_2+(45-81.25\times0.20^2)-6$$

计算得：两个泵站吸水井水位差 $Z_1-Z_2=1$m。

故选 C。

评论：

本案例主要考察流量分界点的特征，并以此列出平衡方程求解，也间接考察了节点水压标高的概念。对于管网的水量计算需明确以下几个基本概念：

(1) 控制点：是控制整个管网水压的点，也称为水压的最不利点，只要该点的水压得到满足，整个管网就不会出现水压不足的地区。控制点常出现在离泵站最远、地形标高最大点，或出流量最大的点。

(2) 流量分界点：多水源供水时，在供水管网中某个点上或某一系列点上形成压力平衡的点。

(3) 节点水压标高=节点处地面标高+自由水头=该节点的总水头。

(4) 水力坡度=水力坡降=两点之间的水压标高之差÷管段长度。

4.3　配水管段管径的确定

【题 4】 某压力矩形混凝土输水顺直暗渠内净尺寸为 1.80m×2.20m，$n=0.0145$。因年久失修，拟在原位置将其换为一根内涂水泥砂浆的钢管，$n=0.013$。在暗渠和钢管水力坡降值和输水量相同的条件下，新设管道管径的计算值约为下列哪项？（不计局部水头损失）

(A) 1.98m　　　　　(B) 2.09m　　　　　(C) 2.25m　　　　　(D) 2.55m

答案：【B】。

分析： 由题设条件暗渠和钢管输水量和水力坡降相等，可建立等式关系。

解析：

(1) 计算公式确定

根据《给水工程》教材式（2-14），管道断面水流平均流速公式：

$$v = \frac{1}{n} \times R^{\frac{2}{3}} \times I^{\frac{1}{2}}$$

式中　n——管（渠）的粗糙系数；

　　　R——水力半径，等于面积和湿周之比；

　　　I——单位长度的水头损失或水力坡降。

(2) 管径计算

1）矩形混凝土输水管：$R_1 = $ 面积 $\div$ 湿周 $= \dfrac{1.8 \times 2.2}{2 \times (1.8 + 2.2)} = 0.495$；

2）圆形内涂水泥砂浆的钢管：$R_2 = \dfrac{D_2}{4}$；

(3) 新设管道管径

根据题设：暗渠和钢管水力坡降值和输水量相同的条件下，

结合公式 $Q = A \times v$，$v = \dfrac{1}{n} \times R^{\frac{2}{3}} \times I^{\frac{1}{2}}$，列式：

$$2.2 \times 1.8 \times \frac{1}{0.0145} \times 0.495^{\frac{2}{3}} = \frac{\pi}{4} \times D_2^2 \times \frac{1}{0.013} \times \left(\frac{D_2}{4}\right)^{\frac{2}{3}}$$

计算得：新设管道的管径 $D_2 = 2.09$m。

故选 B。

评论：

(1) 本案例考察的是水力学流量、流速、水力半径等基本公式。

(2) 易错点：计算水力半径、面积、湿周时容易出错，本质上是对基础公式没有掌握。

(3) 考点延伸：还可以考察计算 n 值，再延伸还可问换为何种材质的管道。

【题5】 现有内径分别为 1200mm 和 1000mm 的圆形钢筋混凝土管道平行敷设，并联等距输水。由于年久失修，拟将上述管道更换成单根内净宽高比为 1：1.2 的矩形钢筋混凝土渠道。在满管流输水条件下，如维持输水水力坡降和输水水量不变时，则新设水渠的计算断面面积（m²）宜为下列哪项？（n 取值 0.014，不计局部水头损失）

(A) 0.96　　　　　(B) 1.13　　　　　(C) 1.73　　　　　(D) 1.91

答案：【C】。

分析： 由《给水工程》教材式（2-14）、$Q = vA$、$R = $ 过水断面 $\div$ 湿周，以输水水量不变为条件，建立更换前后的输水水量等式，消除相同项后可求得矩形渠道输水断面面积。解题时注意"平行、并联等距""宽高比""满管输水""不计局损"等前提条件，以及更换前后的 n、i 值相同。

解析：

（1）计算公式确定

根据《给水工程》教材式（2-14），

$$v = \frac{1}{n} \times R^{\frac{2}{3}} \times I^{\frac{1}{2}}$$

$$Q = vA$$

（2）参数确定

根据题设，设矩形渠道宽为 a，则高为 $1.2a$。

（3）断面面积计算

1）渠道流量 $Q_渠 = vA = \frac{1}{n_渠} R^{\frac{2}{3}} I^{\frac{1}{2}} \times 1.2\,a^2$，水力半径 $R = \frac{1.2a^2}{4.4a} = \frac{1.2a}{4.4}$。

2）圆管流量 $Q_管 = v_1 A_1 + v_2 A_2 = \frac{1}{n_管} R_1^{\frac{2}{3}} I^{\frac{1}{2}} \times A_1 + \frac{1}{n_管} R_2^{\frac{2}{3}} I^{\frac{1}{2}} \times A_2$。

3）$R_1 = \frac{1}{4}$，$A_1 = \frac{\pi}{4}$，$R_2 = \frac{1}{4} \times 1.2 = 0.3$，$A_2 = \frac{\pi}{4} \times 1.2^2$，$I_管 = I_渠$，$n_管 = n_渠 = 0.014$。

（4）新设水渠的计算断面面积

根据题设：维持输水水力坡降和输水水量不变，即 $Q_渠 = Q_管$，

计算得：矩形渠道宽 $a = 1.2$m。

则新设水渠的计算断面面积：

$$A = 1.2a^2 = 1.73\text{m}^2$$

故选 C。

评论：

（1）本案例考察更换管网前后的输水管网输水工况的计算，属于常考察点，相关内容详见《给水工程》教材 2.2.4 节，涉及式（2-14）、水力半径 R 的定义和计算，公式变换和数学计算规则稍复杂。

（2）值得注意的是：应加强数学计算规则的训练。当由 $Q_渠 = Q_管$ 建立等式消除相同项后求 a，对数学计算规则不熟悉时，可采用试算法：根据 B 选项反向求 a 代入等式左侧求值，若大于等式右侧，则答案为 A 选项；若小于则答案为 C 选项或者 D 选项，可再由 C 选项重复上述步骤。试算时应选择中间值选项，可减少计算量。

（3）延伸点：关于输水管网考点，还应注重《给水工程》教材 2.3.4 节，涉及相同（不同）管径输水管并联或者串联，中间等距（非等距）设置连通管等工况计算。

第5章 城市配水管网水力计算

5.1 沿线流量、节点流量相关计算

【题1】 某管网用水区域简化为一等腰梯形（图5-1中阴影部分），在梯形的四条边及左右对称中线敷设供水管道（AB和DC管长如图5-1所示），向区域内供水，其中在梯形四条边敷设的供水管线向阴影区域单侧供水。区域内总用水量为50L/s。问F点的节点流量（L/s）最接近以下哪项？

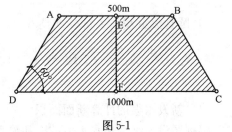

图5-1

(A) 12.18   (B) 13.86

(C) 24.36   (D) 27.71

答案：【B】。

分析： 先根据题设条件求出各干管的长度；再由区域总用水量和各干管的长度求出比流量；进而求出管段EF、DF、CF的沿线流量；最后求出节点F的流量。

解析：

（1）计算公式确定

根据《给水工程》教材式（2-1）、式（2-2）、式（2-5）可知，

节点流量：$q_i = 0.5\sum q_1$，管段沿线流量：$q_1 = q_s L$，比流量：$q_s = (Q - \sum q) \div \sum L$。

（2）参数的确定

根据题设，AB=500m，CD=1000m，可求出：AD=BC=500m，EF=433m；

比流量：

$$q_s = \frac{Q - \sum q}{\sum L} = \frac{50}{0.5 \times (500 + 500 + 500 + 1000) + 433} = 0.0297\text{L/s}$$

管段沿线流量分别为：

$$q_{EF} = 433 \times 0.0297 = 12.86\text{L/s}$$

$$q_{DF} = q_{FC} = 0.5 \times 500 \times 0.0297 = 7.43\text{L/s}$$

（3）节点流量

将上述计算结果代入节点流量计算公式：$q_i = 0.5\sum q_1$，F点的节点流量：

$$q_s = 0.5 \times (12.86 + 7.43 + 7.43) = 13.86\text{L/s}$$

故选B。

评论：

（1）本案例考察了沿线流量、比流量、节点流量的计算，属于基础知识的考察。

（2）值得注意的是：在计算比流量和管段沿线流量时，需注意当只有一侧配水时，干

管长度按一半计算。

5.2　环状管网平差设计案例分析

【题 2】某大学期末考试，其中有一道题为环状供水管网计算，供水简图和初步分配流量如图 5-2 所示，已知条件：假设各环内水流顺时针方向管段的水头损失为正，第一次平差后各环的校正流量分别为Ⅰ环＝＋1.5L/s，Ⅱ环＝－2.0L/s，Ⅲ环＝＋1.0L/s，试求管段 B-C 校正后的流量为多少（L/s）？

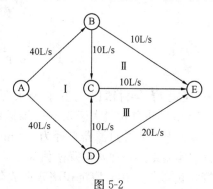

图 5-2

分析：本案例考察环状管网的平差计算，题目中已给出各环平差后的校正流量，直接判断正负即可求出各管段校正后的流量。

解析：

（1）计算公式确定

根据《给水工程》教材式（2-22）可知，两环的公共段第一次校正后管段流量：

$$q_{ij}^{(1)} = q_{ij}^{(0)} + \Delta q_{s}^{(0)} + \Delta q_{n}^{(0)}$$

（2）参数的确定

根据题设，第一次平差后各环的校正流量分别为 $\Delta q_{\mathrm{I}} = +1.5\mathrm{L/s}$，$\Delta q_{\mathrm{II}} = -2.0\mathrm{L/s}$，假设Ⅰ为本环，Ⅱ为邻环，Ⅰ环的校正流量与题设一致，取＋1.5L/s。以本环为基准，Ⅱ环的校正流量在 B-C 管段方向为 B→C，为顺时针，则计算 B-C 管段的校正后流量时，Ⅱ环校正流量取＋2.0L/s。

（3）校正后的流量

将上述计算结果代入《给水工程》教材式（2-22），管段 B-C 校正后的流量：

$$q_{BC} = 10 + (+1.5) - (-2.0) = 13.5\mathrm{L/s}$$

评论：

（1）易错点：B-C 为公共管段，难点在于校正流量的正负值取值；设Ⅰ为本环，Ⅱ为邻环，Ⅰ环的校正流量与题设一致，取＋1.5L/s。以本环为基准，Ⅱ环的校正流量在 B-C 管段方向为 B→C，为顺时针，则计算 B-C 管段的校正后流量时，Ⅱ环校正流量取＋2.0L/s。

（2）值得注意的是：如果题目仅给出各管段的分配流量、管段长度、管径等，则需要先计算各环的校正流量，此时计算将较为复杂，耗时较长。

第6章 取水构筑物计算

6.1 地下水取水构筑物相关计算

【题1】 某村镇以地下水为水源，其承压含水层厚度为20m，其中粒径在0.25～0.5mm的中砂含量大于50%，渗透系数为18m/d。设计用水量为1000m³/d，采用完整式管井方案，管井过滤器直径为100mm。井群中各管井之间间距为50m。井群建成时单井抽水实验结果：在水位降落值为1.2m时的产水量为360m³/d。经多年运行后，发现由于管井底部产生10m厚沉积堵塞造成各井产水量下降，需进行井群产水量重新评估。假定井群运行多年后管井影响半径不变，井群在建成初期及运行多年后，同时工作时存在互相影响，其对产水量的影响均按单井单独工作时的出水量减少30%计，则多年运行后，在设计水位降落值为1.2m的条件下，全部已建成井同时工作时产水量为下列哪项？

(A) 1126m³/d   (B) 900m³/d   (C) 788m³/d   (D) 630m³/d

答案：【C】。

分析： 题设给出运行多年后，管井底部产生10m厚沉积堵塞，则说明管井由承压完整井变为承压非完整井，单井出水量减少，但已建成的管井数量是不变的。

解析：

(1) 计算公式确定

根据《给水工程》教材式（3-1），承压含水层完整式管井出水量计算式：

$$Q = \frac{2.73KmS_0}{\lg \frac{R}{r_0}}$$

根据《给水工程》教材式（3-3），有限厚承压含水层非完整式管井出水量计算式：

$$Q = \frac{2.73KmS_0}{\frac{1}{2\bar{h}}\left(2\lg\frac{4m}{r_0} - A\right) - \lg\frac{4m}{R}}$$

(2) 参数的确定

1) 建成初期，承压含水层完整式管井出水量为：

$$Q = \frac{2.73KmS_0}{\lg\frac{R}{r_0}} = \frac{2.73 \times 18 \times 20 \times 1.2}{\lg\frac{R}{0.05}} = 360\text{m}^3/\text{d}$$

计算得：管井影响半径 $R = 94.4$m。

2) 多年后出水量

多年后，底部产生10m厚沉积，变为承压含水层非完整式管井，过滤器插入含水层的相对深度 $\bar{h} = \frac{20-10}{20} = 0.5$，根据《给水工程》教材图3-14（$A$—$\bar{h}$ 函数曲线），$A = 1.25$。

出水量为：

$$Q = \frac{2.73 \times 18 \times 20 \times 1.2}{\frac{1}{2 \times 0.5} \times \left(2 \times \lg \frac{4 \times 20}{0.05} - 1.25\right) - \lg \frac{4 \times 20}{94.4}} = 225.5 \text{m}^3/\text{d}$$

3）工作井数

$$N_1 = Q_{总} \div Q_{单} = 1000 \div [360 \times (1 - 30\%)] = 3.97$$

设计取 4 口。

4）备用井数

根据《室外给水标准》5.2.7 条规定：采用管井取水时应设至少 1 口备用井，备用井的数量宜按 10%～20% 的设计水量所需井数确定。备用井数量为：

$$N_2 = Q_{总} \times (10\% \sim 20\%) \div Q_{单} = 0.04 \sim 0.08 < 1$$

设计取 1 口。

总井数 $N = 4 + 1 = 5$ 口。

（3）全部建成产水量

多年后全部已建成井同时工作时产水量：

$$Q = 5 \times 225.5 \times (1 - 30\%) = 788 \text{m}^3/\text{d}$$

故选 C。

评论：

（1）本案例考察地下水取水构筑物的判定和计算，多年运行后管井底部产生 10m 厚沉积堵塞，此时管井已由完整井变为非完整井，此点较难，为理论与实际工程相结合的题目。

（2）考点延伸：打井的数量。计算单井出水量 $Q_{单}$，算总取水量 $Q_{总}$＝设计规模×（1＋自用水率）；计算打井数量 N，正式井 ＝ $Q_{总} \div Q_{单}$，取整；备用井 ＝ $Q_{总} \times (10\% \sim 20\%) \div Q_{单}$，取整。

【题 2】 某乡镇供水系统设计规模为 2000m³/d，采用管井供水，稳定生产运行中单井稳定产水量为 30m³/h。最少应设计多少口管井？（管井每天工作时间 20h，供水厂自用水率为 3%，原水输水管漏损量为设计规模的 5%，时变化系数为 1.5）

(A) 7　　　　　(B) 6　　　　　(C) 5　　　　　(D) 4

答案：【C】。

分析： 由供水系统的设计规模，考虑水厂自用水量，原水输水管漏损量，求得管井总取水量以及工作井数量；再根据《室外给水标准》5.2.7 条求出备用井数量。

解析：

（1）计算公式确定

根据《给水工程》教材式（1-2a），取水设计流量计算公式：

$$Q_1' = \frac{(1 + \alpha + \beta)Q_d}{T}$$

（2）参数的确定

1）工作井数：

$$n_1 = \frac{2000 \times (1 + 3\% + 5\%)}{30 \times 20} = 3.6$$

设计取 4 口。

2) 备用井数

根据《室外给水标准》5.2.7 条规定：采用管井取水时应设至少 1 口备用井，备用井的数量宜按 10%～20% 的设计水量所需井数确定。

根据题设，所求为最少应设计多少口管井，则备用井数量为：

$$n_2 = \frac{2000 \times (1 + 3\% + 5\%) \times 10\%}{30 \times 20} = 0.36 < 1$$

设计取 1 口。

(3) 设计管井数量

最少应该设计管井数量：

$$n = n_1 + n_2 = 5 \text{ 口}$$

故选 C。

评论：

(1) 本案例考察管井群取水构筑物，属于常考察点，相关内容详见《给水工程》教材 3.3.2 节及《室外给水标准》第 5 章。

(2) 延伸点：由供水系统的设计规模推导管井总取水量时，还涉及自用水量、漏损量。

(3) 值得注意的是：应根据《室外给水标准》5.2.7 条计算备用井数量，同时需注意该规范条文中的设计水量，指的是管井群总取水量，而非供水系统的设计规模。

6.2　地表取水构筑物相关计算

【题 3】 设计取水量为 25 万 m^3/d 的地表水取水工程为某城镇的唯一原水工程。采用两根 $DN1200$ 可独立运行的内涂水泥砂浆钢管连接取水头部和泵房吸水井，重力输水，输水距离为 890m。若格栅和网格水头损失分别为 0.1m 和 0.2m，泵房立式水泵水下叶轮淹没深度及叶轮至吸水井底板安装高度分别取 3.0m 和 1.2m，则在河流设计最低水位 12.6m 条件下，吸水井底板高程最接近以下哪项？（$n=0.013$，日变化系数取 1.3，不计输水管路局部损失，事故水量按设计取水量的 75% 计）。

(A) 3.44m　　　(B) 5.34m　　　(C) 6.87m　　　(D) 8.34m

答案：【B】。

分析： 首先，本案例需要明确的是各水位的相对关系，即：河流最低水位－管道损失 $h_{管损}$－格栅和网格水头损失＝泵房吸水井水位，泵房吸水井水位－叶轮淹没深度－叶轮至吸水井底板安装高度＝吸水井底板高程，根据题设，只要求出管道损失 $h_{管损}$ 即可求出吸水井底板高程；其次，吸水井底板高程的设置需要满足最不利条件，根据题设，事故时为最不利条件。

解析：

吸水井底高程应能满足正常取水及事故时 2 种工况下取水要求，采用 $DN1200$ 两根取水管已成事实，当取水管的水头损失最大时，泵房吸水井水位最低，以此来计算吸水井底板高程。

(1) 计算公式确定

本案例图形，可以参考《给水工程》教材中"自流管取水构筑物（集水间与泵房合建）"图 3-40；

根据《给水工程》教材式（2-16）、式（2-17）可知，

管道沿程水头损失公式：

$$h = \alpha l q^2 = s q^2$$

比阻计算式：

$$\alpha = \frac{0.001743}{d_{\mathrm{j}}^{5.33}}$$

(2) 吸水井底板高程

根据题设，不计输水管路局部损失，事故水量按设计取水量的 75% 计，

计算管道沿程水头损失：

$$h_{管损} = \frac{0.001743}{1.2^{5.33}} \times 890 \times \left(0.75 \times \frac{250000}{86400}\right)^2 = 2.765\mathrm{m}$$

吸水井底板高程：

$$h_{底} = 12.6 - 0.1 - 0.2 - h_{管损} - 3 - 1.2 = 5.34\mathrm{m}$$

故选 B。

评论：

(1) 本案例涉及两个考察点，分别为输水管道水头损失、自流管取水时取水头部与泵房的高差关系；其中，输水管道水头损失为常考察点，自流管取水时取水头部与泵房的高差关系也是重点内容。

(2) 值得注意的是：本案例若按设计取水量的 50% 计算，则计算结果为 6.87m。而出题者的意图在于最不利条件，可由"独立、最低水位""唯一原水工程、事故水量按设计取水量的 75% 计"等字眼看出。还应注意，在实际工程设计中需考虑局部损失。

【题 4】 在设计水量为 22 万 m³/d 的取水泵房中，设置有同类型的 2 大 4 小立式混流泵，其中各有 1 台备用。大、小水泵流量比为 2∶1。1 大 2 小水泵分别布置在 2 个独立的吸水室中。已知吸水室底面标高为 0.20m，小泵和大泵基准面至底板标高的安装高度分别为 0.45m 和 0.68m，基准面以上最小淹没深度分别为 2.80m 和 3.50m。单个吸水室前设置的直流进水旋转滤网过网流速取 0.8m/s，滤网宽度取 2.40m，考虑滤网水头损失为 0.25m，则旋转滤网网底标高宜为下列哪一项？（水流收缩系数取 0.64，网眼尺寸为 5mm×5mm，网丝直径为 0.8mm）

(A) 0.90m　　　(B) 1.15m　　　(C) 1.89m　　　(D) 2.14m

答案：【D】。

分析： 本案例考察的是实际工程中取水头部的相关设计计算，可以结合《给水工程》教材图 3-39 来理解，网底标高＝水面最低水位－(H＋R)，最低水位可根据水泵安装高度、吸水室标高、淹没深度、水头损失求出，以上均按最不利情况选取参数；H＋R 可根据《给水工程》教材式（3-19）求得。

解析：

本案例需要结合《给水工程》教材图 3-39 来理解，也可以结合图 6-1 来理解：

(1) 计算公式确定

根据《给水工程》教材式（3-19）可知，格网在水下部分的深度与格网下部弯曲半径之和按下式计算：

$$H + R = F_2 \div B$$

根据《给水工程》教材式（3-18），有效过水面积计算公式：

$$F_2 = \frac{Q}{v_2 \xi K_1 K_2 K_3}$$

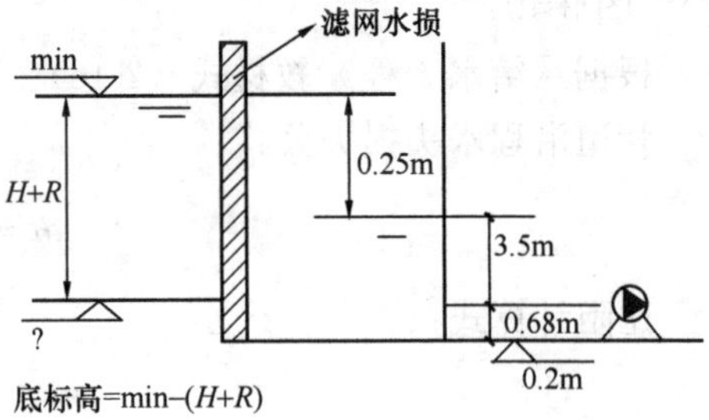

图 6-1

(2) 参数的确定

正常取水时，单个旋转滤网有效过水面积：

$$F_2 = \frac{220000 \times 50\% \div 86400}{0.8 \times 0.64 \times \frac{5^2}{(5+0.8)^2} \times 0.75 \times 0.75} = 5.95 \text{m}^2$$

格网在水下部分的深度与格网下部弯曲半径之和：

$$H + R = F_2 \div B = 5.95 \div 2.4 = 2.48 \text{m}$$

从吸水室底开始向上游计算网前最低水位，因为每个吸水室独立工作，且均为大小泵搭配，故按大泵参数计算，水面最低水位：

$$H_{\min} = 0.2 + 0.68 + 3.5 + 0.25 = 4.63 \text{m}$$

(3) 旋转滤网网底标高

结合图 6-1 旋转滤网与取水泵房示意图可知，旋转滤网网底标高：

$$4.63 - 2.48 = 2.15 \text{m}$$

故选 D。

评论：

(1) 进水孔、格栅、平板网格、旋转网格面积的计算，是工程设计中经常用到的重要知识点；常结合水泵扬程、安装位置、水头损失等一同考察。根据不同的网格形式选取不同的计算公式。

(2) 本案例考察的是实际工程的经验能力，若没有相应的工程经验，还是具有一定的难度，应养成画草图的习惯。

【题 5】某取水工程设计水量为 5.6 万 m³/d，采用单泵流量比为 1∶2 的 2 小 1 大的 3 台取水泵和 1 台备用泵。吸水井分为不相连通的两格，单格内设置独立的平板格网及两根水泵吸水管。假设格网过网流速为 0.4m/s，水流收缩系数取 0.75，网丝直径与网眼边长之比为 0.125，则吸水井设置的平板格网总面积宜为多少？（事故水量按取水工程设计水量的 75% 计）

(A) 5.47m²　　　(B) 6.02m²　　　(C) 6.84m²　　　(D) 8.20m²

答案：【D】。

分析： 由题设可知，吸水井为不相连通的两格，每格内大小泵搭配取水，按事故时设计取水量计算即可。

解析：

（1）计算公式确定

根据《给水工程》教材式（3-17）可知，平板格网面积计算式为：

$$F_1 = \frac{Q}{v_1 \varepsilon K_1 K_2}$$

式中　v_1——通过网格的流速，一般采用 $0.2 \sim 0.4\text{m/s}$。

（2）参数的确定

根据题设：假设格网过网流速为 0.4m/s，事故水量按取水工程设计水量的 75% 计，结合通过网格的流速范围分析可知，最高限值为 0.4m/s，应该是事故时单格取水量对应的流速，因此，单格平板格网面积应为：

$$F_1 = \frac{Q}{v_1 \varepsilon K_1 K_2} = \frac{75\% \times (56000 \div 86400)}{0.4 \times 0.75 \times \frac{1}{(1+0.125)^2} \times 0.5} = 4.1\text{m}^2$$

（3）平板格网总面积

因两格各自独立设置，平板格网总面积：

$$A = 2F = 2 \times 4.1 = 8.2\text{m}^2$$

故选 D。

评论：

（1）本案例考察取水头部、吸水井等取水构筑物的格栅、格网的计算，是工程设计中经常用到的重要知识点。

（2）易错点：假设格网过网流速为 0.4m/s，通常会错误地认为正常取水流速，当按此计算面积后，再去校核事故时的流速为 0.6m/s。

【题 6】 某城镇地表水河流取水构筑物采用河床式取水，利用两根可独立运行的内涂水泥砂浆钢管自流取水，输水距离为 1000m。取水构筑物按设计取水量 20 万 m^3/d 正常运行时，河流水位与取水构筑物集水井水位之差值为 4.1m。由于该城镇新建了另外一个水源，故该取水构筑物取水量降低为 12 万 m^3/d，试问此时自流管的流速最接近以下哪项？

（A）0.73m/s　　（B）1.09m/s　　（C）1.82m/s　　（D）2.18m/s

答案：【B】。

分析： 本案例考察的是取水量发生改变后自流管流速的变化，通过原设计的相关信息可以计算出自流管管径，再根据改变后的取水量计算即可求出流速。

解析：

河流水位与取水构筑物集水井水位之差值即为自流管取水需要克服的水头损失。

（1）计算公式确定

根据《给水工程》教材式（2-16）、式（2-17）可知，管道沿程水头损失公式：

$$h = \alpha l q^2 = s q^2$$

比阻计算式为：

$$\alpha = \frac{0.001743}{d_j^{5.33}}$$

（2）参数的确定

根据题设，河流水位与取水构筑物集水井水位之差值为 4.1m，4.1m 就是正常单根自流管取水量为 10 万 m^3/d 时的动力来源，用来克服管道的水头损失，则有：

$$H = \alpha l q^2 = \alpha \times 1000 \times \left(\frac{20 \times 10^4}{2 \times 86400} \right)^2 = 4.1\text{m}$$

计算得：$\alpha = 3.073 \times 10^{-3}$；

查《给水工程》教材表 2-2 可知，单根自流管管径为 $DN900$。

（3）自流管速

根据题设，当该取水构筑物取水量降低至 12 万 m^3/d 时，

自流管的流速：

$$\nu = \frac{Q}{A} = \frac{\left(12 \times \dfrac{10^4}{86400} \right) \times 0.5}{\dfrac{3.14}{4} \times 0.9^2} = 1.09\text{m/s}$$

故选 B。

评论：

（1）本案例考察对河床式取水自流管流速、水头损失的理解，是工程设计中经常用到的重要知识点。

（2）易错点：取水量发生变化，就认为自流管管径发生了变化，这样将陷入解题僵局，原设计的管道已安装敷设完毕，不会改变。

第7章 给水泵房

7.1 水泵最大允许安装高度

【题1】 某工程项目使用的单级中开离心泵铭牌参数为：$Q = 210L/s$，$H = 30m$，$NPSH = 4.5m$。水泵吸口直径为300mm，出口直径为250mm。水泵安装地点的海拔高度为850m，水温为30℃。当流量 $Q = 210L/s$，吸水管从喇叭口到水泵进口的水头损失为1.1m，水泵的最大安装高度为以下哪一项？

(A) 1.78m   (B) 2.87m   (C) 3.32m   (D) 3.75m

答案：【C】。

分析： 本案例给了 $NPSH$，$\sum h_s$，代入计算公式解答即可求出水泵最大安装高度。

解析：

(1) 计算公式确定

根据《给水工程》教材式（4-13），水泵的安装高度：

$$Z_s \leqslant (H_g - H_z) - \sum h_s - NPSH$$

(2) 参数确定

根据题设，水泵安装海拔高度为850m，水温为30℃。

根据《给水工程》教材表4-2、表4-3，大气压力 $H_g = 9350mmH_2O$，饱和气压力 $H_z = 4300mmH_2O$。

(3) 水泵的最大安装高度计算

将上述计算结果代入《给水工程》教材式（4-13），水泵的最大安装高度：

$$Z_s \leqslant (H_g - H_z) - \sum h_s - NPSH = 9.35 - 0.43 - 1.1 - 4.5 = 3.32m$$

故选 C。

评论：

(1) 本案例主要考察水泵安装高度的计算，其计算常用公式为《给水工程》教材式（4-10）、式（4-12）、式（4-13）。根据所给参数选用不同的公式。其中式（4-10），在非标准状况下需要根据式（4-11）进行修正。

(2) 值得注意的是：如题目中给出 H_s、v_1，则用式（4-12）居多；如给出海拔高度、温度、$NPSH$，则用式（4-13）居多。

【题2】 某西部高原河床式自流取水系统，吸水井设计最低水位为海拔980.0m，水泵吸水管局部水头损失和沿程水头损失之和为1.0m，采用2用1备相同的水泵，水泵在标准状况下的允许吸上真空高度为4.5m，水泵进口速度水头为0.4m，则水泵泵轴标高的理论值不应超过下列哪项（m）？（按海拔高度计：该处大气压按9.2m、水温按20℃计）

(A) 983.5   (B) 983.0   (C) 984.5   (D) 982.0

答案：【D】。

分析：根据《给水工程》教材式（4-11）、式（4-12）、表4-3求出水泵安装高度，即可求出水泵泵轴标高。

解析：

（1）计算公式确定

根据《给水工程》教材式（4-11）、式（4-12）、表4-2可知，

修正后的水泵允许吸上真空高度：

$$H'_s = H_s - (10.33 - H_g) - (H_z - 0.24)$$

水泵泵轴安装高度：

$$Z_s = H'_s - \frac{v_1^2}{2g} - \sum h_s$$

（2）参数确定

1）修正后的水泵允许吸上真空高度

根据题设，大气压力 $H_g = 9.35$m；水温为20℃，

根据《给水工程》教材表4-3，饱和气压力 $H_z = 0.43$m。

修正后的水泵允许吸上真空高度：

$$\begin{aligned} H'_s &= H_s - (10.33 - H_g) - (H_z - 0.24) \\ &= 4.5 - (10.33 - 9.2) - (0.24 - 0.24) = 3.37\text{m} \end{aligned}$$

2）水泵泵轴标高

根据题设，水泵进口速度水头 $\frac{v_1^2}{2g} = 0.4$m，水泵吸水管局部水头损失和沿程水头损失之和 $\sum h_s = 1.0$m。

水泵泵轴安装高度：

$$Z_s = H'_s - \frac{v_1^2}{2g} - \sum h_s = 3.37 - 0.4 - 1 = 1.97\text{m}$$

（3）水泵泵轴标高的理论值

根据题设，吸水井设计最低水位为海拔980.0m。

水泵泵轴标高的理论值不应超过980+1.97=981.97m。

故选 D

评论：

本案例考察水泵基本性能参数和安装，具体内容详见《给水工程》教材4.1.2节，解题思路和计算过程与例题【4-1】几乎相同。

7.2　变频调速水泵的相关计算

【题3】某供水系统由一台变频调速离心泵从吸水池吸水，通过一条管道向高位水池供水。高位水池水面比吸水池水面高40m，管道摩阻系数 $S = 200\text{s}^2/\text{m}^5$（水头损失按 $h = SQ^2$ 计算）。水泵额定转速 $n_0 = 1450$r/min（假设此时泵特性方程为 $H = 76 - 100Q^2$，Q 以 m³/s 计），运行时恰能满足夏天用水量需求。冬天用水量减少为夏天的80%，拟通过变

速方式来调节水泵以满足工况变化，则此时所需水泵的转速 n_1 约为哪项？

(A) 928r/min　　　(B) 1160r/min　　　(C) 1204r/min　　　(D) 1321r/min

答案：【D】。

分析：由定速泵和调速泵工作特性方程可建立联系，即可求出水泵的转速。

解析：

(1) 计算公式确定

根据题设，水泵特性方程为 $H=76-100Q^2$，管道摩阻系数 $S=200s^2/m^5$（水头损失按 $h=SQ^2$ 计算）；

根据《给水工程》教材式（4-14），定速水泵扬程：

$$H_p = 76 - 100Q^2 - 200Q^2$$

根据《给水工程》教材式（4-19），调速水泵扬程：

$$H_p = \left(\frac{n_1}{n_0}\right)^2 H_b - SQ^n$$

(2) 参数确定

冬季用水量计算：

根据题设，高位水池水面比吸水池水面高 40m，即 $H_p = 76 - 100Q^2 - 200Q^2 = 40m$，

计算得：夏季用水量 $Q=0.346m^3/s$，

故冬季用水量：$Q'=0.346×80\%=0.277m^3/s$。

(3) 水泵的转速

将上述计算结果代入式（4-19），调速水泵转数：

$$H_p = \left(\frac{n_1}{1450}\right)^2 \times 76 - 100 \times 0.2772 - 200 \times 0.2772$$

计算得：水泵转数 $n_1 = 1321r/min$。

故选 D。

评论：

(1) 本案例考察的是对定速泵、调速泵工作特性方程的理解，应掌握。

(2) 延伸点：还可以考察相同型号和不同型号水泵并联时的工况。

7.3　供水泵站能耗设计案例分析

【题 4】南方某城市供水管网如图 7-1 和图 7-2 所示，供水管网分为 2 个用水区（如图 7-1所示），即Ⅰ区和Ⅱ区，已知该城市属于平原地区，各点地面标高均相等，A 为送水泵站（吸水池水面与地面齐平），控制点为 C 点。拟在 B 点设置直接串联加压泵站（如图 7-2 所示），分区后：Ⅰ区管网控制点为 D 点，Ⅱ区管网控制点仍为 C 点。分区前后：Ⅰ区、Ⅱ区供水量均分别占总供水量的 80%、20%，A-B 水头损失均为 0.25MPa，B-C 水头损失均为 0.30MPa，管网控制点所需服务水头均为 0.20MPa，两个泵站水泵及电机效率均不变。试问，分区后供水泵站的总能耗与分区前供水泵站能耗之比节省了多少？

（不计泵站内部水头损失）

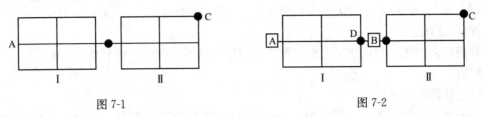

图 7-1　　　　　　　　　　　　　　　　　　图 7-2

分析： 由《给水工程》教材式（2-37）或者式（2-38），分别计算分区前后泵站供水的能量，再通过水泵及电机的效率换算成泵站的能耗。解题时注意本案例给定的相关前提条件"地面标高相等""直接串联""服务水头""泵及电机效率均不变"。

解析：

（1）计算公式确定

根据《给水工程》教材式（2-37）计算分区前后泵站供水的能量公式：

$$E = \rho g Q H$$

（2）参数确定

分区前水泵能耗：

$$E_1 = \rho g Q H = \rho g Q(25 + 30 + 20) = 75 \rho g Q$$

分区后水泵能耗：

$$E_2 = \rho g Q H_1 + \rho g Q_2 H_2$$
$$= \rho g Q \times (25 + 20) + \rho g \times 0.2 Q \times (30 + 20 - 20) = 51 \rho g Q$$

（3）分区后供水泵站的总能耗与分区前供水泵站能耗之比计算

因分区前后，水泵及电机效率均不变，则能耗之比为：

$$\frac{E_2}{E_1} = \frac{51}{75} \times 100\% = 68\%$$

（4）分区后节省能耗

$$1 - 68\% = 32\%$$

通过计算后可知，分区后供水泵站的总能耗可节省 32%。

评论：

（1）本案例考察串联分区供水管网能耗计算，相关内容详见《给水工程》教材2.4 节。

（2）值得注意的是：分区前后水泵及电机效率不变，由此才能根据分区管网水头损失及服务水头，计算泵站供水的能量，进一步计算泵站的能耗，相关内容详见《给水工程》教材式（4-1）～式（4-4）。

（3）延伸点：供水管网串联分区、并联分区时，各分区供水流量 Q、水泵扬程 H 的区别；串联分区时二级泵站利用一级泵站供水压力（管网、水泵直接串联），或是管网、水池、水泵串联，两种情况下二级泵站水泵扬程不同。

第8章 给水处理

8.1 混凝机理、混凝控制指标及影响因素相关计算

【题1】 某水厂建有长12m、宽3m、有效水深3.5m的隔板絮凝池一座。现改为单格容积相同多格串联的机械搅拌絮凝池。假定絮凝颗粒个数随时间变化速率符合一级反应，第1格、第2格反应速度常数 $K_1 = K_2 = 1.5 \times 10^{-3} \, \text{s}^{-1}$，其余几格反应速度常数取 $K_n = 1.48 \times 10^{-3} \, \text{s}^{-1}$。按照连续流反应器原理计算，当处理水量为 $630 \text{m}^3/\text{h}$，机械搅拌絮凝池分为4格比分为3格时，水中杂质颗粒个数减少率增加了多少？（最接近以下哪一项？）

(A) 0.70% (B) 1.22% (C) 1.44% (D) 2.03%

答案：【B】。

分析： 本案例考察的是理想反应器基本概念和公式，先求出单格水力停留时间，再求出两种分格情况下的絮凝池出水颗粒剩余率，最后求出杂质颗粒个数减少率的增加值。

解析：

(1) 水力停留时间

水力停留时间计算公式：

$$t = \frac{\text{体积}}{\text{流量}} = \frac{BHL}{Q}$$

均分4格时，单格的水力停留时间：

$$t_1 = \frac{12 \times 3 \times 3.5}{630 \div 3600} \times \frac{1}{4} = 180\text{s}$$

均分3格时，单格的水力停留时间：

$$t_2 = \frac{12 \times 3 \times 3.5}{630 \div 3600} \times \frac{1}{3} = 240\text{s}$$

(2) 杂质颗粒个数剩余率

根据题设，絮凝颗粒个数随时间变化速率符合一级反应，且第1格、第2格反应速度常数 $K_1 = K_2$，其余几格反应速度常数均为 K_n。

根据《给水工程》教材式(5-12)，出水与进水中杂质颗粒的浓度比公式：

$$\frac{C_n}{C_0} = \frac{1}{(1 + Kt)^n}$$

均分4格时，

第2格出水与第1格进水的浓度比：

$$\frac{C_2}{C_0} = \frac{1}{(1 + K_1 t_1)^2}$$

第4格出水与第2格出水的浓度比：

$$\frac{C_4}{C_2} = \frac{1}{(1+K_n t_1)^2}$$

第4格出水与第1格出水的浓度比，即出水杂质颗粒个数剩余率：

$$\frac{C_4}{C_0} = \frac{1}{(1+K_1 t_1)^2} \times \frac{1}{(1+K_n t_1)^2}$$

$$= \frac{1}{(1+1.5 \times 10^{-3} \times 180)^2} \times \frac{1}{(1+1.48 \times 10^{-3} \times 180)^2} = 0.38657$$

均分3格时，

第2格出水与第1格进水的浓度比：

$$\frac{C_2}{C_0} = \frac{1}{(1+K_1 t_2)^2}$$

第3格出水与第2格出水的浓度比：

$$\frac{C_3}{C_2} = \frac{1}{1+K_n t_2}$$

第3格出水与第1格出水的浓度比，即出水杂质颗粒个数剩余率：

$$\frac{C_3}{C_0} = \frac{1}{(1+K_1 t_2)^2} \times \frac{1}{1+K_n t_2}$$

$$= \frac{1}{(1+1.5 \times 10^{-3} \times 240)^2} \times \frac{1}{1+1.48 \times 10^{-3} \times 240} = 0.39895$$

（3）杂质颗粒个数减少率

分为4格比分为3格时，水中杂质颗粒个数减少率的增加值：

$$\Delta P = (1-0.38657) - (1-0.39895) = 0.0124 = 1.24\%$$

故选B。

评论：

（1）易错点：分格后的每格反应速度常数并不完全相同，不能直接使用公式计算最后一格出水杂质颗粒的剩余率。

（2）值得注意的是：本案例已明确"絮凝颗粒个数随时间变化速率符合一级反应"，当未明确反应器类型时，默认是CSTR型一级反应；公式中水力停留时间 t 为单格反应器的反应时间，不是总反应时间 T。

（3）延伸点：理想反应器除了CSTR型外，还有PF型和CMB型，应理解并掌握《给水工程》教材表5-6；反应器常结合絮凝机理共同考察，除求解出水浓度、杂质减少率外，还可考察颗粒碰撞率及体积浓度等。

【题2】 一座水力絮凝池，总水头损失为 $0.2 \sim 0.25$m，根据絮凝池进水中的颗粒平均粒径 $d=0.1$mm，水的动力黏度 $\mu = (1.0 \sim 1.31) \times 10^{-3}$Pa·s，水的重度 $\gamma = 9800$N/m³ 计算，水流速度梯度 G 值和絮凝时间 T 的乘积 GT 值等于50800。已知进水中含有杂质颗粒质量浓度为120.60mg/L，杂质颗粒（含有毛细水）的密度为1.005g/cm³，颗粒有效碰撞系数 $\eta = 0.4$，经絮凝池后的单位水体中颗粒个数减少70%以上，则在整个絮凝时间内每

立方厘米水体中颗粒碰撞次数约为多少？（近似地认为颗粒碰撞速率是常数）

(A) 1.42×10^3 次/cm^3 (B) 76.94×10^3 次/cm^3

(C) 109.92×10^3 次/cm^3 (D) 192.36×10^3 次/cm^3

答案：【B】。

分析： 本案例考察的是絮凝颗粒碰撞次数的计算，先求出杂质的体积浓度，再求出颗粒的数量浓度，最后由碰撞速率乘以碰撞时间求出碰撞次数。

解析：

（1）计算公式确定

根据《给水工程》教材式（6-2）中颗粒的碰撞速率定义可知：

同向絮凝碰撞速率公式：

$$N_0 = \frac{4}{3} \eta d^3 n^2 G$$

碰撞次数＝碰撞速率×碰撞时间，即

$$N = N_0 T = \frac{4}{3} \eta d^3 n^2 G \times T$$

（2）体积浓度

由体积＝质量÷密度可知：体积浓度 ϕ = 质量浓度 c/ 密度 ρ；

根据题设，质量浓度＝120.60mg/L，密度 $\rho = 1.005$g/cm^3；

水中颗粒的体积浓度：

$$\Phi = \frac{120.60}{1.005 \times 1000 \times 1000} = 1.2 \times 10^{-4} \text{L/L}$$

（3）颗粒数量浓度

根据《给水工程》教材式（6-3）及其说明可知，水中颗粒的体积浓度公式：

$$\Phi = \frac{\pi d^3 n}{6}$$

根据题设，颗粒粒径 $d = 0.1$mm $= 0.01$cm，水中颗粒的数量浓度：

$$n = \frac{6\Phi}{\pi d^3} = \frac{6 \times 1.2 \times 10^{-4}}{3.14 \times 0.01^3} = 229 \text{ 个/cm}^3$$

（4）碰撞次数

根据题设，GT 值等于 50800，整个絮凝时间内每立方厘米水体中颗粒碰撞次数：

$$N = \frac{4}{3} \eta d^3 n^2 G \times T = \frac{4}{3} \times 0.4 \times 0.01^3 \times 229^2 \times 50800 = 1420 \text{ 次/cm}^3$$

故选 B。

评论：

（1）易错点：单位体积碰撞次数的概念不清，根据《给水工程》教材 6.2 节中"混凝控制指标"的相关内容，"$N_0 T$ 即为整个絮凝时间内单位水体中颗粒碰撞次数"。

（2）值得注意的是：计算杂质的体积浓度时单位换算需仔细。

（3）延伸点：此类案例如果求絮凝反应时间或者絮凝后水中悬浮颗粒个数的减少率，可根据《给水工程》教材【例题 6-1】、【例题 6-2】进行理解和计算。

【题 3】 一座机械搅拌混合池搅拌桨板如图 8-1 所示。原设置为 1 层 2 块垂直轴搅拌桨板，两叶片中心直径 $D=1.30\text{m}$，搅拌桨板长 $L=1.50\text{m}$，经测试搅拌机桨板旋转线速度 $v=0.845\text{m/s}$。为提高混合效果，将搅拌机改为 2 层 4 块桨板，并将每层搅拌桨板长改为 $L=1.00\text{m}$，宽度和叶片中心直径 D 均不变。如果要求混合池水流速度梯度 G 值不变，则该搅拌机每分钟旋转转数 n 为多少（r/min）？（保留 2 位小数）

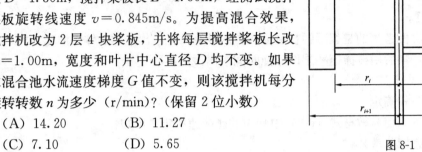

(A) 14.20
(B) 11.27
(C) 7.10
(D) 5.65

图 8-1

答案：【B】。

分析： 本案例考察的是机械搅拌混合池构造的相关计算，先求出改造后桨板线速度，再根据旋转数与线速度关系式，求出旋转数。

解析：

(1) 根据《给水工程》教材式（6-4），速度梯度公式：

$$G=\sqrt{\frac{p}{\mu}}=\sqrt{\frac{P}{V\mu}}$$

根据题设，改造前后的速度梯度 G 值不变，则耗散总功率 P 不变。

(2) 根据《给水工程》教材式（6-21），每根旋转轴上全部叶轮桨板旋转时耗散在水体上的功率公式：

$$P=\frac{m\times C_\mathrm{D}\times\rho}{8}\times L\times\omega_1^3\times(r_{i+1}^4-r_i^4)$$

根据《给水工程》教材式（6-23），旋转半径 r 处相对于池壁的线速度公式：

$$v=\omega r$$

当 $P_1=P_2$ 时，可推导出改造前后的线速度之比：

$$\left(\frac{v_1}{v_2}\right)^3=\frac{m_2\times L_2}{m_1\times L_1}$$

根据题设，$m_2=4$，$L_2=1\text{m}$，$m_1=2$，$L_1=1.5$，$v_1=0.845\text{m/s}$，计算得：$v_2=0.768\text{m/s}$。

(3) 旋转数

根据角速度与旋转数关系公式：

$$\omega=\frac{2\pi n}{60}$$

则旋转数公式：

$$n=\frac{60\omega}{2\pi}=\frac{60v/r}{2\pi}=\frac{60v}{\pi D}$$

根据题设，$D=1.3\text{m}$，改造后搅拌机每分钟旋转转数：

$$n=\frac{60v_2}{\pi D}=\frac{60\times0.768}{\pi\times1.3}=11.28\text{r/min}$$

故选 B。

评论：

（1）易错点：耗散功率公式中，角速度为三次幂，计算时容易遗漏。

（2）值得注意的是：线速度、角速度与转数、桨板半径之间的转换公式应熟练掌握。

（3）延伸点：机械搅拌混合池常根据改造前后的耗散功率比或者构造参数比计算，当计算电机功率时，还应考虑功率转换系数。

【题 4】 有一座机械搅拌絮凝池，等分为尺寸相同的三格，每格有效容积为 $160m^3$。水温 $15℃$ 时各格速度梯度依次为：$G_1=60s^{-1}$，$G_2=40s^{-1}$，$G_3=25s^{-1}$。现通过增加第 1 格、第 2 格桨板的耗散功率 P_1、P_2 来实现整组絮凝池的平均速度梯度 G 提升 5% 的目标（提升前后 P_1 与 P_2 之比保持不变），试估算改造后第 1 格搅拌池桨板旋转时的耗散总功率（W）最接近下列哪项？（水温 $15℃$ 时水的动力黏度 $\mu=1.14\times10^{-3}Pa\cdot s$）

(A) 648.0   (B) 696.5   (C) 733.70   (D) 742.4

答案：【C】。

分析： 本案例考察机械搅拌絮凝池耗散功率的计算，先求出改造前后的平均速度梯度，再由第 1 格、第 2 格功率之比保持不变，求出改造后的第 1 格速度梯度，最后求出改造后第 1 格的耗散总功率。

解析：

（1）平均速度梯度

根据《给水工程》教材式（6-24），容积相同的多个机械搅拌絮凝池串联时的平均速度梯度公式：

$$G_{平均}=\sqrt{\frac{1}{n}\sum G_i^2}$$

根据题设，搅拌池等分为尺寸相同的三格，改造前 $G_1=60s^{-1}$、$G_2=40s^{-1}$、$G_3=25s^{-1}$；改造后第 1 格、第 2 格耗散功率增加、第 3 格耗散功率和速度梯度保持不变、整组絮凝池的平均速度梯度 G 提升 5%。

改造前平均速度梯度：

$$G_{平均1}=\sqrt{\frac{1}{3}(G_1^2+G_2^2+G_3^2)}=\sqrt{\frac{1}{3}(60^2+40^2+25^2)}=44.06s^{-1}$$

改造后平均速度梯度：

$$G_{平均2}=\sqrt{\frac{1}{3}(G_1'^2+G_2'^2+G_3'^2)}=G_{平均1}\times1.05=46.263s^{-1}$$

（2）速度梯度

根据《给水工程》教材式（6-4），速度梯度公式：

$$G=\sqrt{\frac{p}{\mu}}=\sqrt{\frac{P}{V\mu}}$$

则搅拌池耗散总功率公式：

$$P=\mu VG^2$$

根据题设，改造前后的第 1 格、第 2 格功率之比：

$$\frac{P_1}{P_2}=\frac{G_1^2}{G_2^2}=\frac{9}{4}=\frac{P_1'}{P_2'}=\frac{G_1'^2}{G_2'^2}$$

改造后的第 2 格速度梯度：

$$G_2'^2 = \frac{9}{4}G_1'^2$$

则有改造后的平均速度梯度：

$$G_{平均2} = \sqrt{\frac{1}{3}\left(G_1'^2 + \frac{9}{4}G_1'^2 + 25^2\right)} = 46.263\text{s}^{-1}$$

改造后第 1 格速度梯度：

$$G_1'^2 = 4012.47\text{s}^{-1}$$

（3）耗散总功率

根据题设，单格有效容积 $V_1 = 160\text{m}^3$，改造后第 1 格的耗散总功率：

$$P_1' = \mu V_1 G_1'^2 = 1.14 \times 10^{-3} \times 160 \times 4012.47 = 731.87\text{W}$$

故选 C。

评论：

（1）易错点：整个机械搅拌池均分为三格，每格有效容积为 160m^3，非整个搅拌池总有效容积，求单格耗散功率时，直接代入即可。

（2）值得注意的是：速度梯度公式中，当针对的是整个水体的耗散功率时，分母中应考虑水体体积。

（3）延伸点：如果机械搅拌絮凝池各格容积不同，则计算平均速度梯度应将各格的搅拌功率相加。水力搅拌絮凝池水流停留时间不同，则计算平均速度梯度时应分别计算每格水头损失，然后相加。

8.2　澄清池、气浮池相关计算

【题 5】 一座圆形上向流悬浮泥渣型澄清池，清水区直径 15m，处理水量 $954\text{m}^3/\text{h}$，悬浮泥渣层厚 1.50m，悬浮泥渣浓度 $C_0 = 30000\text{mg/L}$、泥渣密度 $\rho_s = 1.1 \times 10^6\text{mg/L}$。若计入泥渣体积，试计算水流在悬浮层的停留时间（s）为下列哪项？

　（A）1000　　　　（B）973　　　　（C）623　　　　（D）500

答案：【B】。

分析： 本案例考察的是泥渣悬浮型澄清池的停留时间，先求出泥渣层中的空隙体积，再求出水流在悬浮层的停留时间。

解析：

（1）空隙体积

泥渣层总体积：

$$V_{总} = \frac{\pi}{4}D^2 \times h = \frac{\pi}{4} \times 15^2 \times 1.5 = 265.07\text{m}^3$$

泥渣体积：

$$V_{渣} = \frac{V_{总} \times C_0}{\rho_s} = 265.07 \times \frac{30000}{1.1 \times 10^6} = 7.23\text{m}^3$$

泥渣层中空隙体积：

$$V_{空} = V_{总} - V_{渣} = 265.07 - 7.23 = 257.84 \text{m}^3$$

（2）停留时间

水流在悬浮层的水力停留时间：

$$T = \frac{V_{空}}{Q} = \frac{257.84}{954 \div 3600} = 973 \text{s}$$

故选 B。

评论：

（1）易错点：计算水力停留时间时，未考虑泥渣层中泥渣体积。

（2）值得注意的是：应注意理解泥渣浓度的概念，泥渣浓度＝泥渣真密度×（1－泥渣层孔隙率）。

（3）延伸点：关于停留时间的计算，不计入泥渣体积时，可以认为水流在悬浮层中的停留时间等于悬浮层总体积除以进水流量；计入泥渣体积时，水流在悬浮层中的停留时间等于悬浮层总体积减去泥渣体积后再除以进水流量。泥渣在悬浮层中的停留时间近似等于悬浮层中泥渣重量除以进水中悬浮颗粒重量。

【题 6】 内净直径为 22.8m 的机械加速澄清池设计处理水量为 2.4 万 m^3/d，每天工作 24h。已知分离区上升流速 0.8mm/s，第二絮凝室和导流室过室流速分别为 50mm/s 和 40mm/s。若不计池内结构尺寸和排泥水量，则该澄清池的泥渣回流量约为设计处理水量的多少倍？

（A）2.00　　　　（B）3.35　　　　（C）3.84　　　　（D）4.84

答案：【C】。

分析： 本案例考察的是机械搅拌澄清池的构造，先由流速、流量可求出各区平面面积；再根据各区面积之和等于机械搅拌澄清池总面积，可求出回流倍数。

解析：

（1）根据《给水工程》教材 7.5 节及图 7-16 可知：$Q_{第二絮凝室} = Q_{导流室}$，第二絮凝室和导流室具有相同的泥渣回流率，设回流量为设计处理水量 Q 的 N 倍。

（2）不计池内结构尺寸和排泥水量，根据机械加速澄清池构造，

面积 $A = Q/v$，$A_{澄清池} = A_{第二絮凝室} + A_{导流室} + A_{分离区}$，

根据题设，不计池内结构尺寸和排泥水量时有以下等式关系：

$$\frac{\pi}{4} \times 22.8^2 = \frac{24000(1+N)}{24 \times 3600 \times 50 \div 1000} + \frac{24000 \times (1+N)}{24 \times 3600 \times 40 \div 1000} + \frac{24000}{24 \times 3600 \times 0.8 \div 1000}$$

计算得：$N = 3.86$。

故选 C。

评论：

（1）易错点：对机械搅拌澄清池的构造不够了解，不清楚各室面积关系。

（2）值得注意的是：分离区流量等于进水流量，分离区面积计算时不用考虑泥渣回流量。

（3）延伸点：机械搅拌澄清池分离室和泥渣悬浮型澄清池，往往会和过滤反冲洗知识点相结合考察。

8.3 沉淀原理及沉淀池结构相关计算

【题7】 某平流沉淀池设计水平流速取 15mm/s，纵向中间设有一道隔墙。某粒径颗粒自水面下方 1.2m 处从进水端进入沉淀池，且恰好能够沉到水底而不再返回水中，在假设该颗粒去除率为 60% 和沉淀池弗劳德数取值 1.2×10^{-5} 的条件下，该沉淀池相应处理水量为下列哪项？（不计纵向隔墙结构尺寸）

(A) 4.09 万 m^3/d   (B) 7.79 万 m^3/d   (C) 8.18 万 m^3/d   (D) 8.59 万 m^3/d

答案：【C】。

分析： 本案例考察的是沉淀池的处理水量，先求出沉淀池的水深和池宽，再求出沉淀池的处理水量。

解析：

(1) 沉淀池水深

根据《给水工程》教材式 (7-18)，颗粒去除率公式：

$$E_i = \frac{h_i}{H} = \frac{H - 1.2}{H} = 60\%$$

计算得：池深 $H = 3m$。

(2) 沉淀池池宽

根据《给水工程》教材式 (7-23)，弗劳德数公式：

$$F_r = \frac{v^2}{Rg} = \frac{(15 \times 10^{-3})^2}{R \times 9.81} = 1.2 \times 10^{-5}$$

计算得：水力半径 $R = 1.91m$；

根据题设，沉淀池纵向中间设有一道隔墙，则水力半径：

$$R = \frac{BH}{B + 4H} = \frac{1.91 \times 3}{1.91 + 4 \times 3} = 1.91m$$

计算得：池宽 $B = 21m$。

(3) 处理水量

沉淀池的处理水量

$$Q = B \times H \times v = 21 \times 3 \times 15 \times 10^{-3} \times 86400 = 8.18 m^3/d$$

故选 C。

评论：

(1) 易错点：计算水力半径时，湿周按照 $B + 2H$，未考虑中间隔墙。

(2) 值得注意的是：颗粒自水面下方 1.2m 处从进水端进入沉淀池，且恰好能够沉到水底而不再返回水中，说明此颗粒沉速即是临界流速。

【题8】 一座平流式沉淀池长 $L = 97.20m$；长宽比 $L/B = 8.10$。经计算得：水平流速和临界沉速之比 $v/u_0 = 30$，水的动力黏度 $\mu = (1.0 \sim 1.31) \times 10^{-3} Pa \cdot s$，水流雷诺数 $Re = 31500$，弗劳德数 $Fr = 1.57 \times 10^{-5}$。出水区设置 8 条双边进水的锯齿堰集水槽，锯齿堰上开顶角为 90°、高 100mm 紧密相连的倒三角形（三角堰）集水孔，则该沉淀池每条集水槽开设的倒三角（三角堰）集水孔数量最接近以下哪项？

(A) 20 个   (B) 75 个   (C) 150 个   (D) 300 个

答案：【C】。

分析： 本案例考察的是沉淀池集水槽相关计算，先求出池宽、池深和处理水量，再求出每条集水槽的溢流堰长度，最后求出每条集水槽的集水孔数量。

解析：

（1）沉淀池池宽

根据题设：池长 $L=97.20m$，长宽比 $L/B=8.10$，池宽：

$$B = \frac{L}{8.1} = \frac{97.2}{8.1} = 12m$$

（2）沉淀池水深

水平流速 $v=Q/BH$；临界流速 $u_0=Q/LB$；则水平流速和临界流速之比：

$$\frac{v}{u_0} = \frac{Q/BH}{Q/LB} = \frac{L}{H} = \frac{97.20}{H} = 30$$

计算得：水深 $H=3.24m$。

（3）处理流量

水力半径：

$$R = \frac{BH}{B+2H} = \frac{12 \times 3.24}{12 + 2 \times 3.24} = 2.10$$

根据《给水工程》教材式（7-23）弗劳德数公式：

$$F_r = \frac{v^2}{Rg}$$

推导出水平流速计算公式：

$$v = \sqrt{F_r Rg} = \sqrt{1.57 \times 10^{-5} \times 2.10 \times 9.81} = 0.018m^3/s$$

沉淀池处理流量：

$$Q = B \times H \times v = 12 \times 3.24 \times 0.018 \times 86400 = 60466.18m^3/d$$

（4）每条集水槽的溢流堰长度

根据《室外给水标准》9.4.8 条，沉淀池集水槽溢流率不宜大于 $250m^3/(m \cdot d)$，因设置 8 条双边进水的集水槽，则每条集水槽产生溢流的溢流堰长度：

$$L \geqslant \frac{60466.18}{8 \times 250} = 30.23m$$

（5）每条集水槽倒三角集水孔数量

根据题设，紧密相连的倒三角形顶角为 90°、高 100mm，则单个三角堰顶部边长 $b=0.2m$。

每条集水槽开设的倒三角集水孔数量：

$$N = \frac{L}{b} = \frac{30.23}{0.2} = 151.165 \approx 150 \text{ 个}$$

故选 C。

评论：

（1）易错点：溢流率其单位的含义是"每米溢流堰每天溢流的水量"；"每米"指的是产生溢流的溢流堰长度，而非集水槽长度，对于"双边进水"的集水槽，指的是单边的单位长度。

（2）值得注意的是：水流雷诺数 Re 和弗劳德数 Fr 都可计算水平流速 v，雷诺数 Re 公式中用到水的动力黏度 μ 为范围值，弗劳德数 Fr 公式相对简单。

（3）延伸点：平流沉淀池构造简单，与溢流率、颗粒去除率相结合进行考察时难度较大。

【题 9】 一座供水规模为 5 万 m^3/d 的供水厂，自用水占构筑物处理水量的 10%。经测定，供水厂平流式沉淀池出水中只含有沉速为 0.35mm/s、0.20mm/s、0.10mm/s 的三种悬浮颗粒。该三种颗粒进入沉淀池时占所有颗粒的重量比例见表 8-1：

表 8-1

沉淀池出水中所含颗粒的沉速 u_i（mm/s）	0.35	0.20	0.10
进入沉淀池时占所有颗粒的重量比 dp_i（%）	15	12.5	7.5

经计算，沉淀池对悬浮颗粒的总去除率 P 在 83% 以上，出水中悬浮颗粒总剩余百分数 P_s 和沉淀池临界沉速 u_0 的乘积等于 0.0575mm/s，则平流式沉淀池沉淀面积最接近以下哪项？

（A）1579m^2　　　　（B）1564m^2　　　　（C）1362m^2　　　　（D）1348m^2

答案：【A】。

分析： 本案例考察的是沉淀池颗粒去除率相关计算，先求临界流速，再求处理水量，最后求出沉淀池沉淀面积。

解析：

（1）临界流速

根据《给水工程》教材式（7-20），所有沉速小于临界流速的颗粒去除率总和：

$$P = \frac{1}{u_0} \sum u_i dp_i$$

推导出水中悬浮颗粒的总剩余百分数计算公式：

$$P_s = 1 - P = \Sigma \left(1 - \frac{u_i}{u_0} \right) dp_i$$

根据题设，$P_s \times u_0 = 0.0575$，则

$$P_s = \left(1 - \frac{0.35}{u_0} \right) \times 15\% + \left(1 - \frac{0.2}{u_0} \right) \times 12.5\% + \left(1 - \frac{0.1}{u_0} \right) \times 7.5\%$$

计算得：临界沉速 $u_0 = 0.407$mm/s。

（2）处理水量

根据题设，自用水占构筑物处理水量的 10%，设自用水量为 x，

$$\frac{x}{Q_d + x} = 10\%$$

计算得：自用水量 $x = 0.556$ 万 m^3/d。

沉淀池处理水量：

$$Q = Q_d + x = 5 + 0.556 = 5.556 \text{ 万 } m^3/d = 2315 m^3/h$$

（3）沉淀面积

根据《给水工程》教材式（7-24），沉淀面积等于处理流量除以临界流速，

平流式沉淀池沉淀面积：

$$A = \frac{Q}{u_0 \times 3.6} = \frac{2315}{0.407 \times 3.6} = 1579 \text{m}^2$$

故选 A。

评论：

（1）易错点：自用水占"构筑物处理水量"的 10%，并非"供水规模"的 10%，计算处理水量时不能用 $(1+10\%)Q_d$。

（2）值得注意的是：题设看似给出了总去除率 P 在 83% 以上，但并没有明确具体去除率数值，出水中悬浮颗粒总剩余百分数 P_s 并不等于 1 减去总去除率 P。

【题 10】 沉淀区安装长 $L=980\text{mm}$，内切圆直径 $d=35\text{mm}$，倾角 $\theta=60°$ 斜管的上向流沉淀池。设计处理水量 3.2 万 m^3/d，水厂自用水占 8%，每天 24h 运行。经测算清水区斜管净出口面积为 80.515m^2，斜管在水平面上投影面积约等于清水区面积的 7 倍。假设沉淀池出水中含有 $u_1=0.40\text{mm/s}$、$u_2=0.3\text{mm/s}$、$u_3=0.2\text{mm/s}$ 的颗粒，进水中这三种颗粒占所有颗粒重量的百分比分别为 10%、5%、5%。该沉淀池去除杂质的总去除率是多少？

(A) 93.92%　　　(B) 92.87%　　　(C) 91.30%　　　(D) 90.47%

答案：【A】。

分析： 本案例考察的是沉淀池去除率相关计算，先求轴向流速，再求临界沉速，最后求出去除率。

解析：

（1）轴向流速

根据题设，$Q=3.2$ 万 m^3/d，斜管净出口面积 $A=80.515\text{m}^2$，清水区斜管出口流速：

$$v_s = \frac{Q}{A} = \frac{3.2 \times 10^4 \div (24 \times 3600)}{80.515} \times 10^3 = 4.6 \text{mm/s}$$

根据《给水工程》教材式（7-34），$v_s = v_0 \cdot \sin\theta$，

斜管内轴向流速：

$$v_0 = \frac{V_s}{\sin\theta} = \frac{4.6}{\sin 60°} = 5.31 \text{mm/s}$$

（2）临界流速

根据《给水工程》教材式（7-36）

$$\frac{u_0}{v_0}\left(\frac{L}{d}\cos\theta + \frac{1}{\sin\theta}\right) = \frac{4}{3}$$

根据题设，斜管长 $L=980\text{mm}$，内切圆直径 $d=35\text{mm}$，

$$\frac{u_{02}}{2.02} \times \left(\frac{980}{35} \times \cos 60° + \frac{1}{\sin 60°}\right) = \frac{4}{3}$$

计算得：临界流速 $u_0=0.467\text{mm/s}$。

（3）总去除率

根据题设，沉淀池出水中含有 $u_1=0.40\text{mm/s}$、$u_2=0.3\text{mm/s}$、$u_3=0.2\text{mm/s}$ 的颗粒，进水中这三种颗粒占所有颗粒重量的百分比分别为 10%、5%、5%，且三种颗粒沉速均小于临界流速。根据《给水工程》教材式（7-21），去除杂质的总去除率

$$P = (1-P_0) + \frac{1}{u_0}\sum u_i dp_i$$

$$= (1-10\%-5\%-5\%) + \frac{0.4}{0.467}\times 10\% + \frac{0.3}{0.467}\times 5\% + \frac{0.2}{0.467}\times 5\%$$

$$= 93.92\%$$

故选 A。

评论：

(1) 易错点：本案例中给出设计处理水量，即为沉淀池处理流量，无需考虑水厂自用水量。"斜管在水平面上投影面积约等于清水区面积的 7 倍"属于干扰项，因清水区斜管净出口面积不等于清水区面积，无法求出沉淀总面积，也就不能采用流量/面积法求出临界流速。

(2) 值得注意的是：本案例默认小于临界流速 0.467mm/s 的颗粒只有 0.4mm/s、0.3mm/s、0.2mm/s 这 3 种，只有如此才能继续使用《给水工程》教材式（7-21）进行计算。

(3) 延伸点：对于斜板、斜管沉淀池，需能熟练运用以下公式：$v_s = v_0 \cdot \sin\theta$，$u_0 = Q/(A_{斜}+A_{池})$，斜板：$\dfrac{u_0}{v_0}\left(\dfrac{L}{d}\cos\theta + \dfrac{1}{\sin\theta}\right) = 1$，斜管：$\dfrac{u_0}{v_0}\left(\dfrac{L}{d}\cos\theta + \dfrac{1}{\sin\theta}\right) = \dfrac{4}{3}$。

【题 11】 一座斜板沉淀池液面面积 $A\,\text{m}^2$、液面负荷 $q = 1.54\text{mm/s}$，斜板间截留速度 $u_{01} = 0.16\text{mm/s}$。当进水悬浮物含量为 63mg/L 时，沉淀池出水悬浮物含量为 3.24mg/L，据此推算出沉淀池中悬浮物总去除率 P 和斜板截留速度 u_{01}（mm/s）之间符合如下关系式：$P = 1 - \dfrac{3}{2}u_0^\alpha$。现因斜板损坏，设计安装斜管区高 866mm、倾角 60°、每边边长 17.32mm 的正六边形斜管。如果正六边形斜管内切圆直径为 30mm，斜管材料和无效面积占沉淀池清水区面积的 12%，处理的水量不变，总去除率 P 和斜管截留速度 u_0（mm/s）关系式中的 α 与斜板沉淀池相同，则当进水悬浮物含量为 80mg/L 时，沉淀池出水悬浮物含量（mg/L）是多少？

(A) 2.92   (B) 3.70   (C) 4.12   (D) 4.75

答案：【B】。

分析： 本案例考察的是沉淀池出水悬浮物含量的计算，先根据斜板沉淀池求出 α，再根据构造求出斜管沉淀池的临界流速和去除率，最后求出沉淀池出水中悬浮物含量。

解析：

(1) 轴向流速

根据《给水工程》教材式（7-37），$q = Q/A$ 可知：

当处理数量不变时，更换斜管前后液面负荷 q 不变。

根据题设，斜管材料和无效面积占沉淀池清水区面积的 12%，液面负荷 $q = 1.54\text{mm/s}$，

根据《给水工程》教材式（7-34），$v_s = v_0 \cdot \sin\theta$，

清水区上升流速，即沉淀池液面负荷：

$$q = v_0 \cdot \sin\theta \cdot \eta$$

即 $1.54 = v_0 \times \sin 60° \times (1-12\%)$

计算得：斜管内的轴向流速 $v_0 = 2.02\text{mm/s}$。

（2）临界流速

根据《给水工程》教材式（7-36）

$$\frac{u_0}{v_0}\left(\frac{L}{d}\cos\theta+\frac{1}{\sin\theta}\right)=\frac{4}{3}$$

根据题设，斜管长度 $L=866\div\sin60°=1000mm$，内切圆直径 $d=30mm$，

$$\frac{u_{02}}{2.02}\times\left(\frac{1000}{30}\times\cos60°+\frac{1}{\sin60°}\right)=\frac{4}{3}$$

计算得：临界流速 $u_{02}=0.15mm/s$。

（3）总去除率

根据题设，斜板沉淀池的去除率：

$$P_1=(63-3.24)\div63=0.9486=94.86\%$$

根据去除率公式：

$$P_1=1-\frac{3}{2}u_0^\alpha=94.86\%$$

$u_{01}=0.16mm/s$，计算得：$\alpha=1.84$。

根据题设，斜管沉淀池总去除率 P 和斜管截留速度 u_0（mm/s）关系式中的 α 与斜板沉淀池相同；

斜管沉淀池总去除率：

$$P_2=1-\frac{3}{2}u_{02}^{1.84}=1-\frac{3}{2}\times0.15^{1.84}=95.4\%$$

（4）出水悬浮物含量

当进水 $C_0=80mg/L$ 时，出水悬浮物含量：

$$C_1=C_0\times(1-P_2)=80\times(1-95.4)=3.70mg/L$$

故选 B。

评论：

（1）易错点：液面负荷计算时，未考虑斜管材料和无效面积占沉淀池清水区的面积影响。

（2）值得注意的是：斜板与斜管沉淀池液面负荷相同；虽未明确给出斜管沉淀池总去除率计算公式，通过题设"总去除率 P 和斜管截留速度 u_0 关系式中的 α 与斜板沉淀池相同"，判定其公式与斜板公式相同。

（3）延伸点：相比平流沉淀池，改造成斜板或斜管沉淀池增加了难度，本案例属于斜板、斜管之间的转换计算。在了解斜板、斜管沉淀池各自构造的基础上，熟练掌握《给水工程》教材式（7-34）～式（7-36）以及各符号的含义。

8.4　滤池滤料、滤池反冲洗及滤池结构相关计算

【题 12】 一组均匀级配粗砂滤料池分 6 格，等水头变速过滤运行一段时间后，第 1 格至第 6 格滤池滤速依次为：$v_1=10m/h$，$v_2=9m/h$，$v_3=8m/h$，$v_4=7m/h$，$v_5=6m/h$，$v_6=5m/h$。当第 6 格滤池停止过滤进行反冲洗时，第 5 格滤池因故障也停止过滤，问第 1 格滤池因第 5 格滤池故障导致的强制滤速增加的百分数与以下哪项最接近？

(A) 11.97%   (B) 15.00%   (C) 17.65%   (D) 19.13%

答案：【C】。

分析： 由"滤速等比例分配原则"可知，先分别计算两种工况条件下第 1 格滤池的强制滤速，再求出其强制滤速增加的百分数。

解析：

(1) 滤速分配原则

滤池过滤时，一组滤池的总进水量不变，总过滤水量不变，多格滤池的平均滤速不变。因反冲洗或者故障而减少滤速，由其他格按照原先各自滤速的大小等比例分配。

(2) 强制滤速

根据题设，整个滤池总滤速：

$$v_{总} = 10+9+8+7+6+5 = 45 \text{m/h}$$

第 6 格冲洗时，第 1 格滤池的强制滤速：

$$v_1' = v_1 + \frac{v_1}{v_{总}-v_{冲}} \times v_{冲} = 10 + \frac{10}{45-5} \times 5 = 11.25 \text{m/h}$$

第 6 格冲洗，第 5 格故障时，第 1 格滤池的强制滤速：

$$v_1'' = v_1 + \frac{v_1}{v_{总}-v_{冲}-v_{故}} \times (v_{冲}+v_{故}) = 10 + \frac{10}{45-5-6} \times (5+6) = 13.235 \text{m/h}$$

(3) 第 1 格滤池因第 5 格滤池故障导致的强制滤速增加的百分数

$$N = \frac{v_1''-v_1'}{v_1'} = \frac{13.235-11.25}{11.25} \times 100\% = 17.65\%$$

故选 C。

评论：

(1) 易错点：按滤速等比例分配计算时，分母中未减去停用滤格的原先过滤水量。

(2) 值得注意的是：案例所问是"第 5 格滤池事故时第 1 格的强制滤速"比"没有事故时的第 1 格强制滤速"增加的百分数。

(3) 延伸点：还应掌握普通快滤池、V 型滤池、虹吸滤池、无阀滤池在此两种工况下，滤速的变化原则和计算方法。V 型滤池反冲洗时，部分进水会用于表面扫洗，总过滤水量相应减少，进行强制滤速计算时，还应扣除表面扫洗强度，即 $v_1' = v_1 + \dfrac{v_1}{v_{总}-v_{冲}-v_{归}} \times (v_{冲}+v_{归})$。

【题 13】 某城镇水厂建造了一座处理水量为 12 万 m^3/d 的变水头等速过滤滤池，设计滤速 $\geqslant 8.0 \text{m/h}$，水厂自用水占 6%。当第 1 格滤池检修时，用水泵抽取出水总渠中的清水，以 $15 \text{L}/(\text{m}^2 \cdot \text{s})$ 冲洗强度冲洗第 2 格时，其他几格滤池滤速从 9.6m/h 变为 11.2m/h。则该组滤池单格最大过滤面积应为下列哪项？

(A) 38m²   (B) 75m²   (C) 80m²   (D) 90m²

答案：【B】。

分析： 根据题设条件，第 1 格滤池检修，第 2 格滤池进行反冲洗，可建立等式关系，求出滤池分格数，以及滤池单格最大过滤面积，并进行校核。

解析：

（1）分格数量

设滤池分格数为 n，根据《给水工程》教材式（8-36），

$$nv = (n-n')v'$$

当第 1 格滤池检修，第 2 格滤池进行反冲洗时，

$$(n-1) \times 9.6 = (n-1-1) \times 11.2$$

计算得：滤池分格数 $n = 8$ 格。

（2）单格滤池面积

设单格过滤面积为 F，设计滤速：

$$v = \frac{处理水量}{过滤面积} = \frac{12 \times 10^4 \div 24}{8 \times F} > 8\text{m/h}$$

计算得：单格滤池面积 $F < 78.125\text{m}^2$，根据四个选项，取 $F = 75\text{m}^2$。

（3）校核：

设计滤速：

$$v = \frac{12 \times 10^4 \div 24}{8 \times 75} = 8.33\text{m/h}$$

因第 1 格滤池检修时，用水泵抽取出水总渠中的清水冲洗第 2 格，则其他几格的过滤水量应满足反冲洗水量；根据《给水工程》教材式（8-35），

$$n \geqslant \frac{3.6q}{v} = \frac{3.6 \times 15}{8.33} = 6.48$$

满足要求。

故选 B。

评论：

（1）易错点：缺少校核步骤。

（2）值得注意的是：本案例中未明确滤池形式，可根据滤池为变水头等速过滤，且反冲洗用水来自滤后清水，将其类比为虹吸滤池；再根据虹吸滤池的相关公式计算，并且进行校核。

（3）延伸点：对于强制滤速，应先根据滤池是等速过滤还是减速过滤，然后再选择对应的公式进行计算；常见三种题型：求最小分格数、求最大过滤面积、直接求强制滤速。

【题 14】 某城镇水厂新建一座颗粒活性炭吸附滤池，炭滤层厚 1600mm，单水冲洗膨胀后滤层厚 2000mm。活性炭选用吸附孔容积为 0.65mL/g 的大孔煤质破碎炭，密度为 507.3kg/m³，真密度 $\rho_2 = 0.89\text{g/cm}^3$。假定活性炭湿水后渗入颗粒内部的毛细水充满吸附孔不再流出，湿水前后活性炭颗粒体积不发生变化，水的密度 $\rho = 1.0\text{g/cm}^3$，则按理论计算，单水冲洗滤料层处于流态化时的水头损失（m）是下列哪一项？

（A）0.427　　　　（B）0.493　　　　（C）0.641　　　　（D）0.739

答案：【A】。

分析： 本案例考察的是滤池反冲洗时水头损失的计算，先求出滤料体积及孔隙率，再求出反冲洗时的滤料密度，最后求出反冲洗水头损失。

解析：

（1）滤料体积

设滤池面积为 F，活性炭颗粒本身所占体积：

$$V = \frac{高度 \times 面积 \times 密度}{真密度} = \frac{1.6 \times F \times 507.3}{0.89 \times 10^3} = 0.912F$$

（2）反冲洗前滤层孔隙率

反冲洗前滤层的孔隙率：

$$m_0 = \frac{颗粒间空隙体积}{滤层总体积} = \frac{1.6F - 0.912F}{1.6F} = 0.43$$

（3）湿水后活性炭密度

活性炭吸水后，体积不变，重量增大，密度增大，湿水后活性炭密度：

$$\rho_s = \frac{1.6F \times 507.3 + 1.6F \times 507.3 \times 0.65 \times 1}{0.912F} = \frac{1468.5\text{kg}}{\text{m}^3} = 1.468\text{g/cm}^3$$

（4）水头损失

根据《给水工程》教材式（8-10）、式（8-13），滤层反冲洗水头损失：

$$h = \frac{\rho_s - \rho}{\rho}(1 - m_0)L_0 = \frac{1.468 - 1}{1} \times (1 - 0.43) \times 1.6 = 0.427\text{m}$$

故选 A。

评论：

（1）易错点：湿水后活性炭密度理解错误。

（2）值得注意的是：本案例采用式（8-13）计算的前提：滤料层处于流态化时的水头损失为滤层膨胀起来后的值，即把膨胀状态理解成完全流态化，认为属于广义的流态化的一种。

（3）延伸点：有孔滤料湿水后，体积不变，密度变大；密度 $= \dfrac{G_{本身} + G_{水}}{V_{滤料}}$，（$G_{水}$ 为进入滤料颗粒内部孔隙的水）。

【题15】 在滤池大阻力配水系统中，已知干管和支管的进口平均流速分别为 1.0m/s 和 1.5m/s。若滤池反冲强度为 11L/(m²·s)，为取得反冲洗水量均匀度 97% 的效果，则开孔比宜为下列哪项？（μ 取 0.62）

　　（A）0.20%　　　　（B）0.23%　　　　（C）0.25%　　　　（D）0.28%

答案：【C】。

分析： 本案例考察大阻力配水系统反冲洗计算，先求平均压力水头 H_a，再求出开孔比。

解析：

（1）平均压力水头

根据《给水工程》教材式（8-21），反冲洗水量均匀度：

$$\frac{Q_a}{Q_c} = \sqrt{\frac{H_a}{H_a + \frac{1}{2g}(v_g^2 + v_z^2)}} \times 100\% = 97\%$$

根据题设，$v_g = 1\text{m/s}$，$v_z = 1.5\text{m/s}$，平均压力水头 $H_a = 5.133\text{m}$。

（2）开孔比

根据《给水工程》教材式（8-23），平均压力水头：

$$H_a = \frac{1}{2g}\left(\frac{q}{10\mu\alpha}\right)^2$$

根据题设，$\mu = 0.62$，$q = 11L/(m^2 \cdot s)$，

计算得：开孔比 $\alpha = 0.25$，即 0.25%。

故选 C。

评论：

值得注意的是：开孔比是指配水孔口总面积与过滤面积的比值，在进行平均压力水头计算时，代入"‰"前的数值。

8.5 水的软化与除盐相关计算

【题 16】已知某一地区井水的 pH 为 7.2，硬度由 Ca^{2+}、Mg^{2+} 构成，其水质分析资料如下：$Mg^{2+} = 30mg/L$，$HCO_3^- = 366mg/L$，非碳酸盐硬度为 $50mgCaCO_3/L$，此外，游离 $CO_2 = 1.1mg/L$，若采用石灰软化，不计混凝剂投加量和铁的影响，取石灰过剩量 $0.1mmol/L$，试估算软化 $1m^3$ 水投加纯度为 90% 的石灰量是下列哪项？

(A) 145g　　　　(B) 207g　　　　(C) 214g　　　　(D) 238g

答案：【D】。

分析： 本案例考察的是石灰软化法，先将离子含量折算成当量粒子摩尔浓度，依据离子假想组合求出碳酸盐硬度的当量离子摩尔浓度，最后求出石灰投加量。

解析：

(1) 当量离子摩尔浓度

当水的 pH≤7.5 时，认为水中不含有 CO_3^{2-}，仅有 HCO_3^- 离子；

根据《给水工程》教材 13.1 节，各组分当量离子摩尔浓度计算如下：

$$[Mg^{2+}] = \frac{30}{24 \div 2} = 2.5mmol/L，[HCO_3^-] = \frac{366}{50} = 6.0mmol/L，$$

非碳酸盐硬度 $[H_n] = \frac{50}{50} = 1.0mmol/L，[CO_2] = \frac{1.1}{44 \div 2} = 0.05mmol/L$

(2) 离子假想组合

根据题设，水中硬度由 Ca^{2+}、Mg^{2+} 构成，且存在非碳酸盐硬度；

根据水中离子假想组合原则，Ca^{2+} 组合顺序大于 Mg^{2+}，非碳酸盐硬度应为 Mg 硬度；

假想组合物的当量粒子摩尔浓度如下：

$[MgH_n] = 1.0mmol/L，[Mg(HCO_3)_2] = 2.5 - 1.0 = 1.5mmol/L，$

$[Ca(HCO_3)_2] = 6.0 - 1.5 = 4.5mmol/L；$

(3) 石灰投加量

根据题设，不计混凝剂投加量和铁的影响，石灰过剩量 $\alpha = 0.1mmol/L$，

根据《给水工程》教材式（13-9a），石灰的当量离子摩尔浓度投加量：

$$[CaO] = [CO_2] + [Ca(HCO_3)_2] + 2[Mg(HCO_3)_2] + \alpha$$
$$= 0.05 + 4.5 + 2 \times 1.5 + 0.1 = 7.65mmol/L$$

每 $1m^3$ 水所需石灰投加量：

$$m = \frac{V \times [CaO] \times M_{[CaO]}}{90\%} = \frac{1 \times 7.65 \times \frac{40 + 16}{2}}{90\%} = 238g/m^3$$

故选 D。

评论：

（1）易错点：常因单位换算导致计算错误。

（2）值得注意的是：注意题设"非碳酸盐硬度以 $CaCO_3$ 计""游离 CO_2"。

（3）延伸点：结合《给水工程》教材【例题13-2】、【例题13-3】理解掌握。

【题17】有一井水水质分析资料如下：pH＝7.5，总硬度（以 $CaCO_3$ 计）＝410.50mg/L，其中钙硬度（以 $CaCO_3$ 计）＝260mg/L，镁硬度（以 $CaCO_3$ 计）＝160mg/L，Na^+＝69mg/L，K^+＝39mg/L，碱度（以 $CaCO_3$ 计）＝280mg/L，SO_4^{2-}＝264mg/L，Cl^-＝14.56mg/L。准备采用石灰-苏打药剂软化，取石灰过剩量为 0.2mmol/L、CO_3^{2-} 过剩量为 1.2mmol/L，不计混凝剂投加量。估算每天软化 $100m^3$ 水需要投加多少纯度为 90％的苏打（Na_2CO_3）（kg）？（原子量，Ca：40；Na：23；Mg：24；C：12；S：32；O：16）

(A) 9.48　　　　(B) 16.55　　　　(C) 23.56　　　　(D) 24.79

答案：【C】。

分析： 本案例考察的是石灰-苏打软化法，先将离子含量折算成当量粒子摩尔浓度，再依据离子假想组合求出非碳酸盐硬度的当量离子摩尔浓度，最后求出苏打投加量。

解析：

（1）当量离子摩尔浓度

当水的 pH≤7.5 时，认为水中不含有 CO_3^{2-}，仅有 HCO_3^- 离子；

根据《给水工程》教材 13.1 节，各组分当量离子摩尔浓度计算如下：

$$[Ca^{2+}] = \frac{260}{50} = 5.2mmol/L, \quad [Mg^{2+}] = \frac{160}{50} = 3.2mmol/L,$$

$$[HCO_3^-] = \frac{280}{50} = 5.6mmol/L, \quad [SO_4^{2-}] = \frac{264}{96 \div 2} = 5.5mmol/L。$$

（2）离子假想组合

根据水中离子假想组合原则，假想组合物的当量粒子摩尔浓度如下：

$$[Ca(HCO_3)_2] = 5.2mmol/L, \quad [Mg(HCO_3)_2] = 5.6 - 5.2 = 0.4mmol/L,$$

$$[CaSO_4] = 0mmol/L, \quad [MgSO_4] = 3.2 - 0.4 = 2.8mmol/L。$$

（3）苏打投加量

根据《给水工程》教材式（13-10）、式（13-11），苏打与非碳酸盐的化学反应式，考虑苏打过剩量时，苏打的当量离子摩尔浓度投加量

$$[Na_2CO_3] = [CaSO_4] + [MgSO_4] + [CO_3^{2-}] = 0 + 2.8 + 1.2 = 4.0mmol/L$$

每 $100m^3$ 水所需苏打投加量

$$m = \frac{V \times [Na_2CO_3] \times M_{Na_2CO_3}}{90\% \times 1000} = \frac{100 \times 4.0 \times \frac{23 \times 2 + 12 + 16 \times 3}{2}}{90\% \times 1000} = 23.56kg/m^3$$

故选 C。

评论：

（1）易错点：药剂"纯度"为质量分数，要用摩尔质量换算。

（2）值得注意的是：硬度、碱度均以 $CaCO_3$ 计，石灰过剩量以及 CO_3^{2-} 过剩量，指

苏打过剩量。

（3）延伸点：石灰可以与苏打反应，但属于干扰项。根据《给水工程》教材式（13-7）、式（13-8）化学反应式可知：石灰和非碳酸盐硬度反应，生成氢氧化镁沉淀，以及等当量的非碳酸盐硬度，总的非碳酸盐硬度当量离子摩尔浓度不变，即过量的石灰不影响苏打投加量。

【题 18】 某圆柱形离子交换器采用强酸性 H 离子交换树脂，初始全交换容量为 1250mmol/L。进水水质：$[Ca^{2+}]=100mg/L$、$[Mg^{2+}]=24mg/L$、$[Na^+]=23mg/L$。离子交换截面流速采用 20m/h，交换容量实际利用率取 70%，树脂层高度为 1.7m。如该离子交换器继续用于软化，自除盐泄漏时间起计，软化工作最大时长宜为多少小时（h）？（原子量为 Ca：40，Mg：24，Na：23）

（A）1.16   （B）1.33   （C）1.52   （D）1.90

答案：【B】。

分析： 本案例考察的是树脂工作交换容量，先求出各组分当量离子摩尔浓度，再求出两种工作情况下的工作时长，最后求出软化增加的时长。

解析：

（1）当量离子摩尔浓度

根据《给水工程》教材 13.1 节，各组分当量离子摩尔浓度计算如下：

$[Ca^{2+}]=\dfrac{100}{40\div2}=5mmol/L$，$[Mg^{2+}]=\dfrac{24}{24\div2}=2mmol/L$，$[Na^+]=\dfrac{23}{23}=1mmol/L$。

（2）软化工作时长

根据题设，离子交换截面流速＝处理水量÷截面面积，即 $v=Q\div F=20m/h$，

根据《给水工程》教材式（13-37）、式（13-38），可推导出软化工作时长计算公式：

$$T=\frac{EL}{QH_t/F}=\frac{\eta E_0 L}{QH_t/F}=\frac{\eta E_0 L}{20\times H_t}$$

运行到除盐泄漏，工作时间：

$$T_1=\frac{\eta E_0 L}{20\times H_t}=\frac{70\%\times1250\times1.7}{20\times(5+2+1)}=9.30h$$

运行到硬度泄漏，工作时间：

$$T_2=\frac{\eta E_0 L}{20\times H_t}=\frac{70\%\times1250\times1.7}{20\times(5+2)}=10.63h$$

（3）自除盐泄漏开始至硬度泄漏的软化工作时长

$$\Delta T=T_2-T_1=10.63-9.30=1.33h$$

故选 B。

评论：

（1）易错点：计算运行到除盐时间时，未考虑钠离子当量离子摩尔浓度。

（2）延伸点：软化除盐类题目需折算成当量粒子摩尔浓度后进行计算。树脂交换时先

除盐，控制点为漏钠点；后软化，控制点为漏硬点。计算除盐泄漏时间时应计入非硬度离子。

【题19】 某锅炉用水的给水水源原水的水质分析结果：$Ca^{2+}=40mg/L$，$Mg^{2+}=30mg/L$，$Na^+=46mg/L$，$Fe^{2+}=5.6mg/L$，$Al^{3+}=0.90mg/L$，$pH=7.5$。设计采用 Na 离子交换树脂去除水中硬度。假设通过预处理将水中的 Fe^{2+} 和 Al^{3+} 去除，此时，离子交换树脂工作交换容量较未进行预处理时增加的比例是下列哪项？（原子量，Ca：40，Mg：24，Na：23，Fe：56，Al：27）

(A) 2.22%　　　　(B) 4.44%　　　　(C) 6.25%　　　　(D) 6.67%

答案：【D】。

分析： 本案例考察的是树脂工作交换容量，分别求出两种情况下树脂工作交换容量中用于去除水中硬度的比例，再求出增加值的比例。

解析：

(1) 根据《给水工程》教材 13.1 节，各组分当量离子摩尔浓度计算如下：

$$[Ca^{2+}]=\frac{40}{20}=2.0mmol/L，\quad [Mg^{2+}]=\frac{30}{12}=2.5mmol/L$$

$$[Fe^{2+}]=\frac{5.6}{28}=0.2mmol/L，\quad [Al^{3+}]=\frac{0.9}{9}=0.1mmol/L。$$

(2) 不设预处理时：

树脂的可用容量中各离子的占比

$$[Ca^{2+}]：[Mg^{2+}]：[Fe^{2+}]：[Al^{3+}]=2：2.5：0.2：0.1$$

树脂工作交换容量中用于去除水中硬度的比例

$$\frac{2+2.5}{2+2.5+0.2+0.1}=0.9375$$

(3) 设预处理时：

树脂工作交换容量皆用于软化，即用于去除水中硬度的比例为 1。

(4) 增加的比例：

工作交换容量较未进行预处理时增加的比例：

$$P=\frac{1-0.9375}{0.9375}=0.0667=6.67\%$$

故选 D。

评论：

(1) 易错点：各组分当量离子摩尔浓度计算错误。

(2) 值得注意的是：设置预处理进行 Fe^{2+} 和 Al^{3+} 的去除，对硬度的去除存在较大影响。当不进行预处理时，树脂对 Fe^{2+} 和 Al^{3+} 的选择优先于硬度离子 Ca^{2+} 和 Mg^{2+}，水中 Fe^{2+}、Al^{3+} 的总当量离子摩尔浓度与进水离子的总当量离子摩尔浓度之比，即为树脂工作交换容量中被占用的比例。

(3) 延伸点：本案例采用分析法，仅通过两种情况下树脂工作交换容量中用于去除水中硬度的比例来分析比较工作交换容量的增加值。

第9章　城市给水处理工艺和水厂设计

9.1　城市给水处理厂水处理构筑物水头损失相关计算

【题1】某供水厂采用折板絮凝平流沉淀池＋V型滤池常规处理工艺，构筑物布置中絮凝沉淀池与清水池叠合建设。已知水厂絮凝池进水标高为8.86m，二级泵房吸水井最低水位−0.64m，在清水池有效水深4.20m的条件下，滤池可利用的水头损失为多少（m）？

注：各构筑物及连接管水头损失值（m）见表9-1：

表9-1

水力絮凝池	机械絮凝池	沉淀池	絮凝池→沉淀池	沉淀池→滤池	滤池→清水池	清水池→吸水井
0.5	0.1	0.3	0.1	0.5	0.5	0.3

(A) 3.10　　　　(B) 3.50　　　　(C) 3.80　　　　(D) 3.90

答案：【A】。

分析： 本案例考察的是供水厂构筑物高程设计，先画出水厂工艺流程图，标注出相关水位标高及水损，再建立标高关系式，即可求出滤池可利用的水头损失。

解析：

（1）工艺流程图

根据题干条件，构筑物连接管水头损失和构筑物中水头损失如下：

```
          0.1m          0.5m        0.5m     0.3m
水力絮凝池 ──→ 平流沉淀池 ──→ V型滤池 ──→ 清水池 ──→ 吸水井
8.86m  0.5m    0.3m         h        4.2m     −0.64m
```

（2）滤池水头损失

V型滤池左右两侧建立标高关系式，则有

$$8.86 - 0.5 - 0.1 - 0.3 - 0.5 - h = -0.64 + 0.3 + 4.2 + 0.5$$

滤池可利用的水头损失：

$$h = 3.10m$$

故选A。

评论：

（1）易错点：解题思路较为简单、计算量小，但是对工艺布置掌握以及做题细心程度要求较高。

（2）值得注意的是：工艺流程中水头损失值包括两部分组成，一是连接管（渠）水头损失，二是构筑物中的水头损失，其估算值可查《给水工程》教材表12-1、表12-2。其中表12-1选取数据时要注意,第一列为流速,第二列为水头损失。

9.2 水厂内水处理构筑物的水头损失设计案例分析

【题2】某大学研究生入学考试,其中有一道题为水厂内水处理构筑物的水头损失计算,即水厂净水流程为:原水井提升→折板絮凝池→平流沉淀池→V型滤池→中间提升→臭氧活性炭→清水池→吸水井→二级泵房。假设原水井和吸水井的最低水位分别为12.8m和16.8m。V型滤池至清水池重力流超越管水头损失取0.6m。清水池有效水深取4.5m,不计清水池内的水头损失。在其余相关构筑物及其连接管水头损失均取最大估值时,原水井至絮凝沉淀池设计提升所需克服的水位高差至少为多少米(m)?

分析:本案例考察的是水厂净水工艺提升水泵扬程的计算,求出整个工艺流程中的重力流水头损失值,即可求出原水井至絮凝沉淀池设计提升所需克服的水位高差。

解析:

(1)工艺流程图

根据《给水工程》教材表12-1、表12-2,可查得构筑物连接管水头损失估算值和构筑物中水头损失估算值最大如下:

(2)水位高差

设原水井至絮凝沉淀池提升所需克服的水位高差为x,

$$12.8 + x = 0.5 + 0.1 + 0.3 + 0.5 + 2.5 + 0.6 + 4.5 + 0.3 + 16.8$$

提升所需克服的水位高差:

$$x = 13.3\text{m}$$

原水井至絮凝沉淀池设计提升所需克服的水位高差至少为13.3m。

评论:

(1)易错点:对给水工艺高程布置图掌握程度低,不清楚各水位之间的关系。

(2)值得注意的是:本案例设置有中间提升,但V型滤池至清水池的超越管为重力流,原水提升时要同时满足两种情况,重力流超越管的水头损失是最不利工况。

(3)延伸点:要计算提升水泵的扬程,需要先清楚提升水泵的作用:将调节池的水提升,克服阻力和高差后,将水送至各处理构筑物,再送至清水池。

第 10 章　循环冷却水系统计算

10.1　冷却塔相关计算

【题 1】 某工业冷却水系统配置机械通风冷却塔，冷却塔进水温度为 43℃，出水水温 35℃，当地空气干球温度为 28℃，空气湿球温度为 26℃，则该冷却塔效率为多少？

(A) 88.2%　　　　(B) 60.0%　　　　(C) 53.3%　　　　(D) 47.1%

答案：【D】。

分析： 本案例各项参数均给出了明确值，直接代入公式即可。

解析：

(1) 计算公式确定

根据《给水工程》教材式（14-18）可知，冷却塔效率按下式计算：

$$\eta = \frac{t_1 - t_2}{t_1 - \tau}$$

(2) 参数确定

根据题目已知参数 $t_1 = 43$，$t_1 = 35$，$\tau = 26$ 代入冷却塔效率公式：

$$\eta = \frac{t_1 - t_2}{t_1 - \tau} = \frac{43 - 35}{43 - 26} \times 100\% = 47.1\%$$

故选 D。

评论：

(1) 本案例冷却塔效率为常识，工程中经常会遇到，应掌握。

(2) 此类考点有时会给出冷幅宽、冷幅高，只需明确冷幅宽为冷却前后水温 t_1、t_2 之差，冷幅高为冷却后水温 t_2 和当地湿球温度之差即可。

【题 2】 某风筒式逆流冷却塔的冷却数是 1.5，该塔淋水填料的容积散质系数为 20000kg/(m³·h)，进入冷却塔热水流量 1000kg/s，填料高度为 1.25m，进风口面积与淋水面积之比为 0.4。若淋水填料的装填按完整圆柱考虑，横截面积按完整圆形计，则冷却塔进风口面积最接近以下哪一项？［水的比热容取 4.187kJ/(kg·℃)］

(A) 87m²　　　　(B) 158m²　　　　(C) 216m²　　　　(D) 270m²

答案：【A】。

分析： 填料体积＝横截面积×有效高度。

解析：

(1) 计算公式确定

根据《给水工程》教材式（14-11）：设计工况点时，冷却数计算式：

$$N = N' = \frac{\beta_{xv} \times V}{Q}$$

（2）参数确定

1）淋水面积 F_m

根据题设，$\beta_{xv} = 20000\text{kg/(m}^3 \cdot \text{h)}$，$Q = 1000\text{kg/s}$

代入《给水工程》教材式（14-11），

$$N = N' = \frac{\beta_{xv} \times V}{Q} = \frac{\frac{20000}{3600} \times V}{1000} = 1.5$$

计算得：$V = 270\text{m}^3$。

则淋水面积：

$$F_m = \frac{V}{h} = \frac{270}{1.25} = 216\text{m}^2$$

2）进风口面积 S

根据题设，进风口面积与淋水面积之比为0.4。

冷却塔进风口面积：

$$S = 216 \times 0.4 = 86.4\text{m}^2$$

故选 A。

评论：

本案例考察水的冷却和循环冷却水处理，其知识点相对简单，找到公式，代入数据即可。

10.2 循环冷却水水量相关计算

【题3】某循环冷却水系统采用逆流式机械通风冷却塔，循环冷却水水量为 $400\text{m}^3/\text{h}$，冷却塔设计进水温度37℃，设计出水温度32℃，设计湿球温度28℃，设计浓缩倍数为5，风吹损失水量占循环水量的0.1%。试计算设计环境气温为30℃时系统的补充水量为下列哪项？

（A）$6.75\text{m}^3/\text{h}$　　　（B）$5.25\text{m}^3/\text{h}$　　　（C）$3.75\text{m}^3/\text{h}$　　　（D）$0.50\text{m}^3/\text{h}$

答案：【C】。

分析： 由题设条件和系统补充水量公式即可解出题目。

解析：

（1）计算公式确定

根据《给水工程》教材式（15-13）蒸发水量：

$$Q_e = k \times \Delta t \times Q_r$$

根据《给水工程》教材式（15-14），排污水量：

$$Q_b = \frac{Q_e}{(N-1)} - Q_w$$

根据《给水工程》教材式（15-8），系统补充水量：

$$Q_m = Q_e + Q_w + Q_b$$

（2）参数确定

1）蒸发水量 Q_e

根据《给水工程》教材表 15-3，查得 $k=0.0015$，蒸发水量：

$$Q_e = k \times \Delta t \times Q_r = 0.0015 \times (37-32) \times 400 = 3\text{m}^3/\text{h}$$

2）风吹损失水量：

$$Q_w = 0.1\% \times 400 = 0.4\text{m}^3/\text{h}$$

3）排污水量：

$$Q_b = \frac{Q_e}{(N-1)} - Q_w = \frac{3}{5-1} - 0.4 = 0.35\text{m}^3/\text{h}$$

（3）系统补充水量 Q_m 的计算

将上述计算结果代入《给水工程》教材式（15-8），系统补充水量：

$$Q_m = Q_e + Q_w + Q_b = 3 + 0.4 + 0.35 = 3.75\text{m}^3/\text{h}$$

故选 C。

评论：

（1）本案例考察的是对循环冷却水水量的理解，工程基础知识，必须掌握。

（2）值得注意的是：本案例应注意公式中 k 和 P_w 的取值。k 为气温系数，根据《给水工程》教材表 15-3 采用内插法计算。P_w 为风吹损失率，机械通风冷却塔（有除水器）取 0.1%，风筒式冷却塔（有除水器）取 0.1%，开放式自然通风冷却塔（无除水器）取 1.0%~1.5%。

（3）延伸点：还可以考察循环冷却水率相关计算。

第 2 篇
排水工程经典案例详解与分析

2

第11章 污水设计流量计算

11.1 综合生活污水流量的相关计算

【题1】 某地区综合污水定额为200L/(人·d)，居民生活污水定额为180L/(人·d)，该地区总人口为10000人，则该地区设计综合生活污水流量最接近哪项数值？

(A) 23L/s   (B) 30L/s   (C) 40L/s   (D) 45L/s

答案：【无】。

分析： 本案例考察的是设计综合生活污水流量，先求综合平均日污水量和综合污水量总变化系数，再求出综合生活污水流量。

解析：

(1) 计算公式确定

根据《排水工程》教材3.2.1节式（3-1），综合设计污水设计流量：

$$Q_d = \frac{nNK_z}{24 \times 3600} = Q_平 K_z$$

(2) 参数确定

1) 综合平均日污水量

根据题设，综合污水定额为200L/(人·d)，地区总人口为10000人，

综合平均日污水量：

$$Q_平 = 200 \times 10000 \div 86400 = 23.15 \text{L/s}$$

2) 综合生活污水量变化系数

根据《室外排水标准》表4.1.15采用内插法得到：

$$\frac{23.15 - 15}{K_z - 2.4} = \frac{40 - 15}{2.1 - 2.4}$$

即综合污水量总变化系数 $K_z = 2.30$；

(3) 综合生活污水流量

该地区设计综合生活污水流量：

$$Q_d = 23.15 \times 2.3 = 53 \text{L/s}$$

故本案例无答案。

评论：

(1) 本案例按照《室外排水标准》新标准作答，无答案。

(2) 综合生活污水设计流量的计算是排水工程高频考察点，解决该类问题时需明确定额是"用水定额"还是"污水定额"，如为"用水定额"，需乘以0.9的系数转化为污水定额后再计算。

（3）综合生活污水设计流量的计算需注意对以下几个基本概念的理解：

1）设计综合生活污水流量＝综合平均日污水量×综合生活污水量变化系数；综合平均日污水量＝综合生活污水定额×人数。

2）综合生活污水定额与居民生活污水定额。综合生活污水定额指居民生活污水和公共服务（包括娱乐场所、宾馆、浴室、商业网点、学校和办公楼等地方）产生的污水两部分的总和。

3）综合生活污水量变化系数，可根据《室外排水标准》表 4.1.15 用内插法计算，也可根据 $K_z = K_d \cdot K_h$ 计算。

11.2　设计工业废水流量的相关计算

【题 2】某工厂按一天 3 班制平均分配时间，一般车间最大班职工人数为 30 人，最大班使用淋浴的职工数为 15 人，热车间最大班职工人数为 20 人，最大班使用淋浴的职工数为 10 人，该工厂生产过程中单位产品的废水量为 10L/s，产品平均日产量为 2000 件，全天生产，总变化系数为 1.8，则该工厂设计工业废水流量最接近下列哪一项？

（A）0.80L/s　　　（B）0.90L/s　　　（C）1.73L/s　　　（D）11.53L/s

答案：【B】。

分析： 本案例考察的是对设计工业废水流量概念的理解，先求工业企业生活污水及淋浴污水量、工业企业生产废水量，相加即可求出设计工业废水流量。

解析：

（1）计算公式确定

根据《排水工程》教材 3.2.2 节式（3-4）、式（3-5），

设计工业生活流量：

$$Q_{21} = \frac{A_1 B_1 K_1 + A_2 B_2 K_2}{3600 T_1} + \frac{C_1 D_1 + C_2 D_2}{3600 T_2}$$

设计生产废水流量：

$$Q_{22} = \frac{mMK_3}{3600 T_3}$$

设计工业废水流量：

$$Q = Q_{21} + Q_{22} = \frac{A_1 B_1 K_1 + A_2 B_2 K_2}{3600 T_1} + \frac{C_1 D_1 + C_2 D_2}{3600 T_2} + \frac{mMK_3}{3600 T_3}$$

（2）参数确定

根据题设：

$A_1 = 30$ 人，$B_1 = 25$L/（人·班），$K_1 = 3.0$，$C_1 = 15$ 人，$D_1 = 40$L/（人·班）；

$A_2 = 20$ 人，$B_2 = 35$L/（人·班），$K_2 = 2.5$，$C_2 = 10$ 人，$D_2 = 60$L/（人·班）；

$T_1 = 24 \div 3 = 8$h；$T_2 = 1$h；$m = 10$L/s，$M = 2000$ 件，$K_3 = 1.8$，$T_3 = 24$h。

（3）设计流量

该工厂设计工业废水流量：

$$Q = \frac{30 \times 25 \times 3.0 + 20 \times 35 \times 2.5}{3600 \times 8} + \frac{15 \times 40 + 10 \times 60}{3600 \times 1} + \frac{10 \times 2000 \times 1.8}{3600 \times 24}$$

$$= 0.1389 + 0.333 + 0.41667$$

$$= 0.9 \text{L/s}$$

故选 B。

评论：

设计工业废水流量计算时注意"时间"。计算 Q_2 涉及的时间是每班工作时数 T_1、淋浴时间 T_2，本案例为一天 3 班制，每班工作时数 T_1 取 8h，淋浴时间 T_2 取 1h 计；计算 Q_3 的时间 T_3 是每日生产时数，本案例是全天生产，每日生产时数 T_3 取 24h。

11.3　城镇污水设计总流量的相关计算

【题 3】 某城区面积 55hm²，人口密度 400 人/hm²，居民平均日生活污水量为 110L/(人·d)，有两座公共建筑，平均日污水量分别为 2L/s 和 3L/s，有两个工厂，废水设计流量分别为 20L/s 和 40L/s，则该城区污水管道设计总流量（L/s）最接近下列哪一项？

(A) 72L/s　　　　(B) 93L/s　　　　(C) 123L/s　　　　(D) 132L/s

答案：【D】。

分析： 根据设计人口数 N、总人口密度、总面积，以及公共建筑平均日污水量求出综合平均日生活污水量，再由内插法求总变化系数，两者相乘即为污水管道设计流量。

解析：

(1) 计算公式确定

根据《排水工程》教材 3.2.1 节式（3-1），综合设计污水设计流量：

$$Q_d = \frac{nNK_Z}{24 \times 3600} = Q_平 K_Z$$

(2) 参数确定

1) 综合平均日污水量

根据题设，综合污水定额 $n = 110\text{L/(人·d)}$，地区总人口 $N = 55 \times 400$ 人；两座公共建筑，平均日污水量分别为 2L/s 和 3L/s。

综合平均日生活污水量为：

$$Q_平 = \frac{55 \times 400 \times 110}{24 \times 3600} + 2 + 3 = 33 \text{L/s}$$

2) 综合生活污水流量变化系数

根据《室外排水标准》表 4.1.15 采用内插法得到：

$$\frac{33 - 15}{K_Z - 2.4} = \frac{40 - 15}{2.1 - 2.4}$$

即综合污水量总变化系数 $K_Z = 2.18$；

(3) 污水管道总设计流量

根据题设，两个工厂废水设计流量分别为 20L/s 和 40L/s，该城区污水管道设计总流量：

$$Q_d = 33 \times 2.18 + 20 + 40 = 132 \text{L/s}$$

故选 D。

评论:

(1) 易错点:工厂的废水设计流量是节点流量,即最高日最高时流量,求设计总流量时直接叠加即可。

(2) 值得注意的是:本案例的计算步骤,先将综合生活污水平均日流量与公共建筑平均日流量叠加,而后求叠加流量的总变化系数,最后求污水管道设计流量。

第 12 章　排水管道相关计算

12.1　排水管道管径、流速、坡度及充满度相关水力计算

【题 1】某拟设计污水管道 $W_2 \sim W_3$ 设计流量为 820L/s，敷设在地形平坦地段；其上游设计管道 $W_1 \sim W_2$ 敷设在地面坡度为 1.31‰地段，设计流量为 800L/s、管径 900mm、流速为 2.88m/s、管道坡度 1.31‰、充满度 0.45；均采用钢筋混凝土管材。下述关于设计管段 $W_2 \sim W_3$ 的设计水力计算结果哪项较合理？写出分析过程。

(A) 管径 800mm、流速 3.77m/s、管道坡度 2.62‰、充满度 0.45

(B) 管径 900mm、流速 3.34m/s、管道坡度 1.9‰、充满度 0.41

(C) 管径 1100mm、流速 2.0m/s、管道坡度 0.5‰、充满度 0.45

(D) 管径 1000mm、流速 1.87m/s、管道坡度 0.4‰、充满度 0.55

答案：【D】。

分析：求四个选项哪个设计水力计算结果更合理，先根据已知参数排除明显不合理选项，比如本案例的前两个选项的设计管道坡度比地面平坦的地面坡度大得多，管道埋深会很大，不经济合理，直接排除；剩余选项可以查《常用资料》对应钢筋混凝土管道非满流水力计算图，可以分析出更合理选项。

解析：

(1) $W_2 \sim W_3$ 的设计流量为 820L/s，该管段地面坡度为 0.3‰，A、B 选项的管道设计坡度比地面坡度大很多，会增加很大埋深，不经济，排除 A、B 选项；

(2) 查《常用资料》钢筋混凝土圆管非满流水力计算图可知：C、D 选项均满足流量要求，但 D 选项比 C 选项坡度更小，更经济。

故选 D。

评论：

本案例考察的是污水管道的水力计算及管道设计参数的选取，不需要具体的水力计算过程，根据已知参数，结合《常用资料》的相关水力计算表格，采用排除法选出正确答案即可。

12.2　排水管道埋设深度水力计算

【题 2】已知某街区污水管纵断面图（图 12-1）。起点埋深 h 为 0.6m，街区污水管起点检查井处地面标高 Z_2 为 214.6m，收集该街区的街道污水管起点检查井处地面标高 Z_1 为 214.5m，该街区污水管和连接支管的坡度 I 均为 1.5‰，总长度 L 为 100m，连接支管与街道污水管的管内底高差为 0.1m，则该街道污水管道起点的最小埋设深度 H 应为多少（m）？

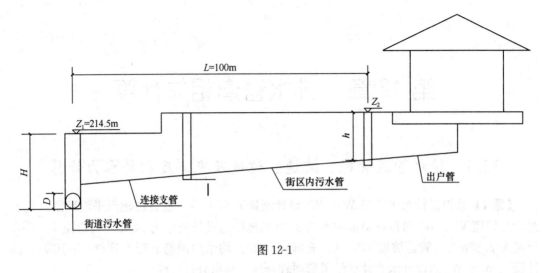

图 12-1

(A) 0.65　　　　　(B) 0.75　　　　　(C) 0.85　　　　　(D) 0.95

答案：【B】。

分析： 根据街区污水管的起点地面标高及管道埋深，由管道坡降和高差推算出街道污水管最小埋深。

解析：

根据《排水工程》教材 3.3.4 节污水管道埋深计算方法可知：管道埋深应从地面标高计算到管道内底标高。

则该街道污水管道起点的最小埋设深度：

$$H = 214.5 - (214.6 - 0.6 - 100 \times 0.0015 - 0.1) = 0.75 \text{m}$$

故选 B。

评论：

（1）本案例考察的是污水管渠道的埋深计算。掌握埋设深度、覆土厚度基本概念及计算公式。

（2）值得注意的是：管道埋设深度是指管内底到地面的距离，覆土厚度是指管外壁到地面的距离，覆土厚度＝埋设深度－管内径（精确计算时，还应考虑上下侧管道壁厚）。

【题 3】 某城市污水管道上游管道内径为 500mm，设计充满度 0.48，管内底标高 218.00m；污水支管内径为 300mm，设计充满度 0.50，管内底标高 218.25m；下游管道内径为 600mm，设计充满度 0.60。如图 12-2 所示，该检查井内下游内径为 600mm 的管道，其内底设计标高（m）不应高于下列哪一项？

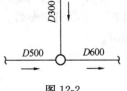

(A) 218.04　　　　　　　　　　(B) 217.95

(C) 217.90　　　　　　　　　　(D) 217.88

图 12-2

答案：【D】。

分析： 先判断上下游管道连接方式，再根据题干条件，即可求出管底标高。

解析：

根据《排水工程》教材 3.4.5 节污水管渠的衔接方法，按照管道重力流衔接下游管段起端水面和管底标高不得高于上游原则，上游两根支管中 $D500$ 管道管底标高更小，埋深更大，作为控制管段；结合本案例求下游 $D600$ 管道管底标高最大值，即水面标高最大值，所以在连接点采用水面平接。

$D500$ 管道在连接点处水面标高：

$$H_1 = 218 + 0.48 \times 0.5 = 218.24\text{m}$$

$D600$ 管道管底标高：

$$H = 218.24 - 0.6 \times 0.6 = 217.88\text{m}$$

故选 D。

评论：

（1）易错点：管渠衔接方法的确定。衔接方法不同，管道的标高不同，要结合已知条件确定其衔接方法。

（2）值得注意的是：如果用支管 $D300$ 作为控制管段计算，所计算结果为 218.04m；如果用干管 $D500$ 作为控制管段，采用管顶平接计算，所计算结果为 217.9m；都会得到错误结果。两者通过校核上游干管水面标高均可排除。

（3）延伸点：此类案例还可以考察管道埋深、覆土厚度以及管道加固长度。

第 13 章　雨水流量计算

13.1　雨水管渠设计流量相关计算

【题 1】 某街道雨水排水系统设计如图 13-1 所示，各设计管段的汇水面积标注在图上（单位：hm²）。各管段长度为：$L_{1-2}=150$m，$L_{3-2}=250$m，$L_{2-4}=200$m，管道内水流速度为：$V_{1-2}=1.0$m/s，$V_{3-2}=0.8$m/s，$V_{2-4}=1.2$m/s。计算管道 2-4 雨水设计流量最接近下列哪一项？〔取管段起端作为设计断面，设计重现期为 3 年，径流系数取 0.5，地面积水时间 $t_1=$ 10min，该城市暴雨强度公式为：$q=21.154$（$1+\lg P$）$\div$（$t+18.768$）$^{0.784}$〕

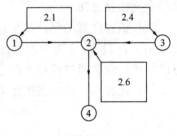

图 13-1

 (A) 4.6L/s   (B) 7.0L/s

 (C) 8.5L/s   (D) 21.6L/s

答案：【B】。

分析： 先求出管道内水流流行时间，找出最远点，再确定暴雨强度，最后根据面积法计算管段雨水设计流量。

解析：

(1) 计算公式确定

根据《室外排水标准》4.1.7 条可知，雨水设计流量计算公式：

$$Q_S = \Psi F q$$

(2) 暴雨强度

1-2 管段内水流行时间：

$$t_{1-2}=150\div 1.0\times 60=2.5\text{min}$$

3-2 管段内水流行时间：

$$t_{3-2}=250\div 0.8\times 60=5.2\text{min} > 2.5\text{min}$$

按照面积法算，取最远点集水时间作为降雨历时时间，即：

$$t = t_{3-2}+t_1=5.2+10=15.2\text{min}$$

根据题设，设计重现期为 $P=3$，则暴雨强度：

$$q = \frac{21.154\times(1+\lg 3)}{(15.2+18.768)^{0.784}} = 1.97\text{L/(hm}^2\cdot\text{s)}$$

(3) 管道 2-4 雨水设计流量

根据题设，径流系数 $\Psi=0.5$，则 2-4 管段雨水设计流量：

$$Q_S = \Psi F q = 0.5\times(2.1+2.4+2.6)\times 1.97 = 7.0\text{L/s}$$

故选 B。

评论：

（1）本案例考察的是雨水管渠设计流量的计算，需注意管道内水流行时间的取值。

（2）雨水管渠设计流量计算时，可采用面积叠加法，也可采用流量叠加法。若案例中未明确采用哪种方法计算，则考虑优先用面积叠加法求解。

【题 2】 某街道雨水排水系统设计如图 13-2 所示，各设计管段的汇水面积及汇入点已标注在图上（单位：hm^2）。各管段长度为 $L_{1\text{-}2}=150m$，$L_{3\text{-}2}=-250m$，$L_{2\text{-}4}=200m$，管道内水流速度为：$V_{1\text{-}2}=1.0m/s$，$V_{3\text{-}2}=0.8m/s$，$V_{2\text{-}4}=1.2m/s$。按面积叠加法计算，管道 2-4 雨水设计流量最接近下列哪一项？〔设计重现期为 3 年，径流系数取 0.5，地面集水时间 $t_1=10min$，暴雨强度公式：$q=21.154\ (1+\lg P)\ \div\ (t+18.768)^{0.784}$〕

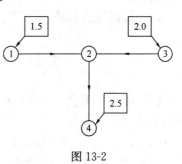

图 13-2

　（A）3.45 L/s　　　（B）4.20 L/s　　　（C）4.53 L/s　　　（D）5.91 L/s

答案：【A】。

分析： 先求出管道内水流流行时间，找出最远点，确定暴雨强度，再根据面积法计算管段雨水设计流量，最后校核上游管段流量。

解析：

（1）计算公式确定

根据《室外排水标准》4.1.7 条可知，雨水设计流量计算公式：

$$Q_s=\Psi Fq$$

（2）暴雨强度

1-2 管段内水流行时间：

$$t_{1\text{-}2}=150\div 1.0\times 60=2.5min$$

3-2 管段内水流行时间：

$$t_{3\text{-}2}=250\div 0.8\times 60=5.2min>2.5min$$

按照面积法算，取最远点集水时间作为降雨历时时间，即：

$$t=t_{3\text{-}2}+t_1=5.2+10=15.2min$$

根据题设，设计重现期为 $P=3$，则暴雨强度为：

$$q=\frac{21.154\times(1+\lg 3)}{(15.2+18.768)^{0.784}}=1.97L/(hm^2\cdot s)$$

（3）管道 2-4 雨水设计流量

根据《室外排水标准》4.1.7 条规定，管段 2-4 设计流量从起点 2 汇入，结合本案例 2.5hm^2 汇水区域产生的雨水径流量不计入。

根据题设，径流系数 $\Psi=0.5$，则 2-4 管段雨水设计流量：

$$Q_{2\text{-}4}=\Psi Fq=0.5\times(1.5+2)\times 1.97=3.45L/s$$

（4）选择更大设计流量的上游管段 $Q_{3\text{-}2}$ 校核

$$Q_{3\text{-}2}=\Psi F'q'=0.5\times 2\times\frac{21.154\times(1+\lg 3)}{(10+18.768)^{0.784}}=2.24<3.45L/s$$

即 $Q_{3\text{-}2}<Q_{2\text{-}4}$，满足要求。

故选 A。

评论：

（1）本案例考察的是雨水设计流量计算，是排水工程高频考察点，案例中已明确说明采用面积叠加法。

（2）值得注意的是：面积叠加法应校核上游管道设计流量。

13.2 合流制管渠设计流量相关计算

【题 3】已知某合流制管道第一个溢流井上游服务面积中雨水设计流量 $Q_{r\pm}=15.4\text{L/s}$，生活污水的平均流量为 $Q_{s\pm}=2.2\text{L/s}$、总变化系数为 1.2，工业废水最大班的平均流量为 $Q_{i\pm}=1.3\text{L/s}$，工业废水最大班的最大流量为 $Q_{i\pm}=1.8\text{L/s}$；溢流井下游服务面积中雨水设计流量 $Q_{r下}=16.7\text{L/s}$，生活污水的平均流量为 $Q_{s下}=2.4\text{L/s}$、总变化系数为 1.3，工业废水最大班的平均流量为 $Q_{i下}=1.2\text{L/s}$，工业废水最大班的最大流量为 $Q_{i下}=1.5\text{L/s}$；截留倍数取 3，则该溢流井上游及下游管渠中的流量为下列哪项？

(A) 19.34L/s，34.30L/s   (B) 18.90L/s，34.30L/s

(C) 19.84L/s，39.08L/s   (D) 18.90L/s，35.32L/s

答案：【B】。

分析：先求出溢流井上游管渠流量，根据截留倍数计算出下游管渠流量。

解析：

（1）计算公式确定

根据《室外排水标准》4.1.22 条，溢流井上游管渠设计流量计算公式：

$$Q=Q_d+Q_m+Q_s$$

根据《室外排水标准》4.1.23 条，溢流井下游管渠设计流量计算公式：

$$Q'=(n_0+1)(Q_d+Q_m)+Q'_s+Q'_d+Q'_m$$

（2）参数确定

根据题设，生活污水的平均流量 $Q_d=2.2\text{L/s}$，工业废水最大班的平均流量 $Q_m=1.3\text{L/s}$，雨水设计流量 $Q_s=15.4$；截留倍数 $n_0=3$，溢流井下游雨水设计流量 $Q'_s=16.7\text{L/s}$，生活污水的平均流量 $Q'_d=2.4\text{L/s}$，工业废水最大班的平均流量 $Q'_m=1.2\text{L/s}$。

（3）溢流井上游、下游管渠流量

溢流井上游管渠流量：

$$Q=Q_d+Q_m+Q_s=2.2+1.3+15.4=18.90\text{L/s}$$

溢流井下游管渠流量：

$$Q'=(n_0+1)(Q_d+Q_m)+Q'_s+Q'_d+Q'_m$$
$$=(3+1)\times(2.2+1.3)+16.7+2.4+1.2=34.3\text{L/s}$$

故选 B。

评论：

（1）《排水工程》教材第 6 章涉及合流干管、截流干管和溢流干管三大干管设计流量的计算，是排水工程的核心考察点、高频考察点。

（2）值得注意的是：合流管渠设计计算时，设计综合生活污水量 Q_d 和设计工业废水量 Q_m 均以平均日流量计（见《室外排水标准》4.1.22 条条文说明）。

【**题 4**】如图 13-3 所示，某合流管道通过槽堰结合式截流井排入截污干管，截流管为 $DN300$，设计截流量为 360m³/h，槽深（H_2）为 150mm，修正系数 k 取值 1.2，堰高（H_1）计算值和以下哪一项最接近？

(A) 470mm　　　　(B) 423mm　　　　(C) 552mm　　　　(D) 556mm

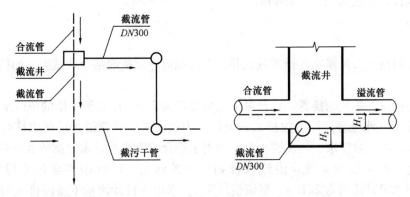

图 13-3

答案：【B】。

分析：本案例截流管管径、设计截流量以及槽深均已给出，可直接采用槽堰总高计算公式进行计算；但此处需假设 $\dfrac{H_1}{H_2} \leqslant 1.3$ 以及 $\dfrac{H_1}{H_2} > 1.3$ 两种情况，进行计算校核。

解析：

（1）计算公式确定

根据《排水工程》教材 7.3.2 节式（7-8）可知，堰高计算公式：

$$H_1 = H - H_2$$

（2）槽堰总高的计算

根据题设，污水设计截流量 $Q_j = 360 \text{m}^3/\text{h} = 100 \text{L/s}$，修正系数 $k = 1.2$，

则槽堰总高：

当 $DN = 300 \text{mm}$，假设 $\dfrac{H_1}{H_2} \leqslant 1.3$ 时，

$$H = (4.22 Q_j + 94.3) \times k = (4.22 \times 100 + 94.3) \times 1.2 = 620 \text{mm}$$

当 $DN = 300 \text{mm}$，假设 $\dfrac{H_1}{H_2} > 1.3$ 时，

$$H = (4.08 Q_j + 69.9) \cdot k = (4.08 \times 100 + 69.9) \times 1.2 = 573.48 \text{mm}$$

（3）堰高的计算

根据题设，槽深 $H_2 = 150 \text{mm}$。

假设 $\dfrac{H_1}{H_2} \leqslant 1.3$ 时，则堰高：

$$H_1 = H - H_2 = 620 - 150 = 470 \text{mm}$$

$$\frac{H_1}{H_2} = 470 \div 150 = 3.1 > 1.3$$

不满足假设；

假设当 $\dfrac{H_1}{H_2}>1.3$ 时，则堰高：

$$H_1=H-H_2=573.48-150=423.78\text{mm}$$

$$\dfrac{H_1}{H_2}=423.78\div150=2.83>1.3$$

满足假设，故堰高 $H_1=423\text{mm}$。

故选 B。

评论：

(1) 工程技术人员需掌握槽式截流井、堰式截流井及槽堰结合式截流井的构造特点及相关计算。

(2) 易错点：单位的换算，设计截流量的单位为 L/s，而案例中给的单位是 m^3/h。

【题 5】 某污水处理厂厂区内排水系统设计为截流式合流管道，厂区内综合污水（包括生活污水、水池放空水、污泥脱水等）和雨水经合流管排至进水井前的截流井，截流的合流污水进入污水处理系统，溢流水排到厂区外河道。厂区内综合污水设计流量为 3.0L/s，雨水设计流量为 20L/s，截流倍数为 3。求雨季设计流量下溢流排入河道的合流污水设计流量（L/s）为下列哪项数值？

(A) 8   (B) 11   (C) 17   (D) 20

答案：【B】。

分析： 根据规范条文得截流井前合流管道的设计流量公式和截留后管道的设计流量公式，两个公式做差即可求得溢流排入河道的合流污水设计流量计算公式，再代入题设已知参数即可。

解析：

(1) 计算公式确定

根据《室外排水标准》4.1.22 条，截流井前合流管道设计流量：

$$Q=Q_d+Q_m+Q_s$$

根据《室外排水标准》4.1.23 条，截流井截流流量：

$$Q'=(n_0+1)(Q_d+Q_m)$$

则溢流排入河道的合流污水设计流量为：

$$Q_y=Q-Q'=Q_s-n_0(Q_d+Q_m)=Q_s-n_0Q_{dr}$$

(2) 参数确定

根据题设，截留倍数 $n_0=3$，雨水设计流量 $Q_s=20\text{L/s}$，$Q_{dr}=3.0\text{L/s}$。

(3) 溢流排入河道的合流污水设计流量

$$Q_y=Q_s-n_0Q_{dr}=20-3\times3.0=11\text{L/s}$$

故选 B。

评论：

本案例考察的是合流制溢流干管设计计算，定位公式即可求解。

13.3　径流控制调蓄容积相关计算

【题 6】 某合流制排水系统，原截流倍数为 2，截流井前、后的旱流污水流量分别为 $0.045\mathrm{m}^3/\mathrm{s}$、$0.1\mathrm{m}^3/\mathrm{s}$，现将截流井改造为调蓄池，该合流制排水系统雨天溢流污水水质在单次降雨事件中无明显初期效应，调蓄池建成运行后的截留倍数为 4，安全系数为 1.5，则该调蓄池的设计有效容积最接近下列哪项？

(A) $1080\mathrm{m}^3$　　　　(B) $972\mathrm{m}^3$　　　　(C) $486\mathrm{m}^3$　　　　(D) $243\mathrm{m}^3$

答案：【C】。

分析： 根据雨水调蓄池有效容积公式直接代入相应参数计算即可求出调蓄池有效容积。

解析：

(1) 计算公式确定

根据《排水工程》教材 6.5 节，当用于控制面源污染时，雨水调蓄池的有效容积采用式 (6-9)：

$$V = 3600 \times t_i \times (n - n_0) \times Q_{\mathrm{dr}} \times \beta$$

(2) 调蓄池的设计有效容积

根据题设，调蓄池进水时间 $t_i = 1\mathrm{h}$，原截流倍数 $n_0 = 2$，运行后的截留倍数 $n = 4$，截流井前的旱流污水流量 $Q_{\mathrm{dr}} = 0.045\mathrm{m}^3/\mathrm{s}$，安全系数 $\beta = 1.5$，则该调蓄池的设计有效容积为：

$$\begin{aligned} V &= 3600 \times t_i \times (n - n_0) \times Q_{\mathrm{dr}} \times \beta \\ &= 3600 \times 1 \times (4 - 2) \times 0.045 \times 1.5 = 486\mathrm{m}^3 \end{aligned}$$

故选 C。

评论：

(1) 本案例考察的是用于控制面源污染时的雨水调蓄池有效容积计算，对于不同功能雨水调蓄池容积的计算也应掌握。

(2) 延伸点：可参考《城镇径流污染控制调蓄池技术规程》CECS 416—2015 中 3.2 节相关公式，进一步了解分流制排水系统控制雨水径流污染时，调蓄池的有效容积计算。

【题 7】 某地区为合流制排水系统，该区的汇水面积为 $50000\mathrm{m}^2$，综合径流系数为 0.75，截留倍数为 2，拟采用调蓄池对该地区进行径流污染控制，调蓄时间取 0.5，截留调蓄系统设计降雨强度为 6mm/h，当旱流污水降雨强度为 1.5mm/h，安全系数取 1.2，该调蓄池的有效容积最接近下列哪项？

(A) $68\mathrm{m}^3$　　　　(B) $75\mathrm{m}^3$　　　　(C) $90\mathrm{m}^3$　　　　(D) $180\mathrm{m}^3$

答案：【C】。

分析： 先查规范条文确定设计降雨强度 i 的大小，然后再根据调蓄池有效容积计算公式代入对应参数即可得到该调蓄池的有效容积值。

解析：

(1) 计算公式确定

根据《城镇径流污染控制调蓄池技术规程》CECS 416—2015 3.2.2 条，调蓄池有效容积为：

$$V = 10it\psi F\beta$$

（2）设计降雨强度 i

根据《城镇径流污染控制调蓄池技术规程》CECS 416—2015 3.2.2 条，调蓄池设计降雨强度：

$$i = i_{T-n0} \times i_{dr} = 6 - 2 \times 1.5 = 3mm$$

根据其 3.2.2 条的条文说明：当计算得到的 i 小于 4mm 时，取 4mm，故 $i = 4mm$。

（3）调蓄池有效容积

根据题设，调蓄时间 $t = 0.5$，综合径流系数 $\psi = 0.75$，汇水面积 $F = 50000m^2 = 5hm^2$，安全系数 $\beta = 1.2$，则该调蓄池的有效容积为：

$$V = 10it\psi F\beta = 10 \times 4 \times 0.5 \times 0.75 \times 5 \times 1.2 = 90m^3$$

故选 C。

评论：

本案例考察的是调蓄池容积计算，

（1）本案例考察调蓄池有效容积计算，根据《城镇径流污染控制调蓄池技术规程》CECS 416—2015 3.2.2 条，代入公式计算求解即可。

（2）易错点：调蓄池设计降雨强度的确定，应依据《城镇径流污染控制调蓄池技术规程》CECS 416—2015 取值，求解时应注意 i 最小为 4mm。

13.4 海绵城市设计案例分析

【题 8】某设计公司承接了一个海绵城市设计项目，生物滞留设施如图 13-4 所示，该设施宽度为 20m，长度为 30m，两边未放坡为垂直设计，深度为 4m，设计有效水位高度为 3m；该设施设计进水量为 2500m³，土壤渗透系数 K 为 24m/d，水力坡降 J 为 1，渗透时间 t_s 为 2h。设计师在设计中，应计算调蓄池容积，给相关专业提供资料，则该生物滞留设施的有效调蓄容积（m³）至少应设计多大？

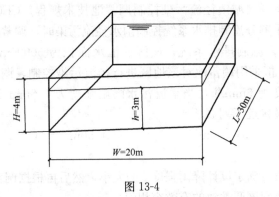

图 13-4

分析： 利用海绵城市渗透设施相关计算公式即可计算得出有效调蓄容积。

解析：

（1）计算公式确定

根据《排水工程》教材 6.7 节式 (6-16)，可知海绵城市渗透设施有效调蓄容积计算公式为：

$$V_s = V - W_p$$

（2）渗透量

根据《排水工程》教材 6.7 节式 (6-17)，可知海绵城市渗透量计算公式为：

$$W_p = KJA_s t_s$$

根据题设，土壤渗透系数 $K = 24\text{m/d}$，水力坡降 $J = 1$，渗透时间 $t_s = 2\text{h}$，竖直渗透面积按照有效水位高度的 1/2 计算，

渗透量：

$$W_p = KJA_s t_s = 24 \div 24 \times 1 \times (20 \times 30 + 2 \times 30 \times 3 \times 0.5 + 2 \times 20 \times 3 \times 0.5) \times 2$$
$$= 1500\text{m}^3$$

（3）生物滞留设施的有效调蓄容积

根据题设，设计进水量 $V = 2500\text{m}^3$，该生物滞留设施的有效调蓄容积至少应设计：

$$V_s = V - W_p = 2500 - 1500 = 1000\text{m}^3$$

评论：

（1）本案例考察的是渗透设施有效调蓄容积的计算，易错点是渗透设施有效渗透面积的计算，代入数据需仔细。

（2）值得注意的是：水平渗透面按投影面积计算；竖直渗透面按有效水位高度的 1/2 计算；倾斜渗透面按有效水位高度的 1/2 所对应的斜面实际面积计算；地下渗透设施的顶面积不计。

第 14 章　泵站相关计算

14.1　污水提升泵能耗设计案例分析

【题】北京房山区属于山区与平原相结合地带，城市排水需设置多处污水提升泵站，目前该区某处污水泵房平均流量为 $0.58\text{m}^3/\text{s}$，工作扬程 15.0m，现针对水泵和电机进行节能改造，改造后，水泵和电机的综合效率由 80% 提高至 82% 时，该泵房每天 24h 不间断运行，试计算一年可节约多少用电量（kWh）？

分析：先计算水泵有效功率，再根据公式分别计算用电量，$\eta_1 \eta_2$ 相当于水泵和电机的综合效率，二者所求得的用电量做差即可求得节约用电量。

解析：

(1) 根据《给水工程》教材第 4 章式（4-1）水泵有效功率公式可得：

$$N_y = \rho g Q H = \frac{1000 \times 9.81 \times 0.58 \times 15}{1000} = 85.3\text{kW}$$

(2) 年节约电量

$$W = \left(\frac{85.3}{80\%} - \frac{85.3}{82\%}\right) \times 24 \times 365 = 22781\text{kWh}$$

改造后，一年可节约多少用电量 22781kWh。

评论：

(1) 本案例考察水泵耗电量的计算。

(2) 易错点：对水泵有效功率和轴功率、水泵效率和电机效率的两组概念理解不到位，导致计算错误。

第 15 章　污水处理相关计算

15.1　沉砂池设计相关计算

【题 1】某城镇污水处理厂旱流设计流量为 2000m³/h，暴雨时设计流量为 3500m³/h，设计 2 座旋流沉砂池。问下列哪组设计数据合理？写出分析计算过程。

(A) 沉砂池直径 2.8m，有效水深 1.8m　　(B) 沉砂池直径 3.0m，有效水深 1.8m
(C) 沉砂池直径 3.5m，有效水深 1.6m　　(D) 沉沙池直径 4.0m，有效水深 1.0m

答案：【C】。

分析：本案例考察旋流沉砂池的设计参数选取，将设计流量与表面水力负荷相除，可得到沉砂池的面积取值范围，进一步得出直径取值范围。

解析：

(1) 计算公式确定

根据《室外排水标准》7.4.4 条及《排水工程》教材 11.2.3 节，

旋流沉砂池面积计算公式：

$$A = \frac{3600Q_{max}}{q}$$

式中　Q_{max}——暴雨时设计流量，m³/h；

　　　　q——表面水力负荷，m³/(m²·h)。

(2) 参数确定

根据《室外排水标准》7.1.5 条第 3 款，沉砂池应按雨季设计流量计算；

根据《室外排水标准》7.4.4 条第 2 款、第 3 款，旋流沉砂池表面水力负荷宜为 $q=150\sim200$m³/(m²·h)，有效水深宜为 1.0~2.0m，池径和池深比宜为 2.0~2.5。

(3) 旋流沉砂池面积

根据题设，暴雨时设计流量为 $Q_{max}=3500$m³/h，则每座旋流沉砂池的面积：

$$A = \frac{3600Q_{max}}{q} = \frac{3500}{2 \times (150 \sim 200)} = 8.75 \sim 11.67\text{m}^2$$

(4) 旋流沉砂池直径

每座旋流沉砂池的直径：

$$D = \sqrt{\frac{4A}{\pi}} = \sqrt{\frac{4 \times (8.75 \sim 11.67)}{\pi}} = 3.34 \sim 3.85\text{m}$$

(5) 经比较可知：C 选项沉淀池直径合适。

(6) 校核

池径与池深比 3.5÷1.6=2.2。

根据《室外排水标准》7.4.4 条第 3 款，有效水深宜为 $1.0 \sim 2.0$m，池径和池深比宜为 $2.0 \sim 2.5$，即 C 选项的池深以及池径池深比均满足要求。

故选 C。

评论：

沉砂池的设计计算是排水工程基础考察点，计算时注意设计流量应选择暴雨时设计流量。

【题 2】 某城市污水处理厂，旱季设计流量为 1 万 m^3/d，雨季截留倍数为 2，经论证拟设计 2 格平流沉砂池。关于平流沉砂池每格池长（L）、池宽（b）和有效水深（h）的设计，下列哪一项最合理？

(A) $L=13.5$m，$b=0.6$m，$h=0.6$m   (B) $L=15$m，$b=0.6$m，$h=0.7$m

(C) $L=14.0$m，$b=0.8$m，$h=0.8$m   (D) $L=15$m，$b=0.5$m，$h=1.2$m

答案：【C】。

分析： 沉砂池应按雨季设计流量计算，且平流沉砂池的设计应符合下列规定：最大流速应为 0.30m/s，最小流速应为 0.15m/s；停留时间不应小于 45s；有效水深不应大于 1.5m，每格宽度不宜小于 0.6m。

解析：

(1) 计算公式确定

根据《排水工程》教材 11.2.3 节，平流沉砂池总有效容积：

$$V = Q_{max}t$$

式中 Q_{max}——雨季设计流量，m^3/h；

       t——停留时间，s。

(2) 参数确定

根据《室外排水标准》7.1.5 条第 3 款，平流沉砂池应按雨季设计流量计算；

根据《室外排水标准》7.4.2 条第 2 款，停留时间 $t \geqslant 45$s。

(3) 平流沉砂池长宽深设计

根据题设，旱季设计流量为 1 万 m^3/d，雨季截留倍数为 2，则平流沉砂池总有效容积为：

$$V = Q_{max}t \geqslant (2+1) \times 10000 \div 86400 \times 45 \geqslant 15.625 m^3$$

A 选项总有效容积为 $9.27m^3$；B 选项总有效容积为 $12.6m^3$，故排除 A、B 选项。

根据《室外排水标准》7.4.2 条第 3 款，有效水深不应大于 1.5m，每格宽度不宜小于 0.6m。D 选项宽度不满足 0.6m，故排除 D 选项。

故选 C。

评论：

(1) 易错点：本案例考察《室外排水标准》7.1.5 条合流制污水处理厂沉砂池的设计计算，计算时设计流量为雨季设计流量 $(n+1)Q_{dr}$，而不是旱季设计流量；

(2) 值得注意的是：案例中明确为 2 格平流沉砂池，则单格沉砂池流量为进水量的一半；

(3) 延伸点：本案例也可从停留时间不应小于 45s 进行解答，$t=Lbh/Q_{max} \geqslant 45$s；A 选项，$t=28s<45$s，不满足；B 选项，$t=33s<45$s，不满足；C 选项，$t=52s>45$s，满

足；D 选项，$t=51s>45s$，但 $b=0.5$ 不满足《室外排水标准》7.4.2 条第 3 款的要求。

【题 3】 某城市污水处理厂的旱季设计规模为 43000m³/d，雨季进入污水处理厂的雨水量为污水处理厂旱季设计流量的 2 倍，采用平流沉砂池，则沉砂池的设计最小有效容积（m³）最接近下列哪项？

(A) 36 (B) 68 (C) 72 (D) 108

答案：【D】。

分析： 沉砂池应按雨季设计流量计算，雨季设计流量＝旱季设计流量＋截流雨水量；污水处理厂的规模应按平均日流量计算，而旱季设计流量为最高日流量；平流沉砂池停留时间不应小于 45s。

解析：

(1) 计算公式确定

根据《排水工程》教材 11.2.3 节，平流沉砂池总有效容积为：

$$V=Q_{max}t$$

(2) 参数确定

1) 根据《室外排水标准》7.1.5 条第 3 款，平流沉砂池应按雨季设计流量计算；

2) 根据《室外排水标准》7.4.2 条第 2 款，停留时间 $t \geqslant 45s$；

3) 根据《室外排水标准》7.1.3 条，污水处理厂的规模应按平均日流量确定，而管道或沉砂池设计流量为最高日流量。

(3) 雨季设计流量

根据题设，旱季设计规模 43000m³/d＝497.7L/s，雨季进入污水处理厂的雨水量为污水处理厂旱季设计流量的 2 倍。

根据《室外排水标准》4.1.15 条，$K_z=1.6$，则旱季设计流量：

$$Q_{dr} \times 1.6=497.7 \times 1.6=796.3L/s=0.7963m³/s$$

雨季设计流量：

$$Q_{max}=Q_{dr} \times (n+1)=0.7963 \times (2+1)=2.3890m³/s$$

(4) 平流沉砂池总有效容积

$$V=Q_{max} \times t=2.3890 \times 45=107.5m³$$

故选 D。

评论：

(1) 本案例考察平流沉砂池有效容积计算，是排水工程基础考察点。

(2) 易错点：设计流量的选取，应根据《室外排水标准》7.1.5 条规定计算。

(3) 值得注意的是：题设给出"雨季进入污水处理厂的雨水量为旱季设计流量的 2 倍"，不是"雨季设计流量为旱季设计流量的 2 倍"。

15.2 沉淀池设计相关计算

【题 4】 某城镇污水处理厂旱流设计流量为 4000m³/h，暴雨时设计流量为 9000m³/h。进水 $BOD_5=180mg/L$，$TKN=60mg/L$，$SS=180mg/L$。设计 2 座辐流式初次沉淀池，生化系统采用 A^2O 工艺，出水 TN 要求小于 15mg/L。问下列哪组设计数据最合理？写出计算分析过程。

(A) 沉淀池直径 30m，有效水深 2.8m　　(B) 沉淀池直径 50m，有效水深 2.5m

(C) 沉淀池直径 32m，有效水深 2.5m　　(D) 沉淀池直径 36m，有效水深 2.4m

答案：【D】。

分析： 先通过旱流设计流量和初次沉淀池的表面负荷，求出沉淀池直径的取值范围，排除部分选项；然后用暴雨时设计流量校核剩余各选项的沉淀时间，不小于 30min 的为正确选项。

解析：

(1) 计算公式确定

根据《排水工程》11.3.4 节，沉淀池直径：

$$D = \sqrt{\frac{4A_1}{\pi}} = \sqrt{\frac{4Q_h}{\pi q}}$$

式中　Q_h——旱季流量，m^3/h；

　　　q——表面水力负荷，$m^3/(m^2 \cdot h)$。

(2) 参数确定

1) 根据《室外排水标准》7.1.5 条第 4 款，初次沉淀池应按旱季流量设计；

2) 根据《室外排水标准》表 7.5.1，初次沉淀池的表面水力负荷 $q = 1.5 \sim 4.5 m^3/(m^2 \cdot h)$。

(3) 辐流式初次沉淀池直径

根据题设，旱流设计流量为 $4000 m^3/h$，则沉淀池直径取值范围：

$$D = \sqrt{\frac{4Q_h}{\pi q}} = \sqrt{\frac{4 \times 4000}{2 \times 3.14 \times (1.5 \sim 4.5)}} = 23.8 \sim 41.2 m$$

排除 B 选项。

(4) 沉淀时间校核

根据《室外排水标准》7.1.5 条第 4 款，初次沉淀池应按雨季设计流量校核，校核的沉淀时间不宜小于 30min；

A 选项：

$$T = \frac{AH}{Q} = \frac{30 \times 30 \times 3.14 \times 2.8}{4 \times 4500} = 26.4 min < 30 min$$

C 选项：

$$T = \frac{AH}{Q} = \frac{32 \times 32 \times 3.14 \times 2.5}{4 \times 4500} = 26.8 min < 30 min$$

D 选项：

$$T = \frac{AH}{Q} = \frac{36 \times 36 \times 3.14 \times 2.4}{4 \times 4500} = 32.56 min > 30 min$$

故选 D。

评论：

(1) 易错点：校核时，代入暴雨时设计流量，注意应取案例中数值的一半。

(2) 值得注意的是：本案例校核时应该优先考虑停留时间，而不是校核直径深比。

(3) 延伸点：辐流式沉淀池还可以考察排泥机械旋转速度、刮泥板的外缘线速度等考察点。

【题 5】某城市污水处理厂处理规模为 150000m³/d，选用 AO 工艺、辐流式二沉池、周边传动机械刮泥机。下列关于二沉池的设计，哪项最经济合理？

(A) $n=4$ 座，直径 $D=60$m，刮泥机旋转速度为 1.2r/h

(B) $n=4$ 座，直径 $D=50$m，刮泥机旋转速度为 1.0r/h

(C) $n=6$ 座，直径 $D=45$m，刮泥机旋转速度为 1.6r/h

(D) $n=6$ 座，直径 $D=40$m，刮泥机旋转速度为 2.0r/h

答案：【B】。

分析：根据《室外排水标准》7.5.12 条第 1 款、第 2 款的规定，分别校核选项参数是否满足规范要求即可。

解析：

(1) 根据《室外排水标准》7.5.12 条第 1 款，辐流式沉淀池直径不宜大于 50m，A 选项不满足要求。

(2) 根据《室外排水标准》7.5.12 条第 2 款，辐流式沉淀池刮泥机的外缘线速度不宜大于 3m/min；

假设辐流式沉淀池直径 $D=50$m，刮泥机旋转速度为 1.0r/h，则辐流式沉淀池刮泥机的外缘线速度：

$$v = \frac{n\pi D}{60} = \frac{1.0 \times 3.14 \times 50}{60} = 2.62\text{m/min} < 3\text{m/min}$$

B 选项满足要求。

假设辐流式沉淀池直径 $D=45$m，刮泥机旋转速度为 1.6r/h，则辐流式沉淀池刮泥机的外缘线速度为：

$$v = \frac{n\pi D}{60} = \frac{1.6 \times 3.14 \times 45}{60} = 3.77\text{m/min} > 3\text{m/min}$$

C 选项不满足要求。

假设辐流式沉淀池直径 $D=40$m，刮泥机旋转速度为 2.0r/h，则辐流式沉淀池刮泥机的外缘线速度为：

$$v = \frac{n\pi D}{60} = \frac{2.0 \times 3.14 \times 40}{60} = 4.2\text{m/min} > 3\text{m/min}$$

D 选项不满足要求。

故选 B。

评论：

本案例考察二沉池设计计算，值得注意的是：排水工程越来越重视考察对工艺参数的选择与确定，此类案例只给出极少信息，需要自行按照标准、教材确定设计参数。

【题 6】某城镇采用完全分流制排水系统，其污水处理厂二级处理选用 A²O 辐流式二沉池工艺，设计流量为 2880m³/h，日变化系数为 1.2。已知二沉池的有效水深为 3.5m，进水污泥浓度为 4500mgMLSS/L，污泥回流比为 50%。下列关于二沉池的设计哪一种最经济合理（不考虑雨季流量）？

(A) $n=2$ 座，直径 $D=38$m　　(B) $n=2$ 座，直径 $D=48$m

(C) $n=4$ 座，直径 $D=24$m　　(D) $n=4$ 座，直径 $D=32$m

答案：【D】。

分析： 二次沉淀池按水力表面负荷法设计，按固体通量法校核；计算二沉池面积时，设计流量为污水的最高日最高时流量，不包括回流污泥量；沉淀池直径与有效水深的比值宜为6~12，水池直径不宜大于50m。

解析：

（1）计算公式确定

根据《排水工程》11.3.4节，二次沉淀池按水力表面负荷法设计，沉淀池直径：

$$D = \sqrt{\frac{4A}{\pi}}$$

（2）参数确定

1）根据《室外排水标准》表7.5.1，二次沉淀池固体负荷$G \leqslant 150kg/(m^2 \cdot d)$；

2）根据题设，设计流量$Q = 2880m^3/h$，污泥浓度$MLSS = 4500mg/L = 4.5g/L$，污泥回流比$R = 50\%$，则二次沉淀池总表面面积：

$$A = \frac{Q \times 24 \times MLSS \times (1+R)}{G} \geqslant \frac{2880 \times 24 \times 4.5 \times (1+0.5)}{150} = 3110.4m^2$$

（3）各选项校核

1）假设$n = 2$座，则二沉池直径为：

$$D = \sqrt{\frac{4A}{\pi}} \geqslant \sqrt{\frac{4 \times 3110.4 \div 2}{3.14}} = 44.5m$$

即沉淀池直径$D \geqslant 44.5m$，A选项不满足要求。

2）假设$D = 48m$，则水池直径和有效水深之比：$48 \div 3.5 = 13.7 > 12$；

根据《室外排水标准》7.5.12条，水池直径和有效水深之比宜为6~12，

B选项不满足要求。

3）假设$n = 4$座，则二沉池直径：

$$D = \sqrt{\frac{4A}{\pi}} \geqslant \sqrt{\frac{4 \times \dfrac{3110.4}{4}}{3.14}} = 31.5m$$

即沉淀池直径$D \geqslant 31.5m$，C选项不满足要求。

4）假设$D = 32m$，则水池直径和有效水深之比为：$32 \div 3.5 = 9.2$；

根据《室外排水标准》7.5.12条，水池直径和有效水深之比宜为6~12，

D选项满足要求。

故选D。

评论：

（1）易错点：计算二沉池面积时，设计流量为污水的最高日最高时流量，不包括回流污泥量，因此计算时注意公式分子中设计总流量的确定；

（2）延伸点：需要理解辐流式二沉池固体负荷的基本概念，并能灵活运用"固体负荷"的基本公式。

15.3 活性污泥法曝气池容积设计计算

【题 7】 某城市污水处理厂拟采用活性污泥法处理工艺，设计水量为 4 万 m^3/d，活性污泥系统设计进水 $BOD_5=110mg/L$，要求出水 $BOD_5 \leqslant 10mg/L$。若曝气池污泥负荷为 0.25kgBOD$_5$/(kgMLSS·d)，曝气池内混合液 MLVSS/MLSS=0.8，活性污泥容积指数 SVI=100mL/g，污泥沉降比 SV=40%，计算曝气池容积为多少？

(A) 4000m^3 (B) 4400m^3 (C) 5000m^3 (D) 5500m^3

答案：【A】。

分析： 利用污泥容积指数 SVI 的定义，求出混合液污泥浓度 X，然后通过《室外排水标准》7.6.10 条求出曝气池容积。

解析：

(1) 计算公式确定

根据《室外排水标准》7.6.10 条可得，按污泥负荷计算，曝气池容积计算公式：

$$V = \frac{24Q(S_0 - S_e)}{1000XL_S}$$

式中 X——曝气生物反应池混合液污泥浓度，mg/L；

      L_S——污泥负荷，kgBOD$_5$/(kgMLSS·d)。

(2) 参数确定

根据《排水工程》教材 12.1.4 节式 (12-4)，混合液污泥浓度：

$$SVI = \frac{SV(\%) \times 10(mL/L)}{X(g/L)}$$

根据题设，污泥沉降比 SV=40%，活性污泥容积指数 SVI=100mL/g，则混合液污泥浓度：

$$X = \frac{10SV}{SVI} = \frac{10 \times 40}{100} = 4gMLSS/L$$

(3) 曝气池容积

根据题设，设计流量 $Q=40000m^3/d$，$S_0=110mg/L$，$S_e=10mg/L$，污泥负荷 $L_S=0.25kgBOD_5/(kgMLSS·d)$，则曝气池容积：

$$V = \frac{24Q(S_0 - S_e)}{1000XL_S} = \frac{40000 \times (110 - 10)}{1000 \times 4 \times 0.25} = 4000m^3$$

(注：本案例去除率大于 90%，也可以不考虑出水 S_e，本案例有瑕疵)

故选 A。

评论：

《室外排水标准》7.6.10 条关于"当去除率大于 90% 时可不计入 S_e"中"可"的理解：计算曝气池容积可以考虑计入 S_e，也可以考虑不计入 S_e；计入 S_e 曝气池容积为 4000m^3，选项 A 正确，不计入 S_e 曝气池容积为 4400m^3，选项 A、B 正确。本案例答案要么为 A 选项，要么为 A、B 选项，考虑本案例为单项选择，A 选项更为稳妥。根据专业常识和逻辑，选出最适合的答案。

15.4 活性污泥法剩余污泥量设计计算

【题 8】某污水处理厂采用延时曝气活性污泥工艺，设计平均日流量为 1 万 m^3/d，总变化系数为 1.5，进水 BOD_5 为 180mg/L，SS 为 200mg/L；要求出水 $BOD_5 < 20mg/L$，$SS < 20mg/L$。曝气池内 MLSS 为 3000mg/L，MLVSS/MLSS=0.7，污泥龄为 20d。已知污泥产率系数为 $0.5kgVSS/kgBOD_5$，衰减系数为 $0.05d^{-1}$，进水 SS 的污泥转化率为 0.6gMLSS/kgSS，该工艺每日产生的剩余污泥量最接近下列哪一数值？

(A) 1106kg   (B) 1659kg   (C) 1880kg   (D) 2686kg

答案：【A】。

分析：可从污泥龄的定义出发找到突破口，计算剩余污泥量时流量 Q 应采用设计平均日污水量。

解析：

(1) 计算公式确定

根据《排水工程》教材 12.1.4 节，剩余污泥产量计算中式（12-13）、式（12-14）可得：

$$\Delta X = \frac{VX}{\theta_c}$$

$$\Delta X = YQ(S_0 - S_e) - K_d V X_v + fQ[SS_0 - SS_e]$$

式中 Y——污泥产率系数，$kgVSS/kgBOD_5$；

    K_d——衰减系数，d^{-1}；

    f——污泥转化率，gMLSS/kgSS；

SS_0——生物反应池进水悬浮物浓度，kg/m^3；

SS_e——生物反应池出水悬浮物浓度，kg/m^3。

(2) 参数确定

根据题设，曝气池内 MLSS 为 $X=3000mg/L=3g/L$；污泥龄 $\theta_c=20d$；

污泥产率系数 $Y=0.5kgVSS/kgBOD_5$，$S_0=180mg/L=0.18g/L$；

$S_e=20mg/L=0.02g/L$，衰减系数 $K_d=0.05d^{-1}$；

$X_v=3000 \div 1000 \times 0.7=2.1gMLVSS/L$，污泥转化率 $f=0.6gMLSS/kgSS$；

$SS_0=200mg/L=0.2g/L$，$SS_e=20mg/L=0.02g/L$。

(3) 剩余污泥量计算

将上述参数代入（1）中剩余污泥量的计算式（12-13）、式（12-14）可得：

$$\Delta X = \frac{3V}{20}$$

$$\Delta X = 0.5 \times 10000 \times (0.18 - 0.02) - 0.05 \times V \times 2.1 + 0.6 \times 10000(0.20 - 0.02)$$

联系上述两个方程，

计算得：剩余污泥量 $\Delta X=1106kg$。

故选 A。

评论：

（1）本案例考察的是剩余污泥量的计算。剩余污泥量有两种计算方法：一是按污泥龄计算，二是按污泥产率系数、衰减系数及不可生物降解和惰性悬浮物计算。

（2）值得注意的是：本案例因未给出生物反应池容积 V，故不能直接采用污泥龄公式求剩余污泥量。由于案例中给出污泥产率系数、衰减系数、进水 SS 的污泥转化率，故考虑按污泥产率系数、衰减系数及不可生物降解和惰性悬浮物计算。

15.5　活性污泥法好氧池设计相关计算

【题 9】 某城镇污水处理厂设计流量 $2\times10^3\,\mathrm{m^3/d}$，采用缺氧-好氧工艺进行生物脱氮，已知夏季水温为 20℃，冬季水温为 12℃，生物反应池进出水 BOD$_5$ 浓度分别 120mg/L 和 10mg/L，混合液固体平均浓度为 4000mg/L，氨氮浓度为 40mg/L，氨化作用中氮的半速率常数为 1.0mg/L，安全系数为 3，污泥总产率系数为 1.0kgMLSS/kgBOD$_5$。则好氧池的运行泥龄，冬季比夏季多几天的数值，最接近下列哪项？

(A) 3 　　　　　(B) 4 　　　　　(C) 5 　　　　　(D) 9

答案：【C】。

分析： 根据《室外排水标准》7.6.17 条第 2 款 2）相关公式，计算硝化细菌比生长速率（d^{-1}）；再计算夏季、冬季好氧池污泥龄，进行比较。

解析：

（1）计算公式确定

根据《室外排水标准》7.6.17 条第 5 款公式，好氧区设计污泥龄：

$$\theta_{co} = F\frac{1}{\mu}$$

（2）参数确定

根据《室外排水标准》7.6.17 条第 6 款公式，硝化细菌生长速率为：

$$\mu = 0.47\frac{N_a}{K_n+N_a}\mathrm{e}^{0.098(T-15)}$$

根据题设，氨氮浓度 $N_a=40$mg/L，氮的半速率常数 $K_n=1.0$mg/L，则

1）冬季硝化细菌的生长速率为：$T=12$℃时，

$$\mu_{冬} = 0.47\times\frac{40}{41}\times\mathrm{e}^{0.098\times(12-15)} = 0.342\mathrm{d}^{-1}$$

2）夏季硝化细菌的生长速率：$T=20$℃时，

$$\mu_{夏} = 0.47\times\frac{40}{41}\times\mathrm{e}^{0.098\times(20-15)} = 0.748\mathrm{d}^{-1}$$

（3）好氧区设计污泥龄

根据题设，安全系数 $F=3$，则冬季、夏季的污泥龄差为：

$$\Delta\theta_{co} = 3\times\frac{1}{0.342} - 3\times\frac{1}{0.748} = 4.76\approx5\mathrm{d}$$

故选 C。

评论：

（1）易错点：污泥龄计算公式的选择；

（2）值得注意的是：案例中所给参数较多，应结合本案例中给定的工艺参数选择计算公式。

15.6 活性污泥法污水的碳氮比设计计算

【题 10】某城镇污水处理厂进水主要水质指标为：$COD_{Cr} = 400mg/L$，$BOD_5 = 200mg/L$，$TN=50mg/L$，$NH_3\text{-}N=25m/L$，有机氮$=15mg/L$，$TP=7mg/L$。请判断该污水的碳氮比（C/N）是下列哪一项数值？

（A）10.0　　　　　（B）8.0　　　　　（C）5.0　　　　　（D）4.0

答案：【D】。

分析：碳氮比（C/N）是指 BOD_5/TN，本案例 BOD_5、TN 均为已知，代入即可求解。

解析：

（1）根据《排水工程》教材 15.1.1 节，碳氮比（C/N）计算公式：

$$C/N=BOD_5/TN$$

（2）根据题设，$BOD_5=200mg/L$，$TN=50mg/L$，则碳氮比：

$$C/N=BOD_5/TN=200/50=4.0$$

故选 D。

评论：

本案例考察碳氮比（C/N）概念，应注意碳氮比（C/N）中碳（C）是 BOD_5 而非 COD_{Cr}，氮（N）指总氮 TN。

15.7 活性污泥法污泥回流比设计计算

【题 11】某城镇污水处理设计规模为 $100000m^3/d$，$K_z=1.5$，污水处理工艺为：平流沉砂池→初次沉淀池→A^2O→二沉池混凝沉淀过滤→出水排放，实测二沉池回流污泥浓度 $X_r=15000mg/L$；混合液浓度 $X=4000mg/L$，污泥回流比的理论计算值最接近下列哪项？

（A）27%　　　　　（B）36%　　　　　（C）40%　　　　　（D）55%

答案：【B】。

分析：由物料平衡推导公式推导出污泥回流比计算公式，代入相关参数即可求解。

解析：

（1）计算公式确定

根据《排水工程》教材式（12-57），曝气生物反应池混合液污泥浓度：

$$X=\frac{R}{1+R}X_r$$

式中　X——曝气生物反应池混合液污泥浓度，mg/L；

　　X_r——回流污泥浓度，kg/m^3。

（2）参数确定

根据题设，回流污泥浓度为 $X_r = 15000mg/L$，混合液浓度为 $X = 4000mg/L$。

（3）计算污泥回流比

$$R = \frac{X}{X_r - X} = \frac{4000}{15000 - 4000} \times 100\% = 36.4\%$$

故选 B。

评论：

（1）污泥回流比是活性污泥工艺重要的设计参数，应掌握污泥回流比的相关计算。

（2）延伸点：可根据混合液污泥浓度 X、回流污泥浓度 X_r 和污泥回流比 R 的关系，给出其中另外两个参数，求解第三个。

15.8　曝气生物反应池容积相关计算

【题 12】某城市污水处理厂选用 SBR 工艺，平均日污水量为 1.2 万 m^3/d，日变化系数 K 为 1.2，进水 $BOD_5 = 200mg/L$，要求出水 $BOD_5 \leqslant 10mg/L$。SBR 工艺污泥负荷为 $0.1kgBOD_5/(kgMLSS \cdot d)$，采用 2 组共 6 池，超高 0.5m，充水比为 0.2，MLSS 为 $4000mg/L$，沉淀时间 1h，排水时间 1.2h，闲置时间 0.2h。求单池池体有效容积（m^3）最接近下列哪项数值？

（A）250　　　　　　（B）400　　　　　　（C）2000　　　　　　（D）2400

答案：【C】。

分析：单池池体有效容积和处理池个数、每天周期数和充水比有关，处理池个数和充水比案例中已知，求解每天周期数后再计算单池池体有效容积即可。

解析：

（1）计算公式确定

根据《室外排水标准》式（7.6.36-2），反应时间：

$$t_R = \frac{24 \times S_0 \times m}{1000 \times L_s \times X}$$

式中　m——充水比，仅需除磷时宜为 0.25~0.50，需脱氮时宜为 0.15~0.30；

　　　L_s——生物反应池的五日生化需氧量污泥负荷 $[kgBOD_5/(kgMLSS \cdot d)]$；

　　　X——生物反应池内混合液悬浮固体平均浓度（gMLSS/L）。

根据《室外排水标准》式（7.6.34），反应池的容积：

$$V = \frac{24QS_0}{1000XL_s t_R}$$

根据《室外排水标准》2.0.25 条，充水比：

$$m = \frac{Q}{V}$$

根据《室外排水标准》式（7.6.36-3），一个周期所需时间：

$$t = t_R + t_s + t_D + t_b$$

式中　t_s——沉淀时间，h；

t_D——排水时间，h；

t_b——闲置时间，h。

（2）参数确定

根据题设，生物反应池进水五日生化需氧量浓度为 $S_0 = 200 \text{mg/L}$，充水比为 $m = 0.2$；

污泥负荷为 $L_s = 0.1 \text{kgBOD}_5/(\text{kgMLSS} \cdot \text{d})$，混合液悬浮固体平均浓度为 $X = 4000 \text{mg/L} = 4 \text{g/L}$。

根据题设，沉淀时间为 1h，排水时间为 1.2h，闲置时间为 0.2h。

（3）计算单池池体有效容积

1）反应时间：

$$t_R = \frac{24 \times S_0 \times m}{1000 \times L_s \times X} = \frac{24 \times 200 \times 0.2}{1000 \times 0.1 \times 4} = 2.4 \text{h}$$

2）一个周期所需时间：

$$t = t_R + t_s + t_D + t_b = 2.4 + 1 + 1.2 + 0.2 = 4.8 \text{h}$$

每天周期数 $= 24 \div 4.8 = 5$。

（4）单池有效容积

$$V = Q \div m = 12000 \div (6 \times 5 \times 0.2) = 2000 \text{m}^3$$

故选 C。

评论：

（1）本案例考察的是 SBR 的相关计算。

（2）易错点：计算时设计流量不是平均日水量，而是旱季设计流量，即最高日最高时流量。

（3）值得注意的是：本案例 2 组 6 池，计算单池容积需要用总容积除以 6。

15.9 需氧量与供氧量设计计算

【题 13】 某城市污水处理厂曝气池设计水量为 10 万 m^3/d，进、出水水质见表 15-1，曝气池 MLSS $= 4000 \text{mg/L}$，MLVSS $= 2400 \text{mg/L}$，污泥负荷 $L_s = 0.1 \text{kgBOD}_5/(\text{kgMLSS} \cdot \text{d})$，水力停留时间 HRT $= 12 \text{h}$，污泥龄 SRT $= 15 \text{d}$。采用橡胶微孔盘曝气，氧利用率 $E_A = 15\%$，不考虑反硝化脱氮回收氧量，则曝气池供气量最接近下列哪一项？

表 15-1

水质	COD$_{Cr}$ (mg/L)	BOD$_5$ (mg/L)	TN (mg/L)	TKN (mg/L)	氨氮 (mg/L)	SS (mg/L)
进水≤	350	200	50	45	40	200
出水≤	50	20	15	5	5	10

（A）505m³/min　　（B）480m³/min　　（C）345m³/min　　（D）306m³/min

答案：【B】。

分析： 定位《室外排水标准》的相关公式，代入相关参数分步骤求解即可。

解析：

（1）计算公式确定

根据《排水工程》教材式（12-54），曝气生物反应池容积：

$$V = \frac{24Q(S_0 - S_e)}{1000 L_s X}$$

式中　L_s——曝气生物反应池的五日生化需氧量污泥负荷，$kgBOD_5/(kgMLSS \cdot d)$；

　　　X——曝气生物反应池内混合液悬浮固体平均浓度，$gMLSS/L$。

根据《排水工程》式（12-19），排出反应池的微生物量：

$$\Delta X_V = \frac{V X_V}{\theta_c}$$

式中　X_V——MLVSS，kg/m^3。

根据《室外排水标准》式（7.9.2），生物反应池污水需氧量：

$$R = O_2 = 0.001\alpha Q(S_0 - S_e) - C\Delta X_V + b[0.001Q(N_k - N_{ke}) - 0.12\Delta X_V]$$

式中　α——碳的氧当量，当含碳物质以 BOD_5 计时，应取 1.47；

　　　C——常数，细菌细胞的氧当量，应取 1.42；

　　　b——常数，氧化每公斤氨氮所需氧量，kgO_2/kgN，应取 4.57；

　　　N_k——生物反应池进水总凯氏氮浓度，mg/L；

　　　N_{ke}——生物反应池出水总凯氏氮浓度，mg/L；

　　ΔX_V——排出生物反应池系统的微生物量，kg/d。

根据《排水工程》教材式（12-49），供气量：

$$G_s = \frac{R_0}{0.28 E_A}$$

式中　E_A——氧转移效率百分数。

（2）参数确定

根据题设，曝气生物反应池的设计流量为 $Q = 10$ 万 m^3/d；进水五日生化需氧量浓度 $S_0 = 200mg/L = 0.2g/L$；出水五日生化需氧量浓度为 $S_e = 20mg/L = 0.02g/L$；污泥负荷为 $L_s = 0.1kgBOD_5/(kgMLSS \cdot d)$；混合液悬浮固体平均浓度为 $X = 4000mg/L = 4mg/L$；$X_V = 2400mg/L = 2.4g/L$，污泥龄为 $\theta_C = 15d$；进水总凯氏氮浓度为 $N_k = 45mg/L$；出水总凯氏氮浓度为 $N_{ke} = 5mg/L$。

（3）计算曝气池供气量

1）污泥负荷计算曝气生物反应池容积

$$V = \frac{24Q(S_0 - S_e)}{1000 L_s X} = \frac{100000 \times (0.2 - 0.02)}{1000 \times 0.1 \times 4} = 45000 m^3$$

2）水力停留时间计算曝气生物反应池容积

$$V = QT = 100000 \div 24 \times 12 = 50000 m^3$$

则反应池容积应取最大值：

$$V = 50000 m^3$$

3）排出反应池的微生物量

$$\Delta X_V = \frac{V X_V}{\theta_c} = \frac{50000 \times 2.4}{15} = 8000 kg$$

4) 需氧量

$$R = O_2 = 0.001\alpha Q(S_0 - S_e) - C\Delta X_V + b[0.001Q(N_k - N_{ke}) - 0.12\Delta X_V]$$
$$= 0.001 \times 1.47 \times 100000 \times (200 - 20) - 1.42 \times 8000 + 4.57 \times [0.001$$
$$\times 100000 \times (45 - 5) - 0.12 \times 8000]$$
$$= 28992.8 \text{kg/d}$$

5) 供气量

$$G_s = \frac{R_0}{0.28E_A} = \frac{R \times (1.33 \sim 1.61)}{0.28E_A}$$

$$= \frac{28992.8 \times (1.33 \sim 1.61)}{24 \times 60 \times 0.28 \times 0.15} = 638 \sim 773 \text{m}^3/\text{min}$$

当认为 $R_0 = R$ 时,

$$G_S = \frac{R}{0.28E_A} = \frac{28992.8}{24 \times 60 \times 0.28 \times 0.15} = 479.4 \text{m}^3/\text{min}$$

故选 B。

评论:

(1) 本案例考察的是供气量的计算,为排水工程常规的考察点。

(2) 值得注意的是:本案例按常规计算步骤作答时,无法选定答案,默认为 $R = R_0$。

15.10　生物膜法设计计算

【题 14】 某小镇污水处理厂,设计污水量为 $10000\text{m}^3/\text{d}$,拟采用高负荷生物滤池处理工艺,设计进水 BOD_5 为 250mg/L,出水 BOD_5 为 30mg/L,碎石滤料高度取 2m。该地区污水冬季平均温度为 $10℃$,年平均气温为 $2℃$。求该污水处理厂高负荷生物滤池滤料最小总体积最接近下列哪项数值?

(A) 1500m^3　　　　(B) 2100m^3　　　　(C) 2800m^3　　　　(D) 4000m^3

答案:【C】。

分析: 案例考察高负荷生物滤池,索引至《排水工程》教材 13.2.1 节;进水 BOD_5 大于 200mg/L,应进行回流稀释;根据案例中的污水冬季平均温度、年平均气温和滤料高度条件,查表得出系数 α,接着求出经稀释后进入滤池污水的 BOD_5 值,进而求出回流稀释倍数;最后通过三种负荷计算滤料总体积,选择能满足全部要求的一项。

解析:

(1) 计算公式确定

根据《排水工程》教材 13.2.1 节,进水 BOD_5 浓度大于 200mg/L,应回流处理水进行稀释。

根据《排水工程》教材式(13-1),经稀释后进入滤池污水的 BOD_5 值为:

$$S_a = \alpha S_e$$

式中　S_e——滤池处理后出水的 BOD_5,mg/L;

　　　S_a——进入滤池污水的 BOD_5,mg/L;

　　　α——系数,按《排水工程》教材表 13-1 选用。

根据《排水工程》教材式（13-2），回流稀释倍数：

$$n = \frac{S_0 - S_a}{S_a - S_e}$$

式中　S_0——原污水的 BOD_5，mg/L。

根据《排水工程》教材式（13-6），滤料体积：

$$V = \frac{Q(n+1)S_a}{1000 L_V}$$

式中　L_V——BOD_5容积负荷，$kgBOD_5/(m^3$ 滤料·d）。

根据《排水工程》教材式（13-8），滤池面积：

$$A = \frac{Q(n+1)S_a}{1000 L_A}$$

式中　L_A——BOD_5面积负荷，$kgBOD_5/(m^3$ 滤料·d）。

根据《排水工程》教材式（13-10），滤池面积：

$$A = \frac{Q(n+1)}{L_q}$$

式中　L_q——滤池表面水力负荷，$m^3/(m^2$滤池·d）。

（2）参数确定

进水 BOD_5浓度大于 200mg/L，应回流处理水进行稀释；根据污水冬季平均温度 10℃、年平均气温 2℃和滤料高度 2m，查《排水工程》教材表 13-1，得出系数 α 为 2.5。

根据题设，原污水的 BOD_5为 250mg/L，滤池处理后出水的 BOD_5为 30mg/L；

根据《排水工程》教材 13.2.1 节，BOD_5容积负荷 $L_V \leqslant 1.8 kgBOD_5/(m^3$ 滤料·d），BOD_5表面负荷 $L_A = 1.1 \sim 2.0 kgBOD_5/(m^2$ 滤池·d）。

（3）高负荷生物滤池滤料最小总体积

1）进入滤池污水的 BOD_5值

$$S_a = \alpha S_e = 2.5 \times 30 = 75 mg/L$$

2）回流稀释倍数：

$$n = \frac{S_0 - S_a}{S_a - S_e} = \frac{250 - 75}{75 - 30} = 3.89$$

3）容积负荷计算滤料体积

$$V = \frac{Q(n+1)S_a}{1000 L_V} = \frac{10000 \times (3.89 + 1) \times 75}{1000 \times 1.8} = 2037 m^3$$

4）表面负荷计算滤料体积

$$A = \frac{Q(n+1)S_a}{1000 L_A} = \frac{10000 \times (3.89 + 1) \times 75}{1000 \times 2.0} = 1834 m^3$$

则滤池最小总体积：

$$V = Ah = 1834 \times 2 = 3668 m^3$$

5）表面水力负荷计算滤料体积

$$A = \frac{Q(n+1)}{L_q} = \frac{10000 \times (3.89 + 1)}{36} = 1358 m^2$$

则滤池最小总体积为：

$$V = Ah = 1358 \times 2 = 2716 m^3$$

故选 C。

评论：

（1）易错点：高负荷生物滤池工艺属于生物膜法，计算时通过一种负荷计算后，还应校核其他负荷；

（2）值得注意的是：《室外排水标准》修订后，生物膜法计算填料容积时应以最高日最高时流量作为设计流量计算。

【题 15】 某污水处理厂设计流量 $Q=10$ 万 m^3/d，生物池采用 A^2O 工艺，进水 BOD_5 $=150mg/L$，出水 $BOD_5=10mg/L$，该厂拟采用泥膜复合的 MBBR 工艺进行 A^2O 工艺提标。改造设计参数为：好氧段池容为 $25000m^3$，好氧段总泥龄为 $10d$，污泥产率系数为 $0.8kgSS/kgBOD_5$，悬浮污泥浓度 $MLSS=3.5g/L$，微生物衰减忽略不计。设单位填料等量污泥系数为 $4kgMLSS/m^3$ 填料，则生物池好氧段填料填充比（填料体积/好氧段池容）计算值最接近下列哪项？

(A) 15％　　　　　(B) 25％　　　　　(C) 50％　　　　　(D) 60％

答案：【B】。

分析： 好氧段池容已给出，先求出剩余污泥量，再求得填料体积 V，即可求出填料填充比。

解析：

（1）计算公式确定

根据《排水工程》教材式（12-14），剩余污泥量：

$$\Delta X=YQ（S_0-S_e）$$

式中　Y——污泥产率系数，$kgVSS/kgBOD_5$。

由污泥龄定义式可知，污泥龄：

$$\theta_c=\frac{反应池内微生物总量}{剩余污泥量}$$

填充比：

$$\eta=\frac{填料体积}{好氧段容积}$$

（2）参数确定

根据题设，设计流量为 $Q=10$ 万 m^3/d，产率系数为 $Y=0.8kgSS/kgBOD_5$；

曝气生物反应池进水五日生化需氧量浓度 $S_0=150mg/L$，

出水五日生化需氧量浓度为 $S_e=10mg/L$；污泥龄为 $\theta_c=15d$。

（3）计算填充比

1）剩余污泥量

$$\Delta X=YQ(S_0-S_e)=0.8\times100000\times(150-10)\times0.001=11200kg$$

2）填料体积

设填料体积为 V，则反应池内微生物总量 $=25000\times3.5+4V$

$$污泥龄=\frac{反应池内微生物总量}{剩余污泥量}$$

$$10=\frac{25000\times3.5+4V}{11200}$$

解方程求得填料体积：$V = 6125 \text{m}^3$。

3）填充比

根据题设，好氧段池容为 25000m^3，生物池好氧段填料填充比：

$$\eta = \frac{填料体积}{好氧段容积} = \frac{6125}{25000} \times 100\% = 24.5\%$$

故选 B。

评论：

本案例考察的是生物滤池相关计算，理解难度较高，需回归到污泥龄的基本概念即可求解。

第 16 章　深度处理相关计算

16.1　污水深度处理脱氮除磷相关计算

【题 1】 某城镇污水处理厂拟采用 A^2O 生物脱氮除磷工艺。设计污水量为 $10000m^3/d$，进水 BOD_5、TKN 分别为 $250mg/L$、$38mg/L$，要求出水 $BOD_5 \leqslant 10mg/L$，$TN \leqslant 15mg/L$。已知：污泥的产率系数为 $0.4kgMLSS/kgBOD_5$，脱氮速率为 0.06（$kgNO_3$-N）/（$kgMLSS \cdot d$），好氧区设计污泥泥龄为 15d，污泥浓度为 $3200mg/L$，$MLVSS/MLSS = 0.5$，设计水温 $20℃$，A^2O 系统好氧区及缺氧区容积的计算值最接近下列哪项？

(A) $4500m^3$，$900m^3$　　　　　　　(B) $4500m^3$，$1200m^3$

(C) $4000m^3$，$900m^3$　　　　　　　(D) $4000m^3$，$1200m^3$

答案：【A】。

分析： 本案例考察 A^2O 系统好氧区及缺氧区容积，索引至《室外排水标准》式（7.6.17-1）、式（7.6.17-3）、式（7.6.17-4），将案例中给出的参数代入即可求得。

解析：

(1) 计算公式确定

根据《室外排水标准》式（7.6.17-4），好氧区容积：

$$V_0 = \frac{Y_t Q (S_0 - S_e) \theta_{co}}{1000X}$$

式中　Y_t——污泥总产率系数，$4kgMLSS/kgBOD_5$，宜根据实验资料确定；无实验资料时，系统有初次沉淀池时宜取 $0.3 \sim 0.6$，无初次沉淀池时宜取 $0.9 \sim 1.2$；

S_0——生物反应池进水五日生化需氧量浓度，mg/L；

S_e——生物反应池出水五日生化需氧量浓度，mg/L；

θ_{co}——好氧区（池）设计污泥泥龄，d；

X——生物反应池内混合液悬浮固体平均浓度，$gMLSS/L$。

根据《室外排水标准》式（7.6.17-1），缺氧区容积：

$$V_n = \frac{0.001Q(N_k - N_{te}) - 0.12\Delta X_V}{K_{de}X}$$

式中　N_k——生物反应池进水总凯氏氮浓度，mg/L；

N_{te}——生物反应池出水总氮浓度，mg/L；

ΔX_V——排出生物反应池系统的微生物量，$kgMLVSS/d$；

K_{de}——脱氮速率，$kgNO_3$-N/（$kgMLSS \cdot d$），宜根据实验资料确定；当无实验资料时，$20℃$ 的 K_{de} 值可采用（$0.03 \sim 0.06$）[$kgNO_3$-N/（$kgMLSS \cdot d$）]，并按照《室外排水标准》式（7.6.17-2）进行温度修正。

根据《室外排水标准》式（7.6.17-3），排出生物反应池系统的微生物量：

$$\Delta X_V = y Y_t \frac{Q(S_0 - S_e)}{1000}$$

（2）参数取值

根据题设可知：生物反应池的设计流量为 $Q = 10000 \text{m}^3/\text{d}$，污泥的总产率系数 $Y_t = 0.4 \text{kgMLSS/kgBOD}_5$，生物反应池进水五日生化需氧量浓度 $S_0 = 250 \text{mg/L}$，生物反应池出水五日生化需氧量浓度为 $S_e = 10 \text{mg/L}$，好氧区（池）设计污泥龄 $\theta_{co} = 15 \text{d}$，生物反应池内混合液悬浮固体平均浓度 $X = 3200 \text{mg/L} = 3.2 \text{g/L}$，脱氮速率 $K_{de} = 0.06$（$\text{kgNO}_3\text{-N}$）/（$\text{kgMLSS} \cdot \text{d}$），生物反应池进水总凯氏氮浓度 $N_k = 38 \text{mg/L}$，生物反应池出水总氮浓度 $N_{ke} = 15 \text{mg/L}$。

（3）好氧区、缺氧区容积计算

1）好氧区容积

$$
\begin{aligned}
V_0 &= \frac{Y_t Q (S_0 - S_e) \theta_{co}}{1000 X} \\
&= \frac{0.4 \times 10000 \times (250 - 10) \times 15}{1000 \times 3.2} \\
&= 4500 \text{m}^3
\end{aligned}
$$

2）排出生物反应池的微生物量

$$
\begin{aligned}
\Delta X_V &= y Y_t \frac{Q(S_0 - S_e)}{1000} \\
&= 0.5 \times 0.4 \times \frac{10000 \times (250 - 10)}{1000} \\
&= 480 \text{kg/d}
\end{aligned}
$$

3）缺氧区容积

$$
\begin{aligned}
V_n &= \frac{0.001 Q (N_k - N_{te}) - 0.12 \Delta X_V}{K_{de} X} \\
&= \frac{0.001 \times 10000 \times (38 - 15) - 0.12 \times 480}{0.06 \times 3.2} \\
&= 898 \text{m}^3
\end{aligned}
$$

故选 A。

评论：

（1）易错点：案例中给出的污泥产率系数为 MLSS，应将其转化为 MLVSS。

（2）值得注意的是：本案例给出的设计水温，若不是 20℃，则脱氮速率应根据《室外排水标准》式（7.6.17-2）进行温度修正。

【题 2】 某污水处理厂 $A_N O$ 生化系统前设置初次沉淀池，$A_N O$ 系统原设计出水 $BOD_5 \leqslant 20 \text{mg/L}$，好氧区水力停留时间 10h，泥龄 22d，后来运行中要求 $A_N O$ 生化系统出水 $BOD_5 \leqslant 10 \text{mg/L}$。在进水水质与其他工况参数不变的情况下，好氧区运行控制的污泥浓度应比原设计值至少大多少？

（A）100mg/L   （B）159mg/L   （C）317mg/L   （D）528mg/L

答案：【B】。

分析： 通过案例中的"$A_N O$""系统设置初次沉淀池""好氧区"等关键词，先定位《室外排水标准》式（7.6.17-4）；公式中的 V/Q（水力停留时间）、污泥龄 θ_{co} 和出水

BOD_5 在案例中均已给出，污泥总产率系数 Y_t 可查相关标准得出，进水 BOD_5 为定值，参数 X 可通过公式变形求得。

解析：

（1）计算公式确定

根据《室外排水标准》式（7.6.17-4），好氧区容积：

$$V_0 = \frac{Y_t Q (S_0 - S_e) \theta_{co}}{1000 X}$$

则通过公式变换，进出水的五日生化需氧量浓度差公式：

$$(S_0 - S_e) = \frac{1000 X_1 V_0}{Y_t Q \theta_{co}}$$

（2）参数确定

根据《室外排水标准》式（7.6.17-4）可知：无试验资料时，系统有初次沉淀池时，污泥总产率系数 $Y_t = 0.3$；根据题设，生物反应池出水五日生化需氧量浓度 $S_e = 20mg/L$，好氧区（池）设计污泥龄 $\theta_{co} = 22d$，好氧区的水力停留时间 $t = V/Q = 10h$。

（3）好氧区运行控制的污泥浓度：

好氧区的水力停留时间 $V/Q = 10h$，假设前后污泥浓度为 X_1 和 X_2，则有：

$$(S_0 - 20) = \frac{1000 X_1 V_0}{Y_t Q \theta_{co}} = \frac{1000 X_1 V_0}{0.3 \times 22 \times Q}$$

$$= \frac{1000 X_1 \times 10}{0.3 \times 22 \times 24} = 63.13 X_1$$

即 $S_0 = 63.13 X_1 + 20$，同理可知 $S_0 = 63.13 X_2 + 10$；

两式相减合并得到：

$$63.13 (X_2 - X_1) = 10$$

好氧区运行控制的污泥浓度与原设计值的差值：

$$X_2 - X_1 = 159mg/L$$

故选 B。

评论：

本案例考察的是 $A_N O$ 工艺计算，考察点包括反应池容积、混合液和污泥回流等。

16.2　污水深度处理硝化液回流比相关计算

【题3】某城市污水处理厂平均日设计流量为 100000m^3/d，采用初次沉淀池→缺氧/好氧→二沉池处理工艺，初次沉淀池出水主要指标 $BOD_5 \leqslant 110mg/L$，$SS \leqslant 120mg/L$，$TN \leqslant 35mg/L$（硝酸盐氮不计），氨氮 $\leqslant 20mg/L$；设计二沉池出水主要指标 $BOD_5 \leqslant 10mg/L$，$SS \leqslant 20mg/L$，$TN \leqslant 10mg/L$，氨氮 $\leqslant 3mg/L$。设计 $MLSS = 3500mg/L$，污泥回流比为 50%。硝化液回流比（%）的设计值最接近下列哪项？

（A）75　　　　　（B）150　　　　　（C）200　　　　　（D）250

答案：【C】。

分析：根据总回流比、污泥回流比、硝化液回流比、脱氮率之间的关系求解。

解析：

（1）计算公式确定

根据《排水工程》教材 12.5.4 节和 15.1.2 节，污泥回流比 R：

$$R_{总} = \frac{Q_{R} + Q_{Ri}}{Q} = R_{污泥} + R_{内} = \frac{\eta}{1 - \eta}$$

脱氮效率 η：

$$最大脱氮效率\ \eta_{TN} = \frac{R_{总}}{1 + R_{总}}$$

$$脱氮效率\ \eta = \frac{N_{t} - N_{te}}{N_{t}}$$

$$\frac{\eta}{1 - \eta} = \frac{N_{t} - N_{te}}{N_{te}}$$

式中　$R_{污泥}$——污泥回流比；

　　　$R_{内}$——回流比即消化液回流比；

　　　η——脱氮效率；

　　　$R_{总}$——总回流比；

　　　N_{t}——初次沉淀池总氮，mg/L；

　　　N_{te}——总氮，mg/L。

根据《室外排水标准》7.6.17 条第 3 款，排出生物反应池系统的微生物量（kgMLVSS/d）：

$$\Delta X_{V} = y Y_{t} \frac{Q(S_{0} - S_{e})}{1000}$$

（2）参数确定

根据题设，初次沉淀池总氮 $N_{t} = 35$mg/L，二沉池总氮 $N_{te} = 10$mg/L，总回流比 $R_{总} = 50\%$。

（3）硝化液回流比：

总回流比：

$$R_{总} = \frac{\eta_{TN}}{1 - \eta_{TN}} = \frac{N_{t} - N_{te}}{N_{te}} = \frac{35 - 10}{10} = 2.5$$

硝化液回流比：

$$R_{内} = R_{总} - R_{污泥} = 2.5 - 0.5 = 2.0$$

故选 C。

评论：

（1）值得注意的是：总回流比、污泥回流比、硝化液回流比、脱氮率基本概念的理解及转换关系。

（2）延伸点：总回流比及脱氮率的计算是排水工程的重点，建议牢记本案例涉及的相关基本公式并理解透彻，包括公式中每一项参数的理解及参数的单位，并能灵活运用。

16.3　污水深度处理工程设计方案分析

【题 4】某大学博士研究生入学专业课考试，某城市污水处理厂，提标改造升级，污水处理厂二级处理出水拟进行深度处理，深度处理工艺段的进出水水质指标见表 16-1，假如你是该项目的工程设计师，问下列哪一项工艺流程最适用于该厂？并简要阐述理由。

方案 1：二级处理出水—A^2O 活性污泥法—V 型滤池—活性炭吸附—消毒

方案 2：二级处理出水—生物接触氧化池—双层滤料过滤池—消毒

方案 3：二级处理出水—硝化曝气生物滤池—活性炭吸附—消毒

方案 4：二级处理出水—混凝沉淀—深床反硝化滤池—臭氧氧化—消毒

表 16-1

项目	COD_{Cr} (mg/L)	BOD_5 (mg/L)	总氮 (mg/L)	SS (mg/L)	总磷 (mg/L)	氨氮 (mg/L)
进水	50	10	15	10	0.5	1.5
出水	30	6	10	5	0.3	1.5

答案：方案 4。

分析：本案例考察的是深度处理的工艺选择，先判断需要去除的物质，分析选项方案中各处理构筑物，选择最合适的工艺。

解析：

(1) 根据本案例表格，该深度处理工艺段需要去除总磷、总氮、有机物和 SS。

(2) 利用混凝沉淀主要去除总磷，深床反硝化滤池去除总氮和 SS，臭氧氧化去除剩余难降解的有机物；本考题方案 4 最合理。

评论：

(1) 二级出水后的 COD_{Cr} 为难降解有机物，硝化曝气生物滤池—活性炭吸附—消毒工艺对总氮、COD_{Cr}、BOD_5 有去除作用，但对总磷和 SS 几乎不起作用。

(2) 延伸点：对于污水二级出水深度处理的工艺选择，需熟悉常规污染物去除方法，比如去除总磷，通常的方法有加药混凝沉淀，生物法除磷，在深度处理工艺中加药混凝沉淀是常用方法。

【题 5】南方某大学硕士研究生入学专业课考试，某市政污水处理厂，设计规模 100000 m^3/d，总变化系数 1.5，深度处理混凝沉淀段采用高效沉淀池工艺，下列哪一项设计参数取值不合理？请分析计算过程。

(A) 混合段总容积 100 m^3　　　(B) 絮凝段总容积 1200 m^3

(C) 沉淀段总面积 160 m^2　　　(D) 污泥总回流量 240 m^3/h

答案：【C】。

分析：根据《室外排水标准》7.5.17 条规定选取高效沉淀池相关参数；采用 $V = QT$；$A = \dfrac{Q}{L_q}$；$Q_R = (3\% \sim 6\%)Q$ 公式计算相关参数后判断。

解析：

(1) 计算公式确定

沉淀池容积＝处理流量×处理时间：

$$V = Q \times T$$

沉淀池面积＝处理流量÷表面水力负荷：

$$A_{沉} = \frac{Q_{设计}}{L_q}$$

式中　L_q——表面水力负荷，$m^3/(m^2 \cdot h)$。

（2）参数确定

根据《室外排水标准》7.5.17 条，高效沉淀池的混合时间宜为 0.5～2.0min，絮凝时间宜为 8～15min，表面水力负荷宜为 6～13$m^3/(m^2 \cdot h)$，污泥回流量宜占进水量比例为 3%～6%。

（3）计算过程

1）设计流量：

$$Q_{设计} = Q \times K_h = 100000 \times 1.5 = 150000 m^3/d$$

2）混合段总容积：

$$V_{混} = Q \times T = \frac{150000}{24 \times 60} \times (0.5 \sim 2) = 52.1 \sim 208.3 m^3$$

3）絮凝段总容积：

$$V_{絮} = Q \times T = \frac{150000}{24 \times 60} \times (8 \sim 15) = 833.3 \sim 1562.5 m^3$$

4）混凝段总面积：

$$A_{沉} = \frac{Q_{设计}}{L_q}$$

$$= \frac{150000}{24 \times (6 \sim 13)} = 480.8 \sim 1041.7 m^2$$

5）污泥回流量：

$$Q_{回} = Q_{设计} \times (3\% \sim 6\%)$$

$$= \frac{150000}{24} \times (3\% \sim 6\%) = 187.5 \sim 375 m^3/h$$

故选 C。

评论：

本案例主要考察高效沉淀池设计计算，考察对标准的熟悉程度。易错点是参数容易选错，不同沉淀池所采用的参数不同。

第 17 章 污泥的相关计算

17.1 污泥量相关计算

【题 1】 某城镇污水处理厂厌氧消化池进泥量 100000m³/d，含水率为 97%，进泥中的挥发性有机固体含量为 60%。污泥经消化后挥发性有机固体含量为 40%，消化反应对污泥挥发性有机固体的降解率为 45%。求消化后的干污泥量为消化前干污泥量的百分比最接近下列哪个数值？

(A) 89%　　　　(B) 83%　　　　(C) 75%　　　　(D) 60%

答案：【B】。

分析： 将各参数代入污水处理厂消化污泥的处理公式计算得出。

解析：

(1) 计算公式确定

根据《排水工程》教材 17.2.1 节消化后污泥质量公式：

$$W_2 = (1 - \eta) W_1 \frac{f_1}{f_2}$$

可得消化后的干污泥量为消化前干污泥量的百分比为：

$$\frac{W_2}{W_1} = (1 - \eta) \frac{f_1}{f_2}$$

式中　W_1——消化后污泥质量，kg/d；

　　　W_2——原污泥质量，kg/d；

　　　η——污泥挥发性有机固体降解率；

　　　f_1——原污泥中挥发性有机固体含量百分比；

　　　f_2——消化污泥中挥发性有机固体含量百分比。

(2) 消化前后干泥量比值

根据题设，污泥挥发性有机固体的降解率 $\eta = 45\%$，进泥中的挥发性有机固体含量 $f_1 = 60\%$，消化后挥发性有机固体含量为 $f_2 = 40\%$。

消化后的干污泥量为消化前干污泥量的百分比：

$$\frac{W_2}{W_1} = (1 - \eta) \frac{f_1}{f_2} = (1 - 0.45) \times \frac{0.6}{0.4} \times 100\% = 82.5\%$$

故选 B。

评论：

本案例主要考察基本功，是对基本概念的理解与基本公式的应用，具体到本案例，考察的是对《排水工程》教材 17.2.1 节公式的理解与应用。

17.2　污泥浓缩池设计相关计算

【题 2】某污水处理厂拟设计 2 座重力浓缩池浓缩二次沉淀池剩余污泥，进入浓缩池的总污泥量为 4000m³/d，含水率为 99.4%，浓缩后污泥含水率达 97%。问下列浓缩池直径的设计数据哪个最经济合理？

(A) 16m　　　　　(B) 20m　　　　　(C) 28m　　　　　(D) 30m

答案:【B】。

分析: 本案例考察重力浓缩池设计计算，通过污水处理厂污泥处理计算公式计算得出。

解析:

(1) 浓缩池直径计算

根据《排水工程》教材第 17 章 17.6.1 节公式 (17-21)，重力浓缩池面积：

$$A = \frac{QC}{M}$$

根据题设，总污泥量 $Q = 4000\text{m}^3/\text{d}$，污泥固体浓度 $C = \rho_S(1 - \rho_w) = 1000 \times (1 - 99.4\%) = 6\text{g/L}$，根据《室外排水标准》8.2.1 条，污泥固体负荷 $M = 30 \sim 60\text{kg/(m}^2 \cdot \text{d)}$；

重力浓缩池单池面积为：

$$A = \frac{QC}{M} = \frac{4000 \times 6}{2 \times (30 \sim 60)} = 200 \sim 400\text{m}^2$$

根据《排水工程》教材 17.6.1 节公式 (17-23)，即：$D = \sqrt{\dfrac{4A}{\pi}}$

对应直径为 16~22.6m，排除 C、D 选项。

(2) 根据《排水工程》教材 17.6.1 节，剩余污泥水力负荷宜为 0.2~0.4m³/(m²·h)，则重力浓缩池单池面积：

$$A = \frac{Q}{L_q} = \frac{4000 \div 2}{0.2 \sim 0.4} = 209 \sim 417\text{m}^2$$

对应直径为 16.4~23.1m，可以排除 A 选项。同时校核停留时间也可排除 A 选项。

故选 B。

评论:

本案例考察的是重力浓缩池的设计计算，属于《排水工程》教材第 17 章污泥处理的重要知识点。

【题 3】某污水处理厂生化处理系统为 AO 活性污泥法，设计拟将初次沉淀池污泥和二沉池剩余污泥都通过重力排泥自流排入连续式重力浓缩池处理。初次沉淀池排泥井和二沉池排泥井的设计液位高程分别为 120.0m 和 117.0m，初次沉淀池排泥井和二沉池排泥井到污泥浓缩池的管道总水头损失分别为 2.5m 和 2.0m。求污泥浓缩池的设计液位高程 (m) 最大值最接近下列哪项？

(A) 117.5　　　　　(B) 116.0　　　　　(C) 115.0　　　　　(D) 114.0

答案:【C】。

分析: 首先确定初次沉淀池和二沉池静压排泥时所需的最小净水头；结合本案例中初

次沉淀池和二沉池重力排泥所需最小净水头等于需要克服的管道总水头损失值；上述两条的最小净水头，取大值，即可计算初次沉淀池和二沉池排入浓缩池的液位高程，两者取小值（最不利情况）即可。

解析：

（1）沉淀池静水头计算

根据《室外排水标准》7.5.7条规定，结合规范关于重力排泥静水压要求，

初次沉淀池静水头：

$$Max(1.5，2.5)=2.5m$$

二沉池静水头：

$$Max(0.9，2)=2.0m$$

（2）浓缩池设计液位高程计算

污泥浓缩池液位H需同时保证来自初次沉淀池和二沉池的污泥重力排入；

$$H_1 \leqslant 120-2.5=117.5m，H_2 \leqslant 117-2.0=115m<117.5m$$

污泥浓缩池液位H最大值取115m。

故选C。

评论：

本案例考察的是水处理构筑物的高程计算，考察对《室外排水标准》7.5.7条的理解。

【题4】 某污水处理厂产生剩余污泥量2000m³/d，污泥含水率99.6%，采用气浮浓缩，不投加混凝剂，浓缩后污泥浓度达4%，拟设计2个矩形气浮浓缩池，回流比为3，澄清液的悬浮物浓度为0.1%，求单个气浮浓缩池气浮区最小设计面积（m²）最接近下列哪一项？（污泥相对密度均按1计）

(A) 30   (B) 47   (C) 60   (D) 70

答案：【D】。

分析： 根据《排水工程》教材第17章和本案例确定计算公式和参数，并校核固体负荷。

解析：

（1）气浮池设计面积计算

根据《排水工程》教材式（17-30），有污泥回流时，

气浮浓缩池表面积：

$$A = \frac{Q \times (R+1)}{L_q}$$

式中　A——气浮浓缩池表面积，m²；

　　　L_q——气浮浓缩池的表面水力负荷，见《排水工程》教材表17-15，m³/(m²·h)或m³/(m²·d)；

　　　Q——入流污泥量，m³/h或m³/d；

　　　R——回流比，等于加压溶气水的流量与入流污泥流量之比。

根据《排水工程》教材表17-15，剩余污泥有回流时气浮浓缩池的表面水力负荷$L_q=1.0\sim3.6m/h$；根据题设，剩余污泥量$Q=2000m³/d$，回流比$R=3$。

单个气浮浓缩池表面积：

$$A_{表面负荷} = \frac{Q \times (R+1)}{L_q} = \frac{\dfrac{2000}{2} \times (1+3)}{24 \times 3.6} \geqslant 46.3 m^2$$

（2）气浮池设计面积校核

根据《排水工程》教材第 17 章表 17-15，剩余污泥有回流时气浮浓缩池的表面固体负荷 $M = 2.08 \sim 4.17 kgSS/(m^2 \cdot h)$；

单个气浮浓缩池总表面积：

$$A_{回流负荷} = \frac{\dfrac{2000}{2} \times 4 + \dfrac{2000}{2} \times 3 \times 1}{24 \times 4.17} \geqslant 70 m^2 > 46.3 m^2$$

故选 D。

评论：

本案例的考察点是气浮浓缩池计算，需要掌握；关键是结合案例中给的设计参数，选对计算公式。

17.3 污泥消化池设计相关计算

【题 5】 某城镇污水处理厂沉淀污泥量为 $200 m^3/d$，含水率 95%，污泥中挥发固体含量为 65%；剩余污泥重力浓缩后为 $300 m^3/d$，含水率 97%，污泥中挥发性固体含量为 75%，湿污泥浓度按 $1.02 g/cm^3$ 计算。两种剩余污泥混合后进入单级中温厌氧消化池处理，求厌氧消化池进泥含固率和消化池最小总有效容积的合理设计数值最接近下列哪项？

(A) 3.8%，$10000 m^3$ (B) 4.0%，$9100 m^3$

(C) 4.0%，$15000 m^3$ (D) 3.8%，$22500 m^3$

答案：【A】。

分析： 案例中温厌氧消化池，参考《室外排水标准》8.3.6 条、8.3.7 条；根据混合前后污泥固体质量不变的原理，可求出厌氧消化池进泥含固率；通过挥发性固体容积负荷和消化时间两种方法分别求消化池容积，选择较大值。

解析：

（1）污泥含固率

根据混合前后污泥固体质量不变，则混合后污泥含固率为：

$$C_3 = \frac{Q_1 C_1 + Q_2 C_2}{Q_3} = \frac{200 \times (1-0.95) + 300 \times (1-0.97)}{200 + 300} = 0.038 = 3.8\%$$

（2）有效容积计算

根据《室外排水标准》式（8.3.6-2），消化池有效容积：

$$V = \frac{W_s}{L_V}$$

式中 V——消化池总有效容积，m^3；

       W_s——每日投入消化池的原污泥中挥发性干固体质量，$kgVSS/d$；

       L_V——消化池挥发性固体容积负荷，$kgVSS/(m^3 \cdot d)$。

根据《室外排水标准》8.3.7 条第 2 款，重力浓缩后的污泥中挥发性固体容积负荷取值宜为 $L_{VS}=0.6\sim1.5\mathrm{kgVSS/(m^3\cdot d)}$，则采用固体容积负荷计算消化池最小有效容积为：

$$V=\frac{Q_3\,C_3\times\rho\times\eta}{L_{VS}}$$

$$=\frac{200\times1020\times(1-0.95)\times0.65+300\times1020\times(1-0.97)\times0.75}{1.5}$$

$$=9010\mathrm{m^3}$$

（3）有效容积校核

根据《室外排水标准》8.3.7 条第 2 款，消化时间宜为 20～30d，

根据《室外排水标准》式 (8.3.6-1)：

$$V=Q_0\times t_D$$

式中 V——消化池总有效容积，$\mathrm{m^3}$；

Q_0——每日投入消化池的原污泥量，$\mathrm{m^3/d}$；

t_D——消化时间，d。

消化池最小设计有效容积：

$$V=Q_0\times t_D=(200+300)\times20=10000\mathrm{m^3}>9010\mathrm{m^3}$$

则消化池的最小总有效容积 $V=10000\mathrm{m^3}$。

故选 A。

评论：

本案例考察的是厌氧消化池容积计算，需注意容积需要同时满足固体容积负荷及消化时间。

【题 6】某城市污水处理厂初沉污泥量为 $200\mathrm{m^3/d}$，含水率 95%，挥发性干固体质量浓度为 2.0%；机械浓缩后的剩余污泥量为 $300\mathrm{m^3/d}$，含水率 96%，挥发性干固体质量浓度为 3.0%。两种湿污泥的相对密度均按 $1.02\mathrm{g/cm^3}$ 计算。采用单级中温厌氧消化处理污泥，问消化池最小设计总有效容积最接近下列哪个数值？

（A）$5000\mathrm{m^3}$　　　（B）$8840\mathrm{m^3}$　　　（C）$10000\mathrm{m^3}$　　　（D）$15000\mathrm{m^3}$

答案：【C】。

分析： 根据挥发性固体容积负荷求得容积，用消化时间校核消化池容积；消化时间宜为 20～30d；挥发性固体容积负荷取值：重力浓缩后的污泥宜为 $0.6\sim1.5\mathrm{kgVSS/(m^3\cdot d)}$；机械浓缩后的污泥不应大于 $2.3\mathrm{kgVSS/(m^3\cdot d)}$。

解析：

（1）有效容积计算

根据《室外排水标准》式 (8.3.6-2)，消化池有效容积：

$$V=\frac{W_S}{L_V}$$

根据《室外排水标准》8.3.7 条第 3 款，机械浓缩后的挥发性固体容积负荷不应大于 $2.3\mathrm{kgVSS/(m^3\cdot d)}$，则有：

$$V=\frac{W_S}{L_V}=\frac{200\times1020\times0.02+300\times1020\times0.03}{2.3}=5765\mathrm{m^3}$$

（2）有效容积校核

根据《室外排水标准》8.3.7 条第 2 款，消化时间宜为 20～30d，

根据《室外排水标准》式（8.3.6-1），

$$V = Q_0 \times t_D$$

则最小设计有效容积：$V = Q_0 \times t_D =$（200＋300）×20＝10000m³＞5765m³

则消化池的最小设计有效容积 V＝10000m³。

故选 C。

评论：

（1）本案例考察的是《室外排水标准》式（8.3.6-1）和式（8.3.6-2）的应用。

（2）厌氧消化池容积计算的时候，需要按挥发性固体容积负荷法和消化时间法两种方法计算容积，而后取大值作为厌氧消化池设计容积。

【题 7】 某污泥处理厂将 150m³/d 含水率为 80％的脱水污泥，与 100m³/d 含水率为 85％的餐厨垃圾混合，进行协同中温厌氧消化，混合污泥的 VSS/SS＝0.7，有机物降解率为 50％，分解有机固体产气率为 0.76m³/kgVSS，每日沼气的产量（m³/d）最接近下列哪一项？（脱水污泥和餐厨垃圾的相对密度按 1 计）

（A）11970　　　　（B）17100　　　　（C）23940　　　　（D）34200

答案：【A】。

分析： 根据本案例中物料关系逐步计算。

解析：

（1）消化池悬浮固体总量

根据《排水工程》教材 17.7.1 节内容，进入到消化池的 SS 总量：

$$150 \times 1000 \times (1-80\%) + 100 \times 1000 \times (1-85\%) = 45000 \text{kgSS/d}$$

（2）沼气产量

根据《排水工程》教材 17.7.1 节内容，沼气产量为：

$$45000 \times 0.7 \times 50\% \times 0.76 = 11970 \text{m}^3/\text{d}$$

故选 A。

评论：

本案例考察沼气产量相关计算；计算时应注意总固体 SS 与有机固体 VSS 的转化，只有有机固体产生沼气；与本案例相关的考察点可延伸到沼气量、甲烷量、热值与发电量的相关计算。

17.4　污泥输泥管设计相关计算

【题 8】 某处理含截留雨水的城市污水处理厂，旱季污水处理厂浓缩池污泥产量为 600m³/h，含水率96％，设计采用 2 根输泥管输送到厂内污泥脱水间，单根输送管线长 200m，每根采用 8 个 90°双盘弯头（r/R＝0.8）绕过地下构筑物，在输送管道全程管径不变的条件下，该输泥管的最小设计水头损失最接近下列哪一项？

(A) 3.0m　　　　(B) 4.3m　　　　(C) 6.3m　　　　(D) 7.5m

答案：【C】。

分析：先求出雨季污泥量，再求出管径和流速，最后根据沿程和局部损失求出总水头损失。

解析：

(1) 雨季污泥量

根据《室外排水标准》8.1.5 条旱季单根管道污泥量为 $300\mathrm{m^3/h}$，则雨季污泥量：

$$Q = 300 \times (1 + 20\%) = 360\mathrm{m^3/h}$$

(2) 管径和流速

水头损失应按雨季污泥量计算，但旱季管道流速也应满足《室外排水标准》5.2.8 条的要求，经计算管径 250mm 流速过大，管径 350mm 会导致旱季流速低于满足《室外排水标准》5.2.8 条中 1.0m/s 的要求，故管径应选择 $D = 300\mathrm{mm} = 0.3\mathrm{m}$，对应流速 $V = 1.415\mathrm{m/s}$。

(3) 沿程水头损失

根据题设，$L = 200\mathrm{m}$，$C_\mathrm{H} = 61$，根据《排水工程》教材 17.4.3 节式 (17-18)：

$$h_\mathrm{f} = 6.82 \left(\frac{L}{D^{1.17}} \right) \left(\frac{V}{C_\mathrm{H}} \right)^{1.85}$$

式中　　h_f——输泥管沿程水头损失，m；

$\quad\quad L$——输泥管长度，m；

$\quad\quad D$——输泥管管径，m；

$\quad\quad V$——污泥流速，m/s；

$\quad\quad C_\mathrm{H}$——哈森-威廉姆斯（Hazen-Williams）系数，其值决定于污泥浓度，适用于各种类型的污泥，根据污泥浓度，查《排水工程》教材表 17-9。

沿程水头损失：

$$h_\mathrm{f} = 6.82 \left(\frac{L}{D^{1.17}} \right) \left(\frac{V}{C_\mathrm{H}} \right)^{1.85} = 6.82 \times \frac{200}{0.3^{1.17}} \times \left(\frac{1.415}{61} \right)^{1.85} = 5.28\mathrm{m}$$

(4) 局部水头损失

根据题设，$\xi = 1.14$；根据《排水工程》教材 17.4.3 节式 (17-19)，

局部水头损失：

$$h_\mathrm{e} = \xi \frac{v^2}{2g} = (8 \times 1.14) \times \frac{1.415^2}{2 \times 9.8} = 0.93\mathrm{m}$$

(5) 总水头损失

输泥管的最小设计水头损失：

$$h = h_\mathrm{f} + h_\mathrm{e} = 5.28 + 0.93 = 6.21\mathrm{m}$$

故选 C。

评论：

(1) 处理截留雨水的污水系统，其污泥处理处置设施的规模应统筹考虑相应的污泥增量，可在旱流污水量对应的污泥量上增加 20%。

(2) 污泥输送管道的主要设计内容是确定其管径。污泥管道的管径确定将按不同性质的污泥，根据输送含泥量、含水率、临界流速及水头损失等条件，通过试算与比较，选定

合理的管径。

（3）输泥管的最小设计水头损失包含沿程水头损失和局部水头损失。

（4）本案例 A、B、C、D 选项均未考虑系数 K，默认 $K=1$，污泥管道输送是常见考察点，需熟练掌握计算所涉及的公式。

17.5　污泥处置工程设计方案分析

【题 9】某城镇打造绿色环保城市，污水处理厂产生的污泥要资源化利用，进而对污水处理厂进行改造，改造后采用 A^2O 污水处理工艺，VSS/TSS 为 40%，要求对污泥进行资源化利用，并以园林绿化为污泥处置方式，下述哪个污泥处理工艺方案最合理？并说明理由。

方案 1：机械浓缩→餐厨垃圾协同厌氧消化→机械脱水→热干化→焚烧→园林绿化利用

方案 2：机械浓缩＋污泥脱水→好氧发酵→园林绿化利用

方案 3：机械浓缩→污泥热水解→机械脱水→园林绿化利用

方案 4：机械浓缩→机械脱水→石灰稳定→园林绿化利用

答案：方案 2。

分析：根据污泥用于园林绿化的具体要求，分别进行判断。

解析：

根据《排水工程》教材 17.10 节：

（1）本案例污泥进行资源化利用以园林绿化为污泥处置方式，园林绿化利用有机物含量应≥300g/kg 干污泥，焚烧会降低有机物含量，A 选项不合理；

（2）浓缩脱水后进行发酵，有利于园林绿化利用，B 选项合理；

（3）仅进行热水解简单预处理，未进行厌氧消化、生物堆肥等稳定化、无害化处理，C 选项不合理；

（4）用于园林绿化的泥质对 pH 有要求，采用石灰稳定会使 pH 升高，D 选项不合理；

故方案 2 最合理。

评论：

本案例考察污泥的最终处置与利用，主要途径有土地利用、污泥填埋、污泥制建材等，需了解各种用途的污泥泥质基本指标。此外，还需了解污泥处置工艺方案合理性、土地利用的污泥施肥年限等内容。

第 18 章　工业废水处理相关计算

18.1　工业废水中和处理设计相关计算

【题 1】 某制药企业日排酸性废水 $360m^3$，盐酸浓度为 0.02g/L，要求出水 pH 为 6~9，拟在池容积为 $400m^3$ 的调节池内投加 CaO 含量为 60%~80% 的生石灰进行中和。求生石灰的最小用量最接近下列哪项数值？

(A) 7.3kg/d　　　　(B) 7.7kg/d　　　　(C) 9.7kg/d　　　　(D) 10.2kg/d

答案：【A】。

分析： 先查表得出碱性药剂理论耗量以及反应不均匀系数，再根据工业废水处理公式计算得出。

解析：

(1) 碱性药剂理论耗量

根据《排水工程》教材 20.3.1 节表 20-7 可知：

中和 HCl 的石灰单位理论耗量 $a=0.77kg/kg$，反应不均匀系数 $K=1.05~1.1$；

(2) 石灰用量

根据题设，废水流量 $Q=360m^3/d$，盐酸浓度 $C=0.02g/L$，药剂纯度 $\alpha=60\%~80\%$，

根据《排水工程》教材 20.3.1 节式（20-19），总耗药量：

$$G = \frac{QCKa}{\alpha}$$

石灰的最小用量：

$$G = \frac{QCKa}{\alpha} = \frac{360 \times 0.02 \times 1.05 \times 0.77}{0.8} = 7.3kg/d$$

故选 A。

评论：

(1) 本案例考察的是中和酸性工业废水投药量的计算，应注意题干求的是"最小用量"，"最小"的含义是 K 按照 1.05，CaO 的有效成分按 80% 计算。

(2) 计算耗药量时，废水中酸（碱）浓度如果只代入百分号前的数，则耗药量单位为吨（t）。

18.2　工业废水沉淀法与臭氧法设计相关计算

【题 2】 某汽配厂废水流量为 $240m^3/d$，TP 浓度为 18mg/L，出水要求 TP 浓度 ≤3mg/L，拟投加氯化铁除磷，已知溶液中氯化铁的含量为 40%，溶液密度为 1.3kg/L，

根据实验，去除 1molP 需投加 2.8molFeCl₃，计算每日氯化铁溶液的投加量最接近下列哪项数值？（FeCl₃ 分子量为 162.22，P 分子量为 30.97）

　　(A) 78.1L/d　　　　(B) 94.8L/d　　　　(C) 101.5L/d　　　　(D) 156.3L/d

答案：【C】。

分析： 根据 P 和 FeCl₃ 的反应求出 FeCl₃ 的相对量，然后求出废水中需要去除的 P 的总量以及投加溶液中含 FeCl₃ 的量，最后求出氯化铁溶液的投加量。

解析：

(1) 每去除 1kgP 所需的 FeCl₃ 的质量

根据铁盐与磷酸根离子化学反应式可知：$1molFe^{3+}$ 可以和 $1molPO_4^{3-}$ 反应生成沉淀，根据实验，实际去除 1molP 需投加 2.8molFeCl₃；

　　理论需要量：　　　　　　162.22÷30.97＝5.24kg/kg

　　（162.22 为 FeCl₃ 分子量，30.97 为 P 分子量）

　　实际需要量：　　　　　　2.8×5.24＝14.67kg/kg

(2) 需要去除的 P 的总量

废水中需要去除的 P 的总量：240×(18−3)÷1000＝3.6kg/d

(3) 溶液中含 FeCl₃ 的量

每升溶液中 FeCl₃ 的质量为：40%×1.3＝0.52kg/L

(4) 氯化铁溶液投加量

每日氯化铁溶液的投加量：q＝3.6×14.67÷0.52＝101.5L/d

故选 C。

评论：

本案例考察的是铁盐化学沉淀除磷法，题目难度较低，可以结合《排水工程》教材【例题 20-3】理解掌握相关知识点。

【题 3】某食品酿造废水 COD_Cr 浓度为 3000～4000mg/L，BOD₅ 浓度为 1200～1500mg/L，氨氮浓度为 100～150mg/L，TP 浓度为 35～45mg/L，pH 为 5～6，处理出水要求达到污水综合排放一级标准。拟采用"调节-化学除磷-UASB-CASS-混凝沉淀"组合处理工艺，要求化学除磷单元出水 TP≤5mg/L。选择聚合硫酸铁（PFS）作为化学除磷药剂，现场化学除磷中试结果见表 18-1。根据技术经济性能分析 PFS 最佳投加量应为下列哪项？

表 18-1

PFS 投加量（mg/L）	250	300	400	500
去除率（%）	80	95	98.5	96

　　(A) 250mg/L　　　　(B) 300mg/L　　　　(C) 400mg/L　　　　(D) 500mg/L

答案：【B】。

分析： 求出化学除磷单元 TP 去除率，再与案例已给表格中数据对比即可。

解析：

(1) TP 去除率

TP 去除率计算公式：

$$去除率=\frac{进水\ TP-出水\ TP}{进水\ TP}$$

根据题设，进水 TP＝35～45mg/L，出水 TP≤5mg/L，

则 TP 去除率：

$$\frac{35-5}{35}\times100\%=85.7\%～\frac{45-5}{45}\times100\%=88.9\%$$

（2）根据本案例已给表格，TP 去除率为 95% 时，PFS 投加量为 300mg/L，

则当 TP 去除率为 85.7%～88.9% 时，PFS 最佳投加为 300mg/L 最合理。

故选 B。

评论：

（1）本案例只考察化学除磷单元出水 TP≤5mg/L 时 PFS 的经济投药量，与《污水综合排放标准》GB 8978—1996 中一级标准无关。

（2）根据化学除磷单元磷的去除率，得到经济投药量为 300mg/L 时，既能保证化学除磷单元的除磷率满足出水要求，又考虑到了投药的经济性。

【题 4】 某有机工业废水 COD 和 TP 浓度分别为 2000mg/L 和 30mg/L，拟采用"化学除磷-A$_P$O-絮凝沉淀"工艺，要求处理出水 COD 和 TP 浓度分别不超过 100mg/L 和 0.5mg/L。采用聚合硫酸铁（PFS）进行化学除磷的中试试验结果显示，当 PFS 投加量为 50mg/L、100mg/L、200mg/L 和 300mg/L 时，化学除磷单元出水 TP 浓度分别为 22.5mg/L、18mg/L、9mg/L 和 4mg/L。A$_P$O 单元 TP 去除率约为 60%，絮凝沉淀单元 TP 去除率约为 88%。在充分发挥生物和絮凝沉淀除磷作用的情况下，该工艺中化学除磷单元 PFS 的设计投加量最接近下列哪一项？

(A) 50mg/L　　　(B) 100mg/L　　　(C) 200mg/L　　　(D) 300mg/L

答案：【C】。

分析： 理解聚合硫酸铁（PFS）进行化学除磷。

解析：

（1）化学除磷出水 TP 浓度

已知最终出水 TP 浓度为 0.5mg/L，絮凝沉淀 TP 去除率约 88%，A$_P$O 单元 TP 去除率约 60%，则 A$_P$O 单元前的进水 TP 浓度。

化学除磷单元的出水 TP 浓度为：

$$\frac{0.5}{(1-0.88)\times(1-0.6)}=10.42mg/L$$

（2）化学除磷单元 PFS 的设计投加量

化学除磷单元的出水 TP 浓度为 10.42mg/L，最接近 9mg/L；

根据题设，PFS 的设计投加量最接近 200mg/L。

故选 C。

评论：

本案例考察的是化学除磷药剂投加量的计算，还可以按照不同 PFS 投加量分别列式计算出水的 TP 浓度，这样计算时更容易理解。

【题 5】 某工厂废水处理站生化系统出水流量为 1000m³/d，COD$_{Cr}$ 浓度为 60mg/L，设计采用臭氧氧化深度处理工艺将 COD$_{Cr}$ 浓度降低到 40mg/L。试验得出去除 1gCOD$_{Cr}$ 需

投加 3g 臭氧，臭氧发生器产生的臭氧化空气中臭氧浓度为 14g/m³。求每天需要的臭氧化空气量（m³/d）最接近下列哪项数值？

(A) 13630　　　　(B) 9090　　　　(C) 4550　　　　(D) 4290

答案：【C】。

分析：根据臭氧需氧量计算公式和臭氧化空气量计算公式计算即可求出臭氧化空气量。

解析：

(1) 臭氧需要量

根据《排水工程》教材式（20-28），臭氧需要量为：

$$G = KQC$$

根据题设，安全系数 $K = 1.06$，废水量 $Q = 1000\text{m}^3/\text{d}$，

臭氧投加量：

$$C = 3 \times (60 - 40) = 60\text{mgO}_3/\text{L}$$

则臭氧需要量：

$$G = 1.06 \times 1000 \times 60 = 63600\text{m}^3/\text{d}$$

(2) 臭氧化空气量

根据《排水工程》教材式（20-29），臭氧化空气量

$$G_{\text{干}} = \frac{G}{C_{\text{O}_3}}$$

根据题设，臭氧化空气中臭氧浓度 $C_{\text{O}_3} = 14\text{g/m}^3$，

臭氧化空气量为：

$$G_{\text{干}} = \frac{63600}{14} = 4543\text{m}^3/\text{d}$$

故选 C。

评论：

本案例考察的是臭氧化空气量计算，易错点在于容易忘记考虑安全系数。

【题 6】某工厂含汞废水量为 100m³/d，经硫化物沉淀处理后，汞浓度仍有 2mg/L。拟采用两级串联粉末活性炭吸附池深度处理，要求出水汞浓度≤0.05mg/L。试验得出粉末活性炭吸附汞的容量为 1.5mg/g，第 1 级吸附池去除率为 80%。求两级串联系统的粉末活性炭总投加量（kg/d）最接近下列哪项数值？

(A) 25　　　　(B) 110　　　　(C) 130　　　　(D) 140

答案：【C】。

分析：代入活性炭吸附容量公式计算即可求出投加量。

解析：

(1) 粉末活性炭总投加量

根据《排水工程》教材式（20-42），粉末活性炭吸附容量：

$$q = \frac{V(C_0 - C)}{W}$$

粉末活性炭总投加量：

$$W = \frac{V(C_0 - C)}{q}$$

（2）粉末活性炭总投加量

根据题设，废水量 $V=100\text{m}^3/\text{d}$，原废水吸附质浓度 $C_0=2\text{mg/L}$，废水中剩余的吸附质浓度 $C=0.05\text{mg/L}$，吸附容量 $q=1.5\text{mg/g}$。

粉末活性炭总投加量为：

$$W = \frac{100 \times (2 - 0.05)}{1.5} = 130\text{kg/d}$$

故选 C。

评论：

本案例考察活性炭吸附相关计算，易错点在于单位的换算，还可以考察一级吸附池和二级吸附池的投加量。

18.3　工业废水处理气浮池设计相关计算

【题 7】 某工厂废水 SS 浓度为 800mg/L，水温为 30℃。拟采用回流加压气浮法处理，根据实验结果，气固比取 0.015，溶气罐绝对压力为 0.4MPa，加压溶气系统的溶气效率为 0.8，则计算加压溶气水回流比最接近下列哪项？

(A) 17%　　　　　(B) 23%　　　　　(C) 31%　　　　　(D) 48%

答案：【C】。

分析： 求加压溶气水的回流比，就是计算回流加压溶气水量 Q_R 和气浮处理废水量 Q 的比值；通过观察案例给出的条件，有气固比 A/S、溶气绝对压力 P 和加压溶气系统的溶气效率 f，可参考《排水工程》教材式（20-34），通过公式变形即可求得加压溶气水回流比。

解析：

（1）空气在水中饱和溶解度

当水温为 30℃时，根据《排水工程》教材表 20-13，

空气在水中饱和溶解度为：$C_a=17.70\text{mg/L}$；

（2）溶气绝对压力

已知溶气罐绝对压力为 0.4MPa，则 $P=0.4\div0.1=4$；

（3）加压溶气水回流比

根据《排水工程》教材式（20-34），回流加压水量：

$$Q_R = \frac{\dfrac{A}{S} \times S' \times Q}{C_a(fP - 1)}$$

可得加压溶气水量占进水量的百分比：

$$R = \frac{Q_R}{Q} = \frac{\dfrac{A}{S} \times S'}{C_a(fP - 1)}$$

根据题设，废水悬浮固体浓度 $S'=800\text{mg/L}$，气固比 $\dfrac{A}{S}=0.015$，溶气效率 $f=0.8$，

可得加压溶气水回流比：

$$R = \frac{Q_R}{Q} = \frac{\frac{A}{S} \times S'}{C_a(fP-1)} = \frac{0.015 \times 800}{17.70 \times (0.8 \times 4 - 1)} \times 100\% = 30.8\%$$

故选 C。

评论：

本案例考察气浮法在工业废水处理工艺中的相关计算，需注意气固比公式中的溶气绝对压力 P，代入的 P 应为：绝对压力或者（表压+0.1MPa）/0.1 的值。

第 3 篇
建筑给水排水工程经典
案例详解与分析

3

第 19 章 建筑给水经典案例详解与分析

19.1 建筑卫生间设计秒流量的相关计算

【题 1】 某单供冷水的办公楼,每层设一公共卫生间(男女厕合用给水支管),共配置有 4 个延时自闭式冲洗阀的蹲便器,2 个自动自闭式冲洗阀的小便器和 2 个感应水嘴的洗手盆。卫生间给水支管的设计秒流量(L/s)为下列哪项?

(A) 1.53   (B) 1.80   (C) 2.73   (D) 5.20

答案:【B】。

分析: 本案例考察设计秒流量的计算。先确定计算公式,计算时考虑"有大便器延时自闭式冲洗阀的给水管段"的附加流量,以及结果校核过程。

解析:

(1) 计算公式确定

该建筑物为办公楼,根据《建水标准》3.7.6 条,设计秒流量计算公式:

$$q_g = 0.2\alpha\sqrt{N_g}$$

建筑用途系数 α 选 1.5,当量数查《建水标准》表 3.2.12 可知:自动自闭式冲洗阀的小便器为 0.5、感应水嘴的洗手盆为 0.5。

(2) 给水支管的设计秒流量计算

根据《建水标准》3.7.7 条第 3 款可知:有大便器延时自闭冲洗阀的给水管段,大便器延时自闭冲洗阀的给水当量均以 0.5 计,计算得到的 q_g 附加 1.20L/s 的流量后为该管段的给水设计秒流量;卫生间给水支管的设计秒流量为:

$$q_g = 0.2\alpha\sqrt{N_g} = 0.2 \times 1.5 \times \sqrt{4 \times 0.5 + 2 \times 0.5 + 2 \times 0.5} + 1.2 = 1.8\text{L/s}$$

(3) 计算结果校核

根据《建水标准》3.7.7 条第 1 款、第 2 款规定,计算结果需进行校核,经校核,满足规范要求。

故选 B。

评论:

(1) 设计秒流量的计算,主要分三种类型:《建水标准》3.7.5 条住宅建筑、《建水标准》3.7.6 条用水分散型或用水疏散型公共建筑、《建水标准》3.7.8 条用水集中型公共建筑;首先要根据题设判断出需要计算的类型,根据类型选用对应的公式。

(2) 此类题型中公式里面的各类参数需要做好对应,计算完成后需对应《建水标准》3.7.7 条或 3.7.9 条进行校核。

19.2 建筑物引入管设计流量计算

【题2】某建筑共8层，底部3层为商场，上部5层为酒店式公寓。总建筑面积8000m²，其中商场3000m²，酒店式公寓5000m²。商场共设有3个公共卫生间，共计3个拖布盆（$N_g = 1.0$），10个感应水嘴洗手盆，20个延时自闭式冲洗阀大便器；酒店式公寓共100间房间，每间配备1个洗脸盆，1个坐式大便器，1个淋浴器，酒店式公寓设集中生活热水供应系统，由本建筑内换热间供水。全部由市政压力直接供水，则该建筑引入管的生活给水设计秒流量为下列选项中的哪项？

(A) 6.32L/s   (B) 7.49L/s   (C) 7.52L/s   (D) 8.69L/s

答案：【C】。

分析： 本案例考察综合楼建筑引入管设计流量的计算。先确定计算公式，再确定当量N_g值和建筑用途系数α值，代入公式即可快速解答。

解析：

(1) 计算公式确定

根据《建水标准》3.7.4条第1款可知：当建筑物内的生活用水全部由室外管网直接供水时，应取建筑物内的生活用水设计秒流量；

综合楼属于用水分散型建筑，根据《建水标准》3.7.6条，引入管设计流量计算公式为：

$$q_g = 0.2\alpha\sqrt{N_g}$$

(2) 参数的确定

根据题设，本建筑中酒店式公寓的热水系统，由本建筑内换热间供水，供水系统为冷热水同源，当量应根据《建水标准》表3.2.12，取括号外的值。

结合《建水标准》表3.2.12、3.7.7条第3款，各卫生器具的当量取值为：感应水嘴洗手盆为0.5、延时自闭式冲洗阀大便器为0.5、洗脸盆为0.75、坐式大便器为0.5、淋浴器为0.75。

商场的当量值为：$N_{g1} = 1.0 \times 3 + 0.5 \times 10 + 0.5 \times 20 = 18$

酒店式公寓的当量值为：$N_{g2} = 100 \times (0.75 + 0.5 + 0.75) = 200$。

(3) 建筑用途系数α值的加权平均计算

根据《建水标准》3.7.7条第4款规定：综合楼建筑的α值应按加权平均法计算。由《建水标准》表3.7.6可知：商场$\alpha_1 = 1.5$，酒店式公寓$\alpha_2 = 2.2$；

$$\alpha = \frac{\alpha_1 N_{g1} + \alpha_2 N_{g2}}{N_{g1} + N_{g2}} = \frac{1.5 \times 18 + 2.2 \times 200}{20.5 + 200} = 2.14$$

(4) 引入管设计流量的计算

建筑引入管的生活给水设计秒流量为：

$$q_g = 0.2\alpha\sqrt{N_g} = 0.2 \times 2.14 \times \sqrt{18 + 200} + 1.2 = 7.52\text{L/s}。$$

故选C。

评论：

(1) 易错点：本案例中酒店式公寓的热水系统，由本建筑内换热间供水，这句话容易误导大家，实际上它反映的是"供水系统为冷热水同源"，当量应取括号外的值。

（2）延伸点：当量的取值，如何判断取括号外的值还是取括号内的值，有三种形式：

1）集中热水供应系统，户内冷、热水秒流量分别单独计算时，当量均取括号内的值。

2）集中热水供应系统，换热间在建筑内，冷热水同源，建筑物引入管流量的计算，当量取括号外的值。

3）户内热水器加热系统，户内冷水流量的计算，当量取括号外的值；户内热水流量的计算，当量取括号内的值。

【题 3】某公司 6 层综合楼为其 24h 连续生产线提供配套服务，职工倒班时间按生产线工段运行需要各自安排。一层为职工食堂，二～六层为职工倒班宿舍。食堂 24h 供应餐食，厨房内设有 10 个洗涤池，每个池子的额定流量为 0.2L/s；餐厅内设有 10 个职工洗碗水嘴，每个水嘴额定流量为 0.15L/s；二～六层为职工倒班宿舍，每层设有一处公用盥洗卫生间，每层设盥洗槽水嘴 10 个，每个水嘴给水额定流量为 0.2L/s，大便自闭式冲洗阀 5 个，每个冲洗阀给水额定流量为 1.2L/s。该建筑一层由市政给水压力直接供水，二～六层由叠压变频给水设备加压供水，该综合楼建筑的给水引入管的生活给水设计秒流量应为下列选项中的哪项？

（A）13.05L/s　　　（B）13.50L/s　　　（C）12.10L/s　　　（D）43.50L/s

答案：【C】。

分析： 本案例考察综合楼建筑引入管设计流量的计算。生产与供应均为 24h 连续进行，用水高峰期出现在同一时段，引入管的设计流量应为低区（一层）设计秒流量与高区（二～六层）设计秒流量之和。

解析：

（1）计算公式确定

该建筑属于综合楼，按照《建水标准》3.7.10 条第 1 款规定：当不同建筑（或功能部分）的用水高峰出现在同一时段时，生活给水干管的设计秒流量应采用各建筑或不同功能部分的设计秒流量的叠加值。

根据题设，一层为职工食堂，二～六层为职工倒班宿舍，且 24h 连续生产，以及食堂 24h 供应餐食；可判断用水高峰期在同一时间，则引入管的设计流量为低区（一层）设计秒流量与高区（二～六层）设计秒流量之和。

1）低区设计秒流量

根据《建水标准》表 3.7.8 条第 2 款注：职工或学生饭堂的洗碗台水嘴，按 100% 同时给水，但不与厨房用水叠加。虽然规范中这样规定，但这种情况仅限"职工或学生饭堂"，本案例与其还是有区别的，故应按"饭堂与厨房用水叠加"考虑低区设计秒流量。根据《建水标准》3.7.8 条，低区（一层）设计秒流量计算公式为：

$$q_{g1} = \sum q_{n0} \times n_0 \times b_g$$

2）高区设计秒流量

根据《建水标准》3.7.8 条，高区（二～六层）设计秒流量计算公式为：

$$q_{g2} = \sum q_{n0} \times n_0 \times b_g$$

（2）设计秒流量计算

1）低区设计秒流量计算

分别计算洗碗台与厨房设计秒流量，计算结果如下：

洗碗台设计秒流量 $= \sum q_{n0} \times n_0 \times b_g = 0.15 \times 10 \times 100\% = 1.5 \text{L/s}$

厨房设计秒流量 $= \sum q_{n0} \times n_0 \times b_g = 0.2 \times 10 \times 70\% = 1.4 \text{L/s}$

低区（一层）设计秒流量计算为：$1.5 + 1.4 = 2.9 \text{L/s}$。

2）高区设计秒流量计算

由于题设未给出具体的相关信息，高区（二～六层）设计秒流量计算时，需要根据卫生器具同时给水百分数取值来确定。

计算方法一：

当采用《建水标准》3.7.8 条及表 3.7.8-1 中规定的数据时，宿舍各卫生器具同时给水百分数取值为：盥洗槽取 5%～100%，大便器取 1%～2%。再根据《建水标准》3.7.9 条第 2 款，计算值需与 1.2L/s 进行比较，取大值。根据题设，盥洗槽 5×10＝50 个，大便器 5×5＝25 个。按此计算高区设计秒流量为：

$q_{g2} = \sum q_{n0} \times n_0 \times b_g = 0.2 \times 50 \times (5\% \sim 100\%) + \max\{1.2 \times 25 \times (1\% \sim 2\%), 1.2\}$
$= (0.5 \sim 10) + 1.2 = 1.7 \sim 11.2 \text{L/s}$

计算方法二：

当按《建水标准》3.7.8 条条文说明表 1 取值时，盥洗槽水嘴的同时使用百分数取 75%～80%，大便自闭式冲洗阀同时使用百分数取 2%；再根据《建水标准》3.7.9 条第 2 款，计算值需与 1.2L/s 进行比较，取大值。根据题设，盥洗槽 5×10＝50 个，大便器 5×5＝25 个。按此计算高区设计秒流量为：

$q_{g2} = \sum q_{n0} \times n_0 \times b_g = 0.2 \times 10 \times 5 \times (75\% \sim 80\%) + \max\{1.2 \times 5 \times 5 \times 2\%, 1.2\}$
$= 8.7 \sim 9.2 \text{L/s}$

（3）引入管设计流量计算

1）当采用方法一时，引入管的生活给水设计秒流量为：

$$2.9 + (1.7 \sim 11.2) = 3.2 \sim 12.7 \text{L/s}$$

可见，方法一计算结果，四个选项中没有，从出题者角度确定，该方法不适用本案例。

2）当采用方法二时，引入管的生活给水设计秒流量为：

$$2.9 + (8.7 \sim 9.2) = 11.6 \sim 12.1 \text{L/s}$$

方法二计算结果，C 选项满足，从出题者角度确定，该方法适用本案例。

故选 C。

评论：

（1）易错点之一：《建水标准》表 3.7.8-2 注：职工或学生饭堂的洗碗台水嘴，按 100% 同时给水，但不与厨房用水叠加。易受此句影响，脱离题设信息去解答，就会没有结果。

（2）易错点之二：设计秒流量的叠加计算，是需要根据题干信息分析判断出来，不能简单粗暴地计算。

（3）值得注意的是：给水百分数取值，本案例采用的是条文说明中的数据。

（4）本案例中并未直接告知叠压变频给水设备与一层市政给水压力直接供水采用同一条引入管，这属于交代不清晰。

【**题 4**】某单位集体宿舍(居室内设卫生间)每层布置相同,其生活给水系统原理图如图 19-1 所示。已知该宿舍最高日用水定额为 180L/(人·d),平均日为 150L/(人·d),小时变化系数为 2.8;高区设计用水人数为 336 人,给水当量总数为 420;低区设计用水人数为 240 人,给水当量总数为 210。则该宿舍市政给水引入管的设计流量应为下列哪项?

(注:图 19-1 中屋顶水箱的有效调节容积按高区生活给水系统最大时用水量的 50% 计算确定)

(A) 62.97m³/h   (B) 45.18m³/h

(C) 33.16m³/h   (D) 31.96m³/h

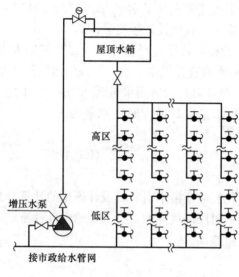

图 19-1

答案:【C】。

分析:本案例考察宿舍建筑引入管设计流量的计算,分别求出低区设计秒流量和高区加压泵设计流量,二者相加即可。

解析:

(1) 计算公式确定

该建筑物内的生活用水既有室外管网直接供水,又有加压供水,其给水引入管的设计流量=低区设计秒流量 q_s+高区最大时流量 Q_h。即:

$$Q_{引} = q_s + Q_h$$

(2) 低区设计秒流量计算

根据《建水标准》3.7.6 条,低区设计秒流量按下列公式计算:

$$q_s = 0.2\alpha\sqrt{N_g} = 0.2 \times 2.5 \times \sqrt{210} = 7.25\text{L/s} = 26.10\text{m}^3/\text{h}$$

(3) 高区最大时流量计算

根据《建水标准》3.7.11 条可知:应按本标准表 3.2.1 和表 3.2.2 规定的设计参数经计算确定建筑物内生活用水最大小时用水量,并未给出具体公式,结合《建水工程》教材 1.1.2 节可知,高区最大时流量按下列公式计算:

$$Q_h = \frac{K_h m q_L}{24} = 2.8 \times \frac{336 \times 180}{24} = 7056\text{L/h} = 7.06\text{m}^3/\text{h}$$

(4) 引入管设计流量计算

根据以上计算数据，该宿舍市政给水引入管的设计流量：

$$Q_{引} = q_s + Q_h = 26.10 + 7.06 = 33.16 \text{m}^3/\text{h}$$

故选 C。

评论：

(1) 易错点：题设中的参数宿舍的平均日用水定额 150L/(人·d) 和低区设计用水人数为 240 人均为干扰项。

(2) 延伸点：《建水标准》3.7.4 条中并未提到与本案例直接相关的计算方式，本案例具有典型的工程特点，需要丰富的工程经验加以判断；且当屋顶水箱不具备调节功能时，增压水泵的设计流量应按"高区设计秒流量计算"。

【题5】 某3层理化实验楼，首层为科研办公，二、三层为实验室，楼内总用水人数120人。该实验楼由市政给水管直接供水，引入一根给水管进入楼内。实验室共设有双联化验水嘴 60 个。生活用水最高日最大时用水量为 0.9m³/h，时变化系数为 $K=1.5$，设计秒流量为 2.40L/s；实验用水最高日最大时用水量为 8.0m³/h，时变化系数为 $K=2.0$。问给水引入管的设计秒流量（L/s）为下列哪项？

(A) 2.47 　　　　(B) 2.87 　　　　(C) 4.67 　　　　(D) 5.10

答案：【D】。

分析： 本案例考察理化实验楼给水引入管设计流量的计算。其办公用水与实验室用水存在用水高峰期出现在同一时段的可能性，引入管的设计秒流量应为办公生活用水设计秒流量与实验用水设计秒流量叠加。

解析：

(1) 计算公式确定

根据《建水标准》3.7.4 条第 1 款规定：当建筑物内的生活用水全部由室外管网直接供水时，应取建筑物内的生活用水设计秒流量；理化实验楼属于用水密集型建筑，根据《建水标准》3.7.8 条可知，给水引入管的设计秒流量为：

$$q_g = \sum q_{n0} \times n_0 \times b_g$$

根据《建水标准》3.7.10 条第 1 款规定：当不同建筑（或功能部分）的用水高峰出现在同一时段时，生活给水干管的设计秒流量应采用各建筑或不同功能部分的设计秒流量的叠加值。

根据题设，首层为科研办公，二、三层为实验室，其办公用水与实验室用水存在用水高峰期出现在同一时段的可能性，引入管的设计秒流量应为办公生活用水设计秒流量与实验用水设计秒流量叠加。

(2) 参数确定

1) 办公生活用水设计秒流量

根据题设，生活用水设计秒流量为 2.40L/s；

2) 实验室用水设计秒流量

根据《建水标准》3.7.8 条，实验用水设计秒流量为：

$$q_g = \sum q_{n0} \times n_0 \times b_g = 0.15 \times 60 \times 30\% = 2.70 \text{L/s}$$

该理化实验楼给水引入管的设计秒流量为 2.40+2.70=5.10L/s。

故选 D。

评论：本案例考察给水引入管设计流量的计算。

（1）易错点：题设中给出的用水总人数、最高日最大时用水量、时变化系数都为干扰项。

（2）值得注意的是：理化实验楼这类建筑集办公与实验为一体，属于典型的同一栋建筑的不同功能部分，正常上班时间，用水高峰期出现在同一时段，是经常出现的。

19.3　二次供水加压水泵流量的相关计算

【**题 6**】某中学学生人数 1000 人，5 层教学楼和 6 层学生宿舍（床位 400，每层设公共卫生间和淋浴间），全部（包括供应淋浴热水的换热器）由一套变频供水设备供水，其变频供水设备的供水能力（L/s）最小为下列哪项？（给定参数见表 19-1）

表 19-1

建筑	最高日用水定额 [L/(人·日)]	小时变化系数	每层男女卫生间洁具总数					
			洗手盆感应水嘴	延时自闭冲洗阀大便器	延时自闭冲洗阀小便器	DN15 水嘴拖布池	有隔间淋浴器	盥洗槽 DN15 水嘴
教学楼	30	1.5	6	4	6	2	—	—
宿舍楼	120	6.0	—	6	10	—	10	20

给水当量值、洁具额定流量和同时使用百分数均取规范的高限值。

(A) 36.75　　　　(B) 34.39　　　　(C) 33.93　　　　(D) 33.59

答案：【C】。

分析：本案例考察变频供水设备的供水能力，同时供给多栋建筑的情况，由于教学楼与学生宿舍的用水高峰出现在不同时段，变频供水设备的供水能力为高峰时用水最大建筑设计秒流量与其余部分的平均时给水流量叠加。

解析：

（1）计算公式确定

教学楼属于用水分散型建筑，根据《建水标准》3.7.6 条可知，设计秒流量为：

$$q_g = 0.2\alpha\sqrt{N_g}$$

宿舍（设公用盥洗卫生间）属于用水集中型建筑，根据《建水标准》3.7.8 条可知，设计秒流量为：

$$q_g = \sum q_{n0} \times n_0 \times b_g$$

根据《建水工程》教材 1.1.2 节，计算最大小时用水量、平均小时用水量。

最大时用水量：

$$Q_h = K_h \frac{m \times q}{h}$$

平均时用水量：

$$Q_p = \frac{m \times q}{h}$$

（2）高峰时用水最大建筑设计秒流量的判定

根据《建水标准》3.7.10条第2款规定：当不同建筑或功能部分的用水高峰出现在不同时段时，生活给水干管的设计秒流量应采用高峰时用水量最大的主要建筑（或功能部分）的设计秒流量与其余部分的平均时给水流量的叠加值；由于教学楼与学生宿舍的用水高峰出现在不同时段，变频供水设备的供水能力为高峰时用水最大建筑设计秒流量与其余部分的平均时给水流量叠加。

该校区内一栋教学楼和一栋学生宿舍，需要判定两栋建筑中"高峰时用水最大建筑"，需要详细计算后，方可确定。根据《建水标准》3.7.7条、3.7.9条可知，两栋建筑都采用的是延时自闭冲洗阀大便器，教学楼计算设计秒流量时当量以0.5计且计算得到的q_g需要附加1.2L/s；宿舍楼计算设计秒流量时计算值需要与1.2L/s进行比较。

1）教学楼设计秒流量、最大时用水量、平均时用水量计算

设计秒流量为：

$$
\begin{aligned}
q_1 &= 0.2\alpha\sqrt{N_g} + 1.2 \\
&= 0.2 \times 1.8 \times \sqrt{5 \times (0.5 \times 6 + 0.5 \times 4 + 0.5 \times 6 + 2 \times 1.0)} + 1.2 \\
&= 0.2 \times 1.8 \times \sqrt{5 \times 10} + 1.2 \\
&= 2.55 + 1.2 \\
&= 3.75 \text{L/s}
\end{aligned}
$$

最大时用水量：

$$
Q_{h教} = K_h \frac{m \times q}{h} = 1.5 \times \frac{1000 \times 30}{9 \times 3600} = 1.389 \text{L/s}
$$

平均时用水量：

$$
Q_{p教} = \frac{m \times q}{h} = \frac{1000 \times 30}{9 \times 3600} = 0.93 \text{L/s}
$$

2）宿舍楼设计秒流量、最大时用水量、平均时用水量计算

宿舍楼计算设计秒流量时，计算值需要与1.2L/s进行比较，即：

$$
\max \{1.2, 1.2 \times 6 \times 6 \times 2\%\} = 1.2 \text{L/s}
$$

设计秒流量计算：

$$
\begin{aligned}
q_g &= \sum q_{n0} \times n_0 \times b_g \\
&= 1.2 + (0.1 \times 6 \times 10 \times 10\% + 0.15 \times 6 \times 10 \times 80\% + 0.2 \times 20 \times 6 \times 100\%) \\
&= 1.2 + 31.8 = 33 \text{L/s}
\end{aligned}
$$

最大时用水量：

$$
Q_{h宿} = K_h \frac{m \times q}{h} = 6.0 \times \frac{1000 \times 120}{24 \times 3600} = 8.33 \text{L/s}
$$

平均时用水量：

$$
Q_{p宿} = \frac{m \times q}{h} = \frac{1000 \times 120}{24 \times 3600} = 1.39 \text{L/s}
$$

经过以上计算比较后，确定高峰时用水最大的建筑为宿舍楼，其设计秒流量为33L/s。

（3）变频设备供水量能力计算

将上述计算结果，综合汇总后变频设备的供水量能力，即设计秒流量为：

$$Q = q_\text{g} + Q_\text{p教} = 33 + 0.93 = 33.93\text{L/s}$$

故选 C。

评论：

（1）本案例属于典型的实际工程，用水分散型建筑、用水密集型建筑同时出现，考察变频供水设备的供水能力，实质上还是考察《建水标准》3.7.10 条第 2 款规定：当不同建筑或功能部分的用水高峰出现在不同时段时，生活给水干管的设计秒流量应采用高峰时用水量最大的主要建筑（或功能部分）的设计秒流量与其余部分的平均时给水流量的叠加值。

（2）易错点：计算宿舍楼设计秒流量时，需注意淋浴器额定流量的取值，根据题设，全部由变频供水设备供水，属于冷热水同源，淋浴器额定流量应取括号外的值。

（3）值得注意的是：高峰时用水最大建筑设计秒流量的判定，往往会被忽略。

19.4　建筑用生活水箱、贮水池相关计算

【题 7】某 17 层宿舍（居室内设卫生间，配低水箱坐便器）。给水系统分三个区，供水如图 19-2 所示，1 号水泵机组采用工频供水。每层用水人数 60 人，每层用水器具总当量数 60，最高日用水定额 200L/（人·d），小时变化系数 2.5；建筑引入水管设计流量 40m³/h，且安全可靠、不间断供水。1 号水箱的最小设计有效容积是下列选项中的哪项（不考虑管道安装要求）？

（A）0.94m³　　　　（B）9.0m³　　　　（C）27m³　　　　（D）36m³

答案：【A】。

分析：本案例考察低位贮水箱最小有效容积的计算，需判断其是否有调节容积。当有调节容积时，按低位贮水箱计算容积；当无调节容积，按吸水井计算容积。

解析：

（1）计算公式确定

宿舍（居室内设卫生间）属于用水分散型建筑，根据《建水标准》3.7.6 条可知，设计秒流量为：

$$q_\text{g} = 0.2\alpha \sqrt{N_\text{g}}$$

（2）1 号水箱出水管流量计算

1 号泵组为二层以上楼层服务，根据题设"1 号水泵机组采用工频供水"，可以确定 2 号、3 号水箱均具有调节功能（若无调节功能，1 号水泵应为变频供水），根据《建水标准》3.9.2 条可知：建筑物内采用高位水箱调节的生活给水系统时，水泵的供水能力不应小于最大时用水量。1 号水箱出水管流量，即 1 号水泵机组设计流量为：

$$q_\text{b} = 2.5 \times \frac{15 \times 60 \times 200}{24 \times 1000} = 18.75\text{m}^3/\text{h}$$

（3）1 号水箱补水管流量计算

由图 19-2 可知，低区（1、2 层）市政直接供水方式，根据《建水标准》3.7.6 条，其设计秒流量：

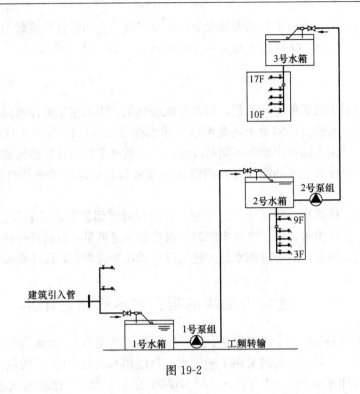

图 19-2

$$q_1 = 0.2\alpha\sqrt{N_g} = 0.2 \times 2.5 \times \sqrt{2 \times 60} = 5.48\text{L/s} = 19.72\text{m}^3/\text{h}$$

1 号水箱补水管流量＝引入管设计流量－低区市政直供设计秒流量，即：

1 号水箱补水管流量为：$40 - 19.72 = 20.28\text{m}^3/\text{h}$；

结合上面的计算，可知，1 号水箱补水管的流量大于其出流量（$40 - 19.72 = 20.28\text{m}^3/\text{h} > 18.75\text{m}^3/\text{h}$），根据题设"安全可靠、不间断供水"，无需调节功能，可以确定 1 号水箱起吸水井作用。

（4）1 号水箱最小有效容积计算

根据《建水标准》3.8.2 条规定：无调节要求的加压给水系统可设置吸水井，吸水井的有效容积不应小于水泵 3min 的设计流量，1 号水箱（吸水井）最小有效容积：

$$V = 18.75 \times 3 \div 60 = 0.94\text{m}^3$$

故选 A。

评论：

（1）易错点：错误地判断 1 号水箱为低位贮水池时，根据《建水标准》3.8.2 条计算出 1 号水箱的容积为 $V = 0.2 \times 2.5 \times \dfrac{15 \times 60 \times 200}{24 \times 1000} = 3.75\text{m}^3$，无此选项，就会产生疑惑，其实是出发点错了。

（2）延伸点：2 号、3 号水箱的容积计算也是重要的知识点，高层建筑接力供水时经常采用此方案。

（3）值得注意的是：当 3 号水箱为具有调节功能时，根据《建水标准》3.8.4 条第 1 款可知，3 号水箱其容积为 $V_3 = 0.5Q_{h(10f-17f)}$；当 2 号水箱既向 3 号水箱转输，又向 3F-9F 用户供水，2 号水箱为中间水箱，有效容积为转输部分与供水部分组成，根据《建水标准》3.8.5 条第 2 款可知，此时 2 号水箱其容积为 $V_2=0.5Q_{h(3f-9f)}+$（3～5min）$Q_{2泵}$。

【题 8】 某 7 层普通旅馆二～七层客房生活给水系统原理图如图 19-3 所示。二～七层客房布置相同，每层均设 51 间客房（单人间 10 间，双人间 25 间，三人间 16 间）；每间客房设卫生间，卫生间设坐便器（带水箱）、淋浴器（设混合阀）和洗脸盆（设混合水嘴）各一个；客房最高日用水定额为 200L/（人·d），平均日用水定额为 140L/（人·d）。小时变化系数为 3.0，员工等其他用水不计。则图 19-3 中屋顶水箱进水管（采用镀锌钢管）的最小管径不应小于下列哪项？（注：图中屋顶水箱的有效容积按二～七层客房最高日用水量的 20%～25% 计算确定，且市政给水管供水水压、水量均满足其用水要求）

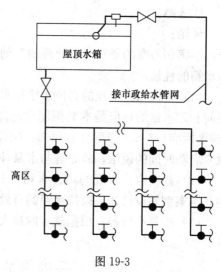

图 19-3

（A）$DN40$　　　　（B）$DN50$

（C）$DN70$　　　　（D）$DN100$

答案：【A】。

分析： 本案例的高位水箱，其补水是"市政直供"，非水泵二次加压补水（补水管流量是最大时流量），且其有效容积是它服务范围内最高日用水量的 20%～25%，不是常规高位水箱的有效容积（它服务范围内最大时用水量的 50%）。本案例中的高位水箱，如同将"低位储水箱"倒挂在空中，其补水管流量与"低位储水箱"补水管流量的原理等同，故本案例的高位水箱进水管（补水管）最小流量为最高日平均时流量。高位水箱进水管最小流量确定后，根据最大流速，试算最小管径。

解析：

本案例求进水管的最小管径，对应的是进水管的最小设计流量和最大流速。

（1）高位水箱进水管流量计算

根据《建水标准》3.7.4 条第 2 款、3.8.3 条，高位水箱可等效为倒挂的低位贮水池，其进水管（补水管）最小流量为最高日平均时流量：

$$Q_{进水管}=Q_p=\frac{200\times（10+2\times25+3\times16）\times6}{24}$$

$$=5400L/h=1.5L/s$$

（2）高位水箱进水管最小管径试算

根据《建水工程》教材 1.5.2 节，管径计算公式：

$$d=\sqrt{\frac{4Q}{\pi V}}$$

根据《建水标准》3.7.13 条，当管径选 $DN40$ 时，最大流速取 1.2m/s；此时流量：

$$Q=\frac{\pi}{4}\times\left(\frac{40}{1000}\right)^2\times1.2\times1000=1.51L/s$$

满足进水管流量要求，故管径选 DN40 符合要求。

故选 A。

评论：

本案例考察的是对基本原理的深刻理解，注意题设给出的已知条件，根据题设条件判断水箱的性质。

(1) 延伸点：常规的高位水箱补水是采用水泵二次加压的方式，水泵补水是需要启动时间和贮水量的；但是本案例题设已知，高位水箱采用"市政直接补水"的方式，根据《建水标准》3.8.6 条第 3 款可知：应设置自动水位控制阀，当补水阀打开时就立即补水，没有启动时间的说法，故原理与水泵补水不同。

(2) 易错点：常规的高位水箱，其有效容积是它服务范围内最大时用水量的 50%；但是本案例题设已知，高位水箱的有效容积是它服务范围内最高日用水量的 20%～25%。

(3) 求最小管径，根据规定的最大流速，用试算法计算。

19.5 二次供水加压水泵扬程的相关计算

【题 9】某 10 层写字楼，层高 4.5m，地上每层设公共卫生间，均设延时自闭式冲洗阀大便器、洗手盆，男卫生间设自闭式冲洗阀小便器，卫生器具阀门安装高度如图 19-4 所示（图中单位为 m）：建筑供水引入管处最低压力 0.20MPa，引入管标高－1.2m。给水系统采用直接从供水管网吸水的叠压供水，吸水管路总压力损失 8.0m；加压设备出水管路沿程总损失为 100kPa，总局部损失为管路沿程损失的 30%，水表压力损失为 2.0m。叠压供水设备水泵扬程至少应为下列哪项（四舍五入小数点后保留两位）？

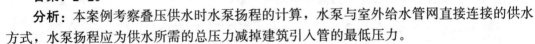

图 19-4

(A) 0.49MPa   (B) 0.53MPa

(C) 0.55MPa   (D) 0.56MPa

答案：【B】。

分析：本案例考察叠压供水时水泵扬程的计算，水泵与室外给水管网直接连接的供水方式，水泵扬程应为供水所需的总压力减掉建筑引入管的最低压力。

解析：

(1) 计算公式确定

根据《建水工程》教材 1.5.3 节可知，水泵与室外给水管网直接连接的供水方式，水泵扬程按下式计算：

$$H_b \geqslant H_静 + H_损 + H_0 - P_0$$

式中　　$H_静$——静高差，引入管至最不利配水点的高差；

　　　　$H_损$——总水头损失，指水泵吸水管和出水管至最不利配水点计算管路的沿程和局部总水头之和，其中，局部总水头损失包括管配件和附件的水头损失；

　　　　H_0——自由水头，指最不利点所需最低工作压力；

P_0——室外给水管网所能提供的最小压力。

（2）参数确定

根据题设，室外给水管网所能提供的最小压力 P_0 为 0.2MPa。

1）静高差的确定

本案例的静高差应从引入管开始计算到第十层卫生洁具的安装高度，结合本案例图 19-4，判断最不利用水点为洗手盆、大便器，静高差为：

$$H_{静} = 4.5 \times 9 + 0.45 + 1.2 = 42.15\text{m}$$

2）确定最不利点所需最低工作压力

根据《建水标准》表 3.2.12 可知，洁具所需工作压力为洗手盆（0.1MPa）、大便器（0.1～0.15MPa）、小便器（0.05MPa），其最低工作压力为洗手盆（0.1MPa）、大便器（0.1～0.15MPa），此题求"至少"，设计取 H_0 为 0.1MPa。

3）确定总水头损失

根据《建水标准》3.7.16 条可知，水表、阀门及过滤器均属于给水管道上的各类附件，属于局部水头损失范畴，根据题设，总局部水头损失已包含了水表的压力损失，无需重复叠加。则：总水头损失为：

$$H_{损} = 8 + 10 \times (1 + 30\%) = 21\text{m}$$

（3）叠压供水水泵扬程计算

将上述确定后的参数及题设给定参数，叠压供水水泵扬程：

$$H_{b} \geqslant H_{静} + H_{损} + H_0 - P_0 = 42.15 + 21 + 10 - 20 = 53.155\text{m} = 0.53\text{MPa}$$

故选 B。

评论：

（1）易错点：是叠压供水系统水泵的扬程不等于水泵出口的压力，叠压供水设备水泵的扬程也可以用泵出口的压力减去泵入口的压力来计算，即 $H_{泵} = P_{出口} - P_{入口}$。

（2）延伸点：根据《建水标准》3.7.16 条规定：水表、阀门、减压阀、倒流防止器及过滤器均属于给水管道上的各类附件，属于局部水头损失范畴。

19.6　二次供水增压设备的相关计算

【题 10】 某单位办公楼与住宅区的生活给水系统设置气压给水设备集中加压供水，其室外生活给水管道布置示意图如图 19-5 所示。已知：

① 住宅区：总户数为 480 户，每户用水人数均按 3.0 人计，每户卫生器具给水当量均按 6.5 计；最高日用水定额为 245L/（人·d），小时变化系数为 2.3。

② 办公楼：设计用水人数为 1600 人，生活给水系统卫生器具给水当量总数为 228；最高日用水定额为 50L/（人·d），小时变化系数为 1.5。

③ 住宅用水时间按 24h 计，办公楼用水时间按 8h 计。

则该气压给水设备气压罐的最小调节容积不应小于下列哪项？

图 19-5

(A) 1.53m³　　　(B) 1.83m³　　　(C) 2.22m³　　　(D) 2.66m³

答案:【B】。

分析: 本案例考察气压给水设备气压罐最小调节容积的计算。找对公式代入数据即可解答。

解析:

(1) 计算公式确定

根据《建水标准》3.9.4条第4款,气压罐调节容积公式为:

$$V_{q2} = \frac{\alpha_a \times q_b}{4n_q}$$

根据《建水工程》教材1.1.2节,计算最大时用水量公式为:

$$Q_h = K_h \frac{m \times q}{h}$$

(2) 参数确定

根据《建水标准》3.9.4条第3款,水泵出流量 q_b,不应小于给水系统最大小时用水量 Q_h 的1.2倍,给水系统最大小时用水量 Q_h 的计算为:

$$Q_h = 2.3 \times \frac{480 \times 3 \times 245}{24 \times 1000} + 1.5 \times \frac{1600 \times 50}{8 \times 1000}$$

$$= 58.572 \text{m}^3/\text{h}$$

题设求最小,水泵设计流量为:

$$q_b = 1.2Q_h = 1.2 \times 58.572 = 70.29 \text{m}^3/\text{h}$$

(3) 气压给水设备气压罐最小调节容积的计算

求最小调节容积:安全系数 α_a 取最小1.0,水泵在1h内的启动次数 n_q 取最大8。则气压给水设备气压罐最小调节容积为:

$$V_{q2} = \frac{\alpha_a \times q_b}{4n_q} = \frac{1.0 \times 1.2 \times 58.572}{4 \times 8} = 1.83 \text{m}^3$$

故选B。

评论:

(1) 易错点:错误地把秒流量当成最大时流量,代入公式计算,或忘记乘以1.2直接采用秒流量计算。

(2) 延伸点:气压给水设备有单罐定压式和双罐定压式。水泵选择应考虑系统最不利时的用水量及所需扬程,以及设备运行方式等,并考虑备用水泵。

1) 变压式和单罐定压式,水泵流量扬程为平均压力时的流量≥1.2倍最大小时用水量。

2) 双罐定压式,水泵流量按设计秒流量及系统所需水压来确定。

【题11】 某高层建筑给水系统竖向分为低、中、高三区,低区由市政管网压力直接供水,中、高区采用二次加压供水,中、高区设计流量相同,拟采用如下三个加压供水方案:

① 减压供水方式:水池→变频水泵→高区供水干管和用户→减压阀→中区用户。

② 并联供水方式:水池→(中区/高区)变频水泵→(中区/高区)用户。

③ 串联供水方式:水池→中区变频水泵→中区供水干管和用户→高区变频水泵→高

区用户。

若中、高区所需水压按水池最低水位计算分别为 $2H$、$3H$，且假定上述供水方式水泵的运行效率均相同。通过水泵功率分析能耗，上述三个供水方案水泵功率之比为下列哪项？

(A) $1:1:1$ 　　　(B) $5:3:3$ 　　　(C) $6:5:2$ 　　　(D) $6:5:5$

答案：【D】。

分析： 本案例考察水泵功率的计算公式：$N = \rho g Q H$。

解析：

假设中、高区设计流量均为 Q，根据《建水标准》3.9.1 条第 1 款、《给水教材》4.1.2 节，水泵功率公式：$N = \rho g Q H$，则三种方案的水泵功率对应如下：

(1) 方案一能耗：
$$N_1 = \rho g \times 2Q \times 3H = 6\rho g Q H$$

(2) 方案二能耗：
$$N_2 = \rho g \times Q \times 2H + \rho g \times Q \times 3H = 5\rho g Q H$$

(3) 方案三能耗：
$$N_3 = \rho g \times 2Q \times 2H + \rho g \times Q \times (3H - 2H) = 5\rho g Q H$$

于是，三个供水方案水泵功率之比 $N_1 : N_2 : N_3 = 6\rho g Q H : 5\rho g Q H : 5\rho g Q H = 6:5:5$。故选 D。

评论：

(1) 本案例考察水泵功率的计算公式，参考《建水标准》3.9.1 条第 1 款、《给水工程》教材 4.1.2 节。

(2) 本案例考察学科的综合能力和知识迁移能力，需注意以后考题的风格和方向。掌握各学科的重要知识点，给水学科的知识点，能灵活地应用到建筑给水学科。

19.7　高层建筑给水分区的相关计算

【题 12】 某高层办公楼地上一～二层层高 6.0m，三层及以上层高 3.6m；一～二十层为办公，每层卫生间内设感应式洗手盆（水嘴安装高度距地面 1.0m）和延时自闭式冲洗阀蹲便器（冲洗阀安装高度距地面 1.2m）；屋顶层设给水高区水箱。市政供水在引入管处压力 0.30MPa，引入管标高 -1.5m，室外总水表压力损失 0.03MPa，水表后至低区最不利卫生器具给水配件压力总损失按 0.03MPa 考虑；本建筑分高、中、低三区供水（图 19-6）。低区由市政直供，中、高区按各分区最低卫生器具给水配件处的最大静压 0.40MPa 进行分区；水箱底高度为 0.8m，最高有效水位距箱底 1.5m。问：图 19-6 中 H_1、H_2 正确的是下列哪项？画出中区供水楼层图。（题中未明示的压力损失忽略不计，标高均相对本建筑首层标高 ±0.00 计）

(A) 12.0m、51.6m 　　　(B) 12.0m、48m

(C) 6.0m、44.4m 　　　(D) 6.0m、48m

答案：【D】。

分析： 本案例考察分区供水的相关计算。求 H_1，实际是求市政水压最多能供几层；

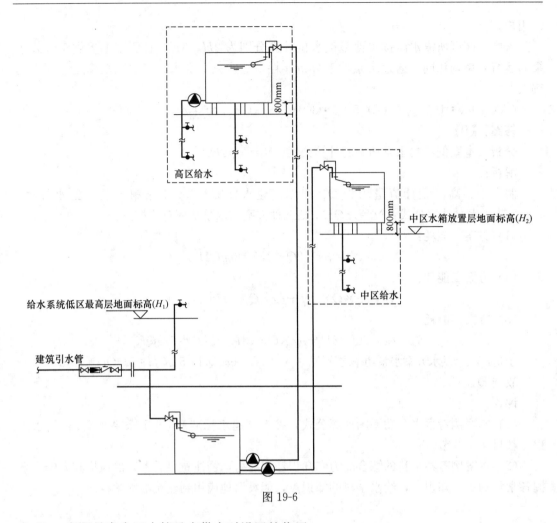

图 19-6

求 H_2，实际是求中区水箱重力供水时设置的位置。

（1）中区没有增压措施，假设中区水箱放在中区供水顶层以上的第 m 层，根据水箱的设置高度（以底板面计）需满足最高层用户的用水水压要求：

$$0.8+(m-1)\times3.6+3.6-1.2\geqslant0.1\times100$$

可求出 m。

（2）假设中区供水供 n 层，根据中、高区按各分区最低卫生器具给水配件处的最大静压 0.40MPa 进行分区，则有：

$$(m-1)\times3.6+0.8+1.5+n\times3.6-1\leqslant0.4\times100$$

可求出 n。

从而求出中区的供水范围和中区水箱设置的楼层数。

（3）高区：需进行校核。根据题设，高区按分区内最低卫生器具给水配件处的最大静压 0.40MPa 进行分区，需校核高区供十一～二十层，最大静压是否小于等于 0.40MPa。

解析：

（1）低区供水楼层范围的计算

1）市政供水压力计算公式为：

$$P_0 \geqslant H_静 + H_损 + H_0$$

式中　P_0——室外给水管网所能提供的最小压力；

　　　$H_静$——静高差，引入管至最不利配水点的高差；

　　　$H_损$——总水头损失，引入管至最不利配水点计算管路的沿程和局部总水头之和，其中，局部总水头损失包括管配件和附件的水头损失；

　　　H_0——自由水头，指最不利点所需最低工作压力。

2）低区最高层地面标高 H_1 的计算

根据题设，市政供水压力 $P_0 = 0.3 \times 100 = 30\mathrm{m}$；静扬程 $H_静 = 1.5 + H_1 + 1.2$；总水头损失为 $H_损 = (0.03 + 0.03) \times 100 = 6\mathrm{m}$；根据《建水标准》表 3.2.12，洁具所需工作压力为洗手盆（0.1MPa）、大便器（0.1~0.15MPa），取最不利点最低工作压力 $H_{水头} = 0.1 \times 100 = 10\mathrm{m}$；

把上述数据代入公式 $P_0 \geqslant H_静 + H_损 + H_0$，即：

$$0.3 \times 100 \geqslant (1.5 + H_1 + 1.2) + (0.03 + 0.03) \times 100 + 0.1 \times 100,$$

计算得：$H_1 \leqslant 11.3\mathrm{m}$，设计取 $H_1 = 6\mathrm{m}$；低区的供水范围为一~二层，供水示意如图 19-7 所示：

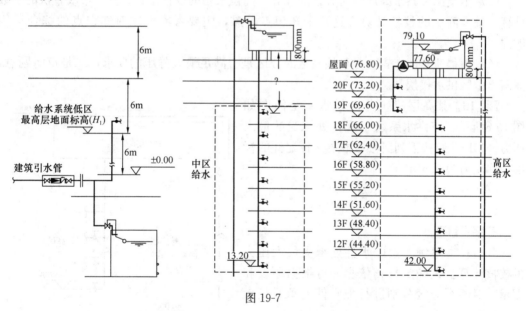

图 19-7

（2）中区水箱设置楼层数的计算

1）中区水箱放在中区供水顶层以上楼层数的计算

根据《建水标准》3.8.4 条第 2 款，水箱的设置高度（以底板面计）应满足最高层用户的用水水压要求；由图 19-7 可知：中区无增压措施，即采用重力水箱供水方式，假设中区水箱放在中区供水顶层以上的第 m 层，忽略水箱混凝土支墩高度，则有：

$$0.8 + (m-1) \times 3.6 + 3.6 - 1.2 \geqslant 0.1 \times 100$$

计算得：$m \geqslant 2.89$，设计取 $m = 3$。

故中区水箱放在中区供水顶层以上的第 3 层。

2）中区供水层数的计算

根据题设，中区按最大静压 0.40MPa 进行分区，假设中区供水供 n 层，则有：

$$(m-1)\times 3.6+0.8+1.5+n\times 3.6-1.0\leqslant 0.4\times 100$$

计算得：中区供水楼层数 $n\leqslant 8.75$，设计取 $n=8$。

中区的供水范围为三～十层，中区水箱设置在十三层，供水示意如图 19-7 所示；则有：

$$H_2=6\times 2+3.6\times 10=48m$$

（3）高区最大静压的校核计算

根据（1）（2）知，高区的供水范围为十一～二十层，供水示意如图 19-7 所示；高区的最大静压：

$$10\times 3.6+0.8+1.5-1.0=37.3\leqslant 40m$$

满足题设高区最大静压的要求。

综上所述，$H_1=6.0m$，$H_2=48m$。

故选 D。

评论：

（1）本案例考察了高层建筑分区的计算、高位水箱的设置位置计算、市政直供的层数计算、最大静压的校核计算。这几个知识点偏难，主要考察大家对知识点的综合运用能力。

（2）值得注意的点：一是校核高区的分区是否满足最大静压的要求，二是审清题意，需画出中区供水楼层图。

【题 13】 某高层建筑分区供水系统简图如图 19-8 所示，该供水系统中配件处承受的最大压力（MPa）应按下列哪项校核？（各配件的标准公称压力为 0.6MPa）

(A) 0.45 　　　　(B) 0.50

(C) 0.80 　　　　(D) 0.90

答案：【C】。

分析： 本案例考察配水件处承受最大压力的校核计算。先确定校核依据，再根据题设和图示，对两个分区分别进行配水件处承受最大压力的校核计算；对比计算结果后再选取。

解析：

（1）确定校核依据

根据《建水标准》3.5.10 条第 3 款可知，阀后配水件处的最大压力应按减压阀失效情况下进行校核，其压力不应大于配水件产品标准规定的公称压力的 1.5 倍。配水件的标准公称压力的 1.5 倍，即：

$$P_{校核}=0.6\times 1.5=0.9MPa$$

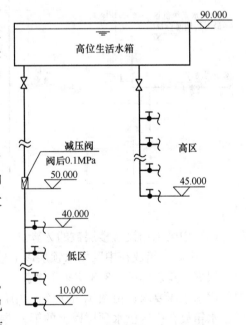

图 19-8

设减压阀失效后的校核值为 $P_{失效}$，校核计算值应取 $P_{校核}$、$P_{失效}$。二者较小作为配件处承受的最大压力。

（2）两个分区配水件处承受最大压力的校核计算

1）对于低区

减压阀失效情况下，配水件处承受的最大压力为：

$$\frac{90-10}{100}=0.8\text{MPa}<0.9\text{MPa}$$

低区校核值 $P_{失效}<P_{校核}$，按 $P_{失效}$ 作为配水件处承受的最大压力。

2）对于高区

减压阀失效情况下，配水件处承受的最大压力为：

$$\frac{90-45}{100}=0.45\text{MPa}<0.9\text{MPa}$$

高区校核值 $P_{失效}<P_{校核}$，按 $P_{失效}$ 作为配水件处承受的最大压力。

经过以上计算分析后，该供水系统中配水件处承受的最大压力的校核值，应为低区校核值 0.8MPa。

故选 C。

评论：

（1）容易忽略的知识点：本案例考察配水件处承受最大压力的校核计算，需要精准定位到《建水标准》3.5.10 条第 3 款。

（2）易错点：题设图示给水系统分两个区，应分别计算校核值比较后再确定，不能直接根据《建水标准》误认为是 0.9MPa。

（3）题设如果没给各配水件的标准公称压力，可根据《建水标准》3.4.2 条查询。

19.8　建筑给水工程设计方案分析

【题 14】 某设计院工程师设计了一栋广州超高层建筑办公楼，其二次供水生活给水系统如图 19-9 所示，假如你作为审校人，根据该方案设计图中给出的数据信息，分析与系统分区压力相关的内容（各区最高用水点均为洗手盆水嘴），有几处错误？并叙述错误原因。

分析： 本案例考察给水系统压力相关的计算，包括水箱设置高度是否合理的计算、最大静压的计算、水泵扬程的计算。本案例为找错题，首先看题设图示，通过计算，判断是否符合《建水标准》的相关要求。

解析：

（1）水箱设置高度是否合理的校核

根据《建水标准》表 3.2.12，最高层用户的用水水压取 0.1MPa。根据题设，水箱最低水位 120m，距离顶层用水点的高度差为 120－110＝10m，则水箱底板面距离顶层用水点的高度差小于 10m，10－水损＜0.1MPa，高度差不能满足最高层用户的用水水压要求。根据《建水标准》3.8.4 条第 2 款，水箱的设置高度（以底板面计）应满足最高层用户的用水水压要求，故水箱的设置位置不合理，第 1 处错误。

(2) 低区最大静压的校核

根据《建水标准》3.4.2 条及条文说明：给水系统分区的最大静水压力不应大于卫生器具给水配件能够承受的最大工作压力（0.6MPa）。则低区的最大静水压力为：

$$0.95\text{MPa} - [26 - (-4.1)] = 64.9\text{m} > 0.6\text{MPa}$$

不符合《建水标准》3.4.2 条，第 2 处错误。

(3) 工频泵扬程的校核

根据题设，泵出口压力为 1.28MPa，补充到高位水箱的静高差为：

$$124 - (-4.0) = 128\text{m}$$

因为管路很长，水损会很大，故实际需要的泵出口压力 > 128 + 水损，题设给的水泵扬程不足，第 3 处错误。

综上所述，共有 3 处错误。

评论：

(1) 本案例考察给水系统压力的相关计算，包括水箱设置高度是否合理的计算、最大静压的计算、水泵扬程的计算。

(2) 本案例的争议点：对《建水标准》中"应"与"宜"的理解。以下问题不算错误，因为规范是"宜"。

1）根据《建水标准》3.4.6 条：建筑高度超过 100m 的建筑，宜采用垂直串联供水方式，题目不满足要求；

2）根据《建水标准》3.4.3 条：当生活给水系统分区供水时，各分区的静水压力不宜大于 0.45MPa，高区最大静压为 123−75＝48m，不满足要求；

3）低区的最高层用户与最低层用户之间的高差为：71−26＝45m；当最高层用户满足最低压力需求时，底层用户必然超压，不满足要求。

【题 15】某大学生课程设计题目为度假酒店，共 7 层，公共区设置于地下一～地上二层，采用市政压力直供；客房区采用低位水箱＋变频加压供水（水泵 2 用 1 备）。由市政接入一根引水管直供公共区并作为低位水池的补水管；公共区按卫生器具折合给水当量总数为 135（地下一层蹲便器采用延时自闭式冲洗阀）；客房每间给水当量总数为 2；参数见表 19-2。假如你作为课程设计的指导教师，根据国家现行设计标准判断，下列设计内容不正确的有几项，并应说明理由。

表 19-2

类型	数量	最高日用水定额	小时变化系数	使用时数	备注
客房	200 间	250L/(人·d)	2.5	24h	1.5 人/间
员工	200 人	100L/(人·d)	2.0	10h	—

（a）加压设备设计流量不小于 10 L/s。

（b）引入水管设计流量 7.0 L/s。

（c）低位水箱的有效容积 12m³。

（d）两台水泵分别配置变频器。

分析：本案例考察的知识点较多，主要有加压设备设计流量的计算、引入水管设计流量的计算、低位水箱有效容积的计算、水泵变频器配置的相关规定，需要对每个选项进行计算。

解析：

（1）加压设备设计流量校核

根据《建水标准》3.9.3 条，加压设备服务高区客房区，为变频加压供水，故加压设备设计流量为高区秒流量，根据《建水标准》3.7.6 条可知，设计秒流量计算公式为：

$$q_{g} = 0.2\alpha\sqrt{N_g}$$

则加压设备的设计流量为：

$$q_{g} = 0.2\alpha\sqrt{N_g} = 0.2 \times 2.5 \times \sqrt{200 \times 2} = 10\text{L/s}$$

故（a）正确。

（2）引入水管设计流量校核

根据题设，市政接入一根引水管直供公共区并作为低位水池的补水管。

根据《建水标准》3.7.4 条第 1 款、第 2 款、第 3 款可知：引入管的设计流量＝低区的设计秒流量＋高区（最高日平均时用水量，最高日最大时用水）；

根据《建水工程》教材 1.1.2 节，计算最大小时用水量、平均小时用水量。

最大时用水量：

$$Q_h = K_h \frac{m \times q}{h}$$

平均时用水量：

$$Q_p = \frac{m \times q}{h}$$

低区的设计秒流量为：

$$q_{g低} = 0.2\alpha\sqrt{N_g} = 0.2 \times 2.5 \times \sqrt{135} + 1.2 = 7.01\text{L/s}$$

高区（最高日平均时用水量，最高日最大时用水）为：

$$Q_{p高} = \frac{200 \times 1.5 \times 250}{24 \times 3600}$$
$$= 0.87\text{L/s}$$
$$Q_{h高} = 2.5 \times \frac{200 \times 1.5 \times 250}{24 \times 3600}$$
$$= 2.17\text{L/s}$$

引入管的设计流量＝7.88～9.18L/s＞7L/s，

故（b）不正确。

（3）低位水箱有效容积校核

根据《建水标准》3.8.3 条，低位水箱的有效容积 $V_低$ 可按服务范围内最高日用水量

Q_d 的 20%～25%确定。

$$Q_d = 200 \times 1.5 \times 250 = 7500 \text{L/d} = 75 \text{m}^3/\text{d}$$

$$V_{低} = 75 \times (20\% \sim 25\%) = 15 \sim 18.75 \text{m}^3 > 12 \text{m}^3$$

故（c）不正确。

（4）变频器配置校核

根据《建水标准》3.9.3 条第 5 款，生活给水系统供水压力要求稳定的场合，配置变频器的水泵数量不宜少于 2 台，精品酒店属于供水压力要求稳定的场合。

故（d）正确。

综上所述，不正确的有 2 项，分别是（b）、（c）。

评论：

（1）本案例属于典型工程设计方案类的题目，涉及多个知识点，应掌握。

（2）易错点：本案例计算设计秒流量时，根据《建水标准》3.7.7 条第 3 款，有大便器延时自闭冲洗阀的给水管段，大便器延时自闭冲洗阀的给水当量均以 0.5 计，计算得到的设计秒流量附加 1.2L/s 的流量后为该管段的给水设计秒流量，而不是直接代入 6 计算。

（3）延伸点：本案例计算引入水管设计流量、低位水箱有效容积时，根据《建水标准》3.7.4 条第 3 款、3.8.3 条可知，计算值均是区间值，设计值在计算值区间内即可。

【题 16】 某设计公司社会招聘时，给应聘建筑给水排水设计师出了一道二次供水设计参数选择的判断题，题目内容是：高层办公楼，地上共 22 层，地下二层～地上二层采用市政压力直供，三层及以上楼层拟采用低位生活水箱＋工频泵＋生活水箱联合供水。一层为入口接待大堂，其余均为办公楼层。由市政接入一根引水管直供低区并作为生活低位贮水箱的补水管；办公设计参数见表 19-3。系统设置如图 19-10 所示，请面试者结合现行国家设计标准针对以下 5 个设计参数选择做出判断，正确的有几项，并说明判断对错的理由。

表 19-3

最高日用水定额	K_h	使用时间	人数
50L/（人·班）	1.2	10h	2～3 层：50 人/层；4 层及以上：220 人/层

（a）生活低位贮水箱容积 50m³。

（b）低位加压水泵设计流量 $Q=22\text{m}^3/\text{h}$，高位水箱容积 13m³。

（c）低位加压水泵设计流量 $Q=22\text{m}^3/\text{h}$，高位水箱容积 43m³。

（d）低位加压水泵设计流量 $Q=26\text{m}^3/\text{h}$，高位水箱容积 13m³。

（e）生活低位贮水箱进水管设计流量取 21m³/h。

分析： 本案例考察的知识点较多，主要有低位贮水箱容积的计算、加压水泵设计流量的计算、高位水箱容积的计算、生活低位贮水箱进水管设计流量计算，需要对每个选项进行计算。

解析：

（1）低位水箱容积校核

根据《建水标准》3.8.3 条，低位水箱的有效容积 $V_{低}$ 可按服务范围内最高日用水量 Q_d 的 20%～25%确定。

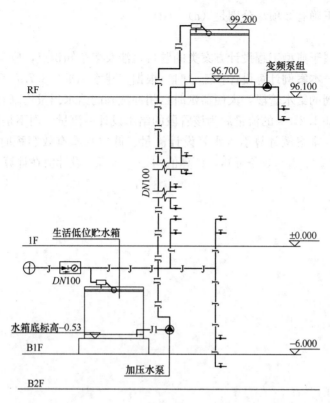

图 19-10

$$Q_d = (1 \times 50 + 19 \times 220) \times 50 \div 1000 = 211.5 \text{m}^3$$

$$V_{低} = (20\% \sim 25\%)Q_d = (20\% \sim 25\%) \times 211.5 = 42.3 \sim 52.875 \text{m}^3$$

故（a）正确。

（2）加压水泵设计流量校核

根据《建水标准》3.9.2 条，水泵的供水能力 $Q_{低位加压水泵}$ 不应小于最大时用水量 Q_h。

$$Q_{低位加压水泵} \geqslant Q_h = 1.2 \times \frac{211.5}{10} = 25.38 \text{m}^3/\text{h}$$

故（b）错误。

（3）高位水箱容积校核

根据《建水标准》3.8.4 条第 1 款，由水泵联动提升进水的高位水箱的生活用水调节容积，不宜小于最大时用水量 Q_h 的 50%。

$$V_{高位水箱} = 0.5Q_h = 0.5 \times 25.38 = 12.69 \text{m}^3$$

故（c）错误，（d）正确。

（4）生活低位贮水箱进水管设计流量校核

根据《建水标准》3.7.4 条第 2 款，生活低位贮水箱进水管（补水）设计流量不宜大于建筑物最高日最大时用水量，且不得小于建筑物最高日平均时用水量；

$$Q_{补水} = Q_p \sim Q_h = \frac{211.5}{10} \sim 1.2 \times \frac{211.5}{10} = 21.15 \sim 25.38 \text{m}^3/\text{h}$$

故（e）错误。

综上所述，正确有 2 项，分别是（a）、（d）。

评论：

（1）本案例属于典型工程设计方案类的题目，涉及多个知识点，应掌握。

（2）易错点：本案例计算设计秒流量时，根据《建水标准》3.7.7 条第 3 款：有大便器延时自闭冲洗阀的给水管段，大便器延时自闭冲洗阀的给水当量均以 0.5 计，计算得到的设计秒流量附加 1.2L/s 的流量后为该管段的给水设计秒流量，而不是直接代入 6 计算。

（3）延伸点：本案例计算引入水管设计流量、低位水箱有效容积时，根据《建水标准》3.7.4 条第 3 款、3.8.3 条可知，计算值均是区间值，设计值在计算值区间内即可。

第20章　建筑排水经典案例详解与分析

20.1　建筑物排水设计秒流量的相关计算

【题1】 医院的医护值班室公共卫生间设置1个洗手盆、1个淋浴器和1个蹲式大便器（自闭冲刷阀），则该卫生间排水主管的设计秒流量（L/s）为下列哪项？

　　(A) 0.38　　　　　(B) 1.45　　　　　(C) 1.58　　　　　(D) 1.70

答案：【B】。

分析： 本案例考察的是排水管设计秒流量的计算，根据建筑类型，选对公式，选对参数即可快速解答。

解析：

(1) 计算公式确定

根据题设，该建筑属于用水分散型的公共建筑，

根据《建水标准》式（4.5.2）：设计秒流量 $q_p = 0.12\alpha\sqrt{N_P} + q_{max}$

(2) 参数的确定

本案例中题设是医院的医护值班室公共卫生间，根据《建水标准》表4.5.2可知 a 最小值取2.0，卫生洁具的排水当量根据《建水标准》表4.5.1选用。

(3) 设计秒流量计算

该卫生间排水主管的设计秒流量为：

$$q_p = 0.12\alpha\sqrt{N_P} + q_{max} = 0.12 \times 2 \times \sqrt{(0.3+0.45+3.6)} + 1.2 = 1.70\text{L/s}$$

(4) 计算结果校核

根据《建水标准》4.5.2条规定，设计秒流量计算应校核，卫生器具排水流量累加值：$q_p = 0.1+0.15+1.2 = 1.45\text{L/s}$

计算值1.70L/s大于累加值1.45L/s，取累加值，则该卫生间排水主管的设计秒流量应为1.45L/s。

故选B。

评论：

(1) 易错点：α 的取值，根据题设关键词"公共"进行判断即可，很多人认为医护值班室公共卫生间是医护人员专用的，应按居室内卫生间确定，从实际使用对象来看，医护人员是不固定的，不能等同于病房内"独立卫生间"，这二者还是有区别的。

(2) 建筑排水设计秒流量计算大多数都需要校核，容易被忽略。

【题2】 某体育场供观众使用的公共卫生间设有16个蹲式大便器（设自闭式冲洗阀）、2个坐便器（带冲洗水箱，供残疾人使用）、10个小便器（设感应式冲洗阀）及3个洗手盆（设感应式水嘴）。则该卫生间排水管道设计秒流量不应小于下列哪项？

(A) 1.634L/s   (B) 2.230L/s   (C) 3.515L/s   (D) 3.970L/s

答案：【B】。

分析： 本案例考察的是排水管设计秒流量的计算，根据建筑类型，选对公式，选对参数很关键，尤其是卫生器具的同时排水百分数取值。

解析：

(1) 计算公式确定

根据题设，该建筑属于用水集中型的公共建筑，根据《建水标准》式 (4.5.3) 计算，设计秒流量：

$$q_p = \sum q_{p0} \times n_0 \times b_p$$

(2) 参数的确定

卫生洁具的排水流量根据《建水标准》表 4.5.1 选用，卫生器具的同时排水百分数取值根据《建水标准》3.7.8 条规定，冲洗水箱大便器的同时排水百分数为 12%。

(3) 设计秒流量计算

该卫生间排水管道设计秒流量为：

$q_p = \sum q_{p0} \times n_0 \times b_p$

$\quad = 1.2 \times 16 \times 5\% + 1.5 \times 2 \times 12\% + 0.1 \times 10 \times 70\% + 0.1 \times 3 \times 70\% = 2.23\text{L/s}$

(4) 计算结果校核

根据《建水标准》4.5.3 条规定，设计秒流量计算应校核，根据《建水标准》表 4.5.1 知，一个自闭式冲洗阀大便器的排水流量为 1.2L/s，与计算值 2.23L/s 相比，设计取 2.23L/s。

故选 B。

评论：

(1) 易错点：建筑排水设计秒流量的计算参数选取。

(2) 建筑排水设计秒流量计算大多数都需要校核，容易被忽略。

20.2 建筑排水管道水力计算

【题3】 某建筑生活排水系统汇合排除管设计秒流量为 7.5L/s，当其接户排水管（采用塑料排水管）坡度为 0.005 时，其接户排水管最小管径 (mm) 应为下列哪项？

（需提供计算过程，不能查表直接给出结果）

(A) De110   (B) De125   (C) De160   (D) De200

答案：【C】。

分析： 本案例考察的是管径计算，应用水力学基础公式：流量等于过水断面面积乘以流速，过水断面面积与管径及其充满度有直接关系，掌握这个逻辑就能快速去解答。

解析：

(1) 计算公式确定

根据《建水标准》式 (4.5.4) 可知，排水流量 $q_p = AV$，流速 $V = \dfrac{1}{n} R^{\frac{2}{3}} I^{\frac{1}{2}}$；

其中 $A = \pi \times \dfrac{D^2}{8}$，水力半径 R 根据《建水标准》表 4.10.7，接户管的最大设计充满

度为 0.5，则：$R = \dfrac{D}{4}$ 代入公式 $q_p = AV$，即可求得 D。

（2）接户管管径初步判断

根据《建水标准》表 4.10.7 中接户管最小管径为 160mm，接户管的最大设计充满度为 0.5。

（3）接户管管径计算确定

当充满度 $\alpha = 0.5$ 时，塑料管 n 取 0.009、$Q = 7.5$L/s、$I = 0.005$，其排水流量：

$$q_p = A \times \frac{1}{n} \times R^{\frac{2}{3}} \times I^{\frac{1}{2}} \equiv \frac{\pi D^2}{8} \times \frac{1}{n} \times \left(\frac{D}{4}\right)^{\frac{2}{3}} \times I^{\frac{1}{2}}$$

计算可得 $D = 0.148$m $= 148$mm，设计取 $De160$。

故选 C。

评论：

（1）注意区分建筑排水的排出管与接户管区别，原则上接户管不小于排出管。

（2）水力半径 R 在满流和半满流时，其值均为 $R = D/4$。

【题 4】 办公楼共 17 层，改造成居室内设卫生间的宿舍，每层 24 间，套内设三件套卫生洁具（参数见表 20-1）。采用 $DN100$ 的伸顶通气排水立管，如多个卫生间共用排水立管，立管每层所带户数相同，最少设置几根立管？

表 20-1

卫生器具名称	排水流量（L/s）	当量
淋浴器	0.15	0.75
洗脸盆	0.25	0.45
坐便器	1.5	4.5

（A）2　　　　　　（B）12　　　　　　（C）6　　　　　　（D）3

答案：【B】。

分析： 本案例为改造工程，给定了管径实际上就告知了其排水能力，反推计算可以承载多少卫生洁具，从而确定立管的数量。

生活排水立管的通水能力和管径、系统是否通气、通气的方式和管材有关。

解析：

（1）改造后的排水立管排水能力确定

生活排水立管的通水能力与管径、系统是否通气、通气的方式和管材有关，根据《建水标准》4.5.7 条规定，$DN100$ 的伸顶通气排水立管排水能力为 4.0L/s。

（2）排水立管数量计算

根据题设，多个卫生间共用排水立管，A 选项排除；

根据《建水标准》式（4.5.2），排水管道设计秒流量：

$$q_P = 0.12\alpha \sqrt{N_P} + q_{max}$$

分别将 B、C 和 D 选项当量代入进行试算；

1) 当设 12 根立管时有：

$$q_P = 0.12\alpha\sqrt{N_P} + q_{max}$$
$$= 0.12 \times 1.5 \times \sqrt{17 \times 2 \times (0.75 + 0.45 + 4.5)} + 1.5$$
$$= 3.27L/s$$

4.0L/s＞3.27L/s，改造后的立管可以满足要求；

2) 当设 6 根立管时有：

$$q_P = 0.12\alpha\sqrt{N_P} + q_{max} = 0.12 \times 1.5 \times \sqrt{17 \times 4 \times (0.75 + 0.45 + 4.5)} + 1.5$$
$$= 5.0L/s$$

4.0L/s＜5.0L/s，改造后的立管不满足要求，从而判断 D 选项也不满足；

通过详细计算后确定，需设置 12 根排水立管。

故选 B。

评论：改造项目，是近些年建筑行业内较为常见的类型，灵活多变，符合选拔高水平工程师的考核标准。

20.3　小型污水处理构筑物相关计算

【题 5】某热水锅炉每 8h 排污量 700kg/次，温度 100℃。降温冷却水温度为 15℃。降温后排入市政污水管网。冷热水密度均按 1000kg/m³ 计算，混合不均匀系数取 1.5。排污降温池有效容积（m³）最小为下列哪项？（蒸发量忽略不计）

(A) 1.40　　　　　(B) 2.38　　　　　(C) 2.52　　　　　(D) 3.22

答案：【D】。

分析：本案例考察的是排污降温池的最小有效容积，根据《建水工程》教材公式代入参数，即可快速解答。

解析：

根据《建水工程》教材式（3-10），求排污降温池有效容积；

(1) 存放排污热废水容积

$$V_1 = \frac{Q_{排} - k_1 q}{\rho} = \frac{700}{1000} = 0.7m^3$$

(2) 存放冷却水容积

$$V_2 = \frac{t_2 - t_y}{t_y - t_冷}KV_1 = \frac{100-40}{40-15} \times 1.5 \times 0.7 = 2.52m^3$$

(3) 有效容积

$$V_{有效} = V_1 + V_2 = 0.7 + 2.52 = 3.22m^3$$

故选 D。

评论：

(1) 本案例考察的是排污降温池的最小有效容积，《建水标准》中没有对应的计算公式。

(2)《建水工程》教材公式中需理解的含义，$Q_{排} - K_1 q$ 是热废水排水量与热废水蒸量的差值，这个差值，是热废水的排污量。

20.4　污水提升泵流量及扬程、集水池相关计算

【题 6】地下车库内某集水坑，接纳 $450m^3$ 消防水池溢泄水、自喷系统末端试水、车库冲洗地面排水。问：该集水坑内配置的排水泵最小流量和台数，下列哪项合理？〔已知：消防水池进水管流量 $30m^3/h$、水池清洗泄空时间 12h，该集水坑负担的地面排水面积为 $2000m^2$、冲洗用水定额 $3L/(次 \cdot m^2)$、1h/次〕。

(A) $30.0m^3/h$，2 台　　　　　　(B) $37.5m^3/h$，1 台
(C) $37.5m^3/h$，2 台　　　　　　(D) $73.5m^3/h$，2 台

答案：【C】。

分析： 本案例主要围绕污水泵和集水池的相关计算展开，找到规范条文即可快速解答。

解析：

(1) 水泵设计流量

根据《建水标准》4.8.7 条第 2 款，当地坪集水坑（池）接纳水箱（池）溢流水、泄空水时，应按水箱（池）溢流量、泄流量与排入集水池的其他排水量中大者选择水泵机组；

1）地面排水流量为：$2000 \times 3 = 6m^3/h$；

2）泄流量为：$450 \div 12 = 37.5m^3/h$；

3）溢流量为：$30m^3/h$；

故水泵设计流量，取三者之中最大值为 $37.5m^3/h$。

(2) 水泵台数

根据《建水标准》4.8.6 条第 1 款，应设置 1 台备用泵，故至少 2 台。

故选 C。

评论：

(1) 本案例属于典型的一池多用途，在工程中很常见。

(2) 案例中没有详谈进水阀控制的可靠程度，如果案例中说在液位水力控制阀前装电动阀等双阀串联控制，一旦前者失灵，水位上升到报警水位后，电动阀启动控制，就不用考虑溢流量；如果是单阀控制，则水池的溢流量就是水箱（池）的进水量。

【题 7】某高校体育馆地下室设运动员使用的浴室及卫生间，浴室共有无间隔淋浴器 15 个，卫生间共有 6 个自闭式冲洗阀蹲便器、3 个自闭式冲洗阀小便器、3 个洗手盆，该浴室和卫生间的最高日排水量为 $40m^3/d$、用水时间 8h。浴室和卫生间共用一根排水横管，接至一套污水提升装置排至室外管网。该污水提升装置的设计流量（m^3/h）为下列哪项？

(A) 5.0　　　　　(B) 6.0　　　　　(C) 9.1　　　　　(D) 9.3

答案：【D】。

分析： 本案例考察的是建筑物内污水提升装置的设计流量，当无调节功能时，应按生活排水设计秒流量选定。

解析：

（1）判断污水提升装置是否有调节功能

由于题设未直接提供是否具备调节功能，从使用场所可以推测，污水不宜储存，应及时提升排至室外管网，故该提升装置不具有调节功能。

（2）计算公式确定

根据《建水标准》4.8.7 条第 1 款可知：当室内未设置生活污水处理措施及调节池时，室内的污水水泵的流量应按生活排水设计秒流量选定；高校体育馆，按《建水标准》4.5.3 条公式计算，$q_p = \sum q_{p0} n_0 b_p$；其中卫生器具的同时排水百分数按照《建水标准》3.7.8 条选取，由题意知：该体育场馆地下室设运动员使用的浴室和卫生间，可定性为运动员休息室，同时百分数取括号内的数据。

（3）该污水提升装置的设计流量

经过以上分析，该污水提升装置的设计流量应按生活排水设计秒流量计算：

$$q_p = \sum q_{p0} n_0 b_p = 0.15 \times 15 \times 100\% + 1.2 \times 6 \times 2\% + 0.1 \times 3 \times 10\% + 0.1 \times 3 \times 50\%$$
$$= 2.574 \text{L/s} = 9.27 \text{m}^3/\text{h}$$

故选 D。

评论：

（1）建筑物内的集水池或污水提升装置，是否具有调节功能，需要根据使用性质及功能来综合判断，判定错误，就会导致计算结果的偏差。

（2）注意点：本案例题不能按体育场馆对待。

20.5 建筑小区排水管道水力计算

【题 8】 某城市综合体建筑由高级住宅、酒店式公寓、商业以及地下车库等组成，各部位用水资料详见表 20-2。生活排水采用污废合流制。则该城市综合体室外生活排水管道设计流量不应小于下列哪项？

(A) 146.2m³/h   (B) 163.4m³/h   (C) 164.0m³/h   (D) 172.0m³/h

表 20-2

序号	用水部门	最高日用水量	用水时间	小时变化系数
1	高级住宅	560 （m³/d）	24 （h）	2.3
2	酒店式公寓	350 （m³/d）	24 （h）	2.2
3	商业	750 （m³/d）	12 （h）	1.3
4	地下车库	30 （m³/d）	6 （h）	1.0

答案：【A】。

分析： 本案例考察小区室外生活排水管道系统设计流量的计算，相关规范和标准中并未给出详细的计算过程，排水设计流量是与给水设计流量息息相关的。

解析：

根据《建水标准》4.10.5 条第 1 款可知：生活排水最大小时排水流量应按住宅生活给水最大小时流量与公共建筑生活给水最大小时流量之和的 85%～95% 确定；这里的

85%～95%专指"小区室外生活排水管道系统的设计流量",生活排水最大小时排水流量等同于生活给水最大小时流量,该城市综合体室外生活排水管道设计流量:

$$q_P = 0.85 \times \left(\frac{560}{24} \times 2.3 + \frac{350}{24} \times 2.2 + \frac{750}{12} \times 1.3 + \frac{30}{6} \times 1.0 \right)$$
$$= 146.2 \mathrm{m^3/h}$$

故选 A。

评论:

(1) 对于生活排水最大小时流量,《建水标准》中的术语没有相关描述,也未给出具体的计算方法,《建水标准》4.10.5 条规定:小区室外生活排水管道系统的设计流量应按最大小时排水流量计算,《建水标准》4.10.5 条第 1 款中提到:生活排水最大小时排水流量应按住宅生活给水最大小时流量与公共建筑生活给水最大小时流量之和的 85%～95%确定;这里的 85%～95%专指"小区室外生活排水管道系统的设计流量",生活排水最大小时排水流量等同于生活给水最大小时流量,该条文说明已经详细阐述,这是值得大家注意的知识点。

(2) 需要注意的地方是计算排水量时要判断这个用水部门的水是否进入排水管道,例如要考察的是一个小区或者园区时,园区内绿化用水则不计入室外生活排水管道设计流量。

20.6　建筑屋面雨水排水系统相关水力计算

【题 9】 一类高层省级档案馆,层面投影面积 $2000\mathrm{m^2}$,屋面径流系数 0.9,屋面雨水设置重力流雨水排水系统和 2 个矩形溢流口。该地不同重现期下的 5min 暴雨强度为: $P=3$ 年, $q_s=324\mathrm{L/(s \cdot hm^2)}$; $P=5$ 年, $q_s=364\mathrm{L/(s \cdot hm^2)}$; $P=10$ 年, $q_s=417\mathrm{L/(s \cdot hm^2)}$; $P=50$ 年, $q_s=541\mathrm{L/(s \cdot hm^2)}$ 。矩形溢流口高 150mm,问每个溢流口最小宽度为下列哪项?

(A) 84mm　　　　(B) 113mm　　　　(C) 161mm　　　　(D) 225mm

答案:【B】。

分析: 本案例考察的是溢流口的最小宽度,先计算溢流口的溢流量,根据溢流口孔口尺寸公式求其宽度。

解析:

(1) 设计重现期确定

根据题设,一类高层省级档案馆属于重要公共建筑,根据《建水标准》表 5.2.4 可知,其屋面雨水设计重现期≥10 年,根据《建水标准》5.2.5 条第 2 款可知,其屋面雨水排水工程与溢流设施总排水能力不应小于 50 年重现期雨水量。

(2) 屋面雨水溢流量计算

根据《建水标准》5.2.1 条可知,建筑屋面设计雨水流量计算公式:

$$q_y = \frac{\varphi F_w q_j}{10000}$$

屋面雨水溢流量为:

$$Q_溢 = Q_总 - Q_设 = \frac{\varphi F_w(q_{j50} - q_{j10})}{10000}$$

$$= \frac{0.9 \times 2000 \times (541 - 417)}{10000}$$

$$= 22.32 \text{L/s}$$

（3）单个矩形溢流口的溢流量：

$$Q_{溢1} = \frac{Q_溢}{2} = \frac{22.32}{2} = 11.16 \text{L/s}$$

（4）根据溢流口孔口尺寸公式：

$$Q_{溢1} = mb\sqrt{2g} \times h^{\frac{3}{2}} = 385 \times b \times \sqrt{2 \times 9.81} \times 0.15^{\frac{3}{2}} = 11.16 \text{L/s}$$

计算得：每个溢流口最小宽度 $b = 0.113\text{m} = 113\text{mm}$。

故选 B。

评论：

（1）易错点：容易忽略题设条件，有 2 个矩形溢流口，算出的总溢流量，单个溢流口溢流水量应除以 2，再计算单个溢流孔的孔口尺寸。

（2）本案例计算时，溢流口孔口尺寸公式以《建水工程》教材上的公式为准，即：$Q_溢 = mb\sqrt{2g} \times h^{\frac{3}{2}}$，《建水标准》附录 F，增加了屋面溢流设施泄流量的计算，对相关参数进行了规范化的调整。

【题 10】 某高层五星级酒店由 3 层裙房和 20 层塔楼组成（图 20-1），塔楼位于裙房一侧，每层矩形外形尺寸为 20m×25m，长边紧贴裙房，塔楼立面高出裙房屋面 80m，其中裙房屋面为坡度 3‰斜屋面，水平投影面积为 1000m²，屋面雨水径流系数为 1.00，屋面雨水设计为单斗重力流雨水排水系统，并设有 2 个矩形溢流口。该地区不同重现期下的 5min 暴雨强度为 $P=3$ 年，$q_j=160\text{L/(s} \cdot \text{hm}^2)$；$P=5$ 年，$q_j=180\text{L/(s} \cdot \text{hm}^2)$；$P=10$ 年，$q_j=210\text{L/(s} \cdot \text{hm}^2)$；$P=50$ 年，$q_j=280\text{L/(s} \cdot \text{hm}^2)$。雨水管采用 DN100 铸铁管，问裙房屋面至少需要几个雨水斗？

（A）4　　　　　　（B）5　　　　　　（C）7　　　　　　（D）9

答案：【C】。

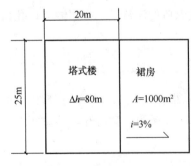

图 20-1

分析： 本案例求裙房需要设置几个雨水斗，先求出裙房需要排除的雨水量，再结合管道的排水能力去计算数量。

解析：

（1）确定设计暴雨强度

根据题设，五星级酒店属于重要公共建筑，根据《建水标准》表 5.2.4，屋面雨水排水管道工程的设计重现期应取 10，$P=10$ 年，$q_j=210\text{L/(s} \cdot \text{hm}^2)$。

（2）建筑屋面设计雨水流量计算

根据《建水标准》式（5.2.1），其中 F_w 汇水面积计算根据《建水标准》5.2.7 条计算，$F_w=100+0.5 \times 80 \times 25=2000\text{m}^2$，根据题设，裙房屋面为坡度 3‰斜屋面，即坡度＞2.5‰，设计雨水流量应乘以系数 1.5，可计算建筑屋面设计雨水流量：

$$q_y = 1.5 \times \frac{q_j \times \varphi \times F_w}{10000} = 1.5 \times \frac{210 \times 1 \times (1000 + 0.5 \times 25 \times 80)}{10000} = 63L/s$$

（3）确定雨水斗数量

根据题设，雨水管采用 $DN100$ 铸铁管，查《建水标准》附录 G 可知，$DN100$ 的排水能力为 9.5L/s；则 $n = 63 \div 9.5 = 6.6$ 个，设计取 7 个。

故选 C。

评论：

（1）遇到类似案例数据较多，题设较长的情况，最好在草稿纸上画出一个简图，将题设的条件一一画出来，就会更好的帮助理解题意。本案例的重点在于求屋面的汇水面积，掌握《建水标准》5.2.7 条中几种类型的汇水面积计算。

（2）一般题目未明确给出建筑属于重要公共建筑还是一般公共建筑时需要我们去判断，判断的依据就是：当这座建筑受到损害时会不会造成一定的社会危害或社会影响。例如政府办公楼、医院等均属于重要建筑。其他类型建筑的判断具体可参照《建规》2.1.3 条及其条文说明。

【题 11】 建筑高度为 24m 的某普通建筑，屋面雨水排水采用重力流单斗排水系统。屋面设计坡度为 1.0%，采用内天沟集水；屋面的雨水汇水面积为 1000㎡，雨水径流系数为 1.00；不同设计重现期的 5min 暴雨强度分别为：$P=5$ 年，$q_j=180L/(s \cdot hm^2)$；$P=10$ 年，$q_j=215L/(s \cdot hm^2)$；$P=50$ 年，$q_j=290L/(s \cdot hm^2)$；$P=100$ 年，$q_j=330L/(s \cdot hm^2)$；排水管材采用铸铁管。下述该建筑屋面雨水排水的 4 项设计方案中，有几项满足现行国家标准《建筑给水排水设计标准》GB 50015—2019 的规定？应逐一给出方案的编号并说明理由。

① 设计 2 根 $DN75$ 排水立管，溢流设施排水流量不小于 12.9L/s。

② 设计 2 根 $DN100$ 排水立管，溢流设施排水流量不小于 2.5L/s。

③ 设计 5 根 $DN75$ 排水立管，不设溢流设施。

④ 设计 4 根 $DN100$ 排水立管，不设溢流设施。

（A）1 项　　　　（B）2 项　　　　（C）3 项　　　　（D）4 项

答案：【B】。

分析： 本案例属于工程设计方案类型知识点，4 个编号表达了 2 件事，屋面需设几根排水立管以及是否需要设置溢流设施，其本质上就是计算此建筑屋面的设计雨水流量。

解析：

（1）当设置溢流设施时

根据《建水标准》表 5.2.4，该建筑属于一般性建筑，其屋面雨水排水管道工程设计重现期 5 年，$q_j=180L/(s \cdot hm^2)$；根据《建水标准》5.2.5 条第 1 款规定：一般建筑的总排水能力不应小于 10 年重现期的雨水量，总排水能力取 10 年，$q_j=215L/(s \cdot hm^2)$；溢流流量应为总排水设计流量减去屋面雨水排水管道工程设计流量，根据《建水标准》式 (5.2.1) 计算，可得，

屋面雨水排水管道工程设计流量：

$$Q_{设} = \frac{q_j \times \varphi \times F_w}{10000} = \frac{180 \times 1 \times 1000}{10000} = 18 \text{L/s}$$

总排水设计流量:

$$Q_{总} = \frac{q_j \times \varphi \times F_w}{10000} = \frac{215 \times 1 \times 1000}{10000} = 21.5 \text{L/s}$$

根据《建水标准》附录 G 选取对应管径排水立管的泄流量,其中 $DN75$ 排水管的最大泄流量为 4.3L/s,$DN100$ 排水管的最大泄流量为 9.5L/s。

1) 设计 2 根 $DN75$ 排水立管时,有 4.3×2=8.6L/s<18L/s,不满足屋面雨水排水管道工程设计流量;

故方案①不行。

2) 设计 2 根 $DN100$ 排水立管时,9.5×2=19L/s>18L/s,满足屋面雨水排水管道工程设计流量,此方案对应的溢流水量=21.5−19=2.5L/s;

故方案②可行。

(2) 当不设置溢流设施时

根据《建水标准》5.2.11 条第 2 款规定:民用建筑雨水管道单斗内排水系统、重力流多斗内排水系统按重现期 P 大于或等于 100 年设计时,可不设溢流设施;

设计重现期 100 年,q_j=330L/(s·hm²),总排水设计流量为:

$$Q_{总} = \frac{q_j \times \varphi \times F_w}{10000} = \frac{330 \times 1 \times 1000}{10000} = 33 \text{L/s}$$

1) 设计 5 根 $DN75$ 排水立管时,4.3×5=21.5L/s<33L/s,不满足总排水能力要求;

故方案③不行。

2) 设计 4 根 $DN100$ 排水立管时,9.5×4=38L/s>33L/s,满足总排水能力要求;

故方案④可行。

综上所述,②④方案满足要求,共两项方案满足。

故选 B。

评论:

(1) 本案例属于实际工程方案设计类知识点,但实际上也属于计算题,只要理解透屋面雨水排水管道工程(雨水斗＋雨水管道)与溢流设施的排水能力的相关计算,稍作分析即可得出答案。

(2) 四种方案中,其中有 2 种方案叙述的是同一件事,只要按着思路去详细计算,就可以快速判断其合理性。

【题 12】 屋面雨水排水系统采用重力流多斗排水系统,初期设计屋面面积的 40% 采用种植屋面(径流系数采用 0.4),其余为硬质屋面(径流系数 1.0)。至少设 8 个 $DN100$ 雨水斗,后期设计调整,均改为硬质屋面,问至少需要增加几个同类型雨水斗?(注:不考虑汇水分区因素对雨水斗数量的影响)

(A) 不增加   (B) 1 个   (C) 2 个   (D) 3 个

答案:【D】。

分析: 本案例考察的是屋面改造后,需要增加几个雨水斗,用以满足改造后雨水排水的要求，改造前后的屋面面积不变，变化的仅为径流系数，可通过公式简单换算求得。

解析：

根据《建水标准》式（5.2.1），建筑屋面设计雨水流量 $q_{y1} = \Psi q_j F_w$，

（1）改造前建筑屋面设计雨水流量

改造前建筑屋面设计雨水流量为：

$$q_{y1} = \Psi_1 q_j F_w = \frac{40\% \times 0.4 + 60\% \times 1.0}{100\%} q_j F_w = 0.76 q_j F_w$$

（2）改造后建筑屋面设计雨水流量

改造后建筑屋面设计雨水流量为：

$$q_{y2} = \Psi_2 q_j F_w = 1.0 q_j F_w$$

（3）改造后新增雨水斗数量计算

根据《建水标准》5.2.17 条规定：雨水斗的数量应该按照屋面总的雨水流量和每个雨水斗的设计排水负荷确定；每个相同规格的雨水斗的泄流量均相同，那么雨水斗的数量和屋面总雨水流量成比例；假设需要增加 n 个雨水斗，改造前后建筑屋面设计雨水流量相比有：

$$\frac{q_{y1}}{q_{y2}} = \frac{8}{8+n}$$

计算得：雨水斗数量 $n=2.52$，设计取 $n=3$。

故选 D。

评论：

本案例考察的是屋面雨水排水公式的灵活运用。通过建立等式，根据成比例，对参数进行消除求解。如果题目延展，不仅改变了屋面材质，还通过设计改变了屋面的侧投影面积等，那么就需要将汇水面积纳入考量范围。

【题 13】某重要办公楼的沥青屋面面积为 2000m^2，以 3% 双向找坡。当地暴雨强度公式：$q=1568.364 \times (1+0.871 \lg P) \div (t+4.385)^{0.732}$ $[\text{L}/(\text{s} \cdot \text{hm}^2)]$，屋面两侧均设有一道明沟；每道明沟内设置一个多斗重力流系统（3 个 DN100 雨水斗汇水合并后排至 1 根 DN100 雨水立管），其余均采用单斗重力流系统，管材为 HDPE 承压管。问整个屋面至少需设置多少个 DN100 的重力流雨水斗？（注：多斗重力流系统立管和单斗重力流雨水斗的最大设计排水流量均按现行《建筑给水排水设计标准》GB 50015—2019 附录 G 确定）

（A）12　　　　（B）14　　　　（C）16　　　　（D）18

答案：【D】。

分析：根据题设条件，先计算出雨水立管的数量，再减去原有的立管数量，便可快速解出雨水斗的数量。

解析：

（1）暴雨强度计算

根据《建水标准》5.2.3 条、表 5.2.4 及题意知：降雨历时取 $t=5\text{min}$，设计重现期取 $P=10$ 年，暴雨强度为：

$$Q = 1568.364 \times (1 + 0.871 \lg P) \div (t + 4.385)^{0.732}$$
$$= 1568.364 \times (1 + 0.871 \lg 10) \div (5 + 4.385)^{0.732}$$
$$= 569.769 \text{L/(s} \cdot \text{hm}^2)$$

(2) 建筑屋面设计雨水流量计算

根据《建水标准》式（5.2.1），建筑屋面设计雨水流量 $q_{y1} = \Psi q_j F_w$，根据题设，3% 双向找坡，设计雨水流量应乘以系数1.5；两边对称布置雨水立管和雨水斗，先计算一边的雨水量，确定一边的雨水立管和雨水斗数量，再对称布置另一边的雨水立管和雨水斗，汇水面积 $F_w = 1000 \text{ m}^2$；该建筑屋面单侧设计雨水流量为：

$$q_y = \frac{q \varphi F_w}{10000} = 1.5 \times \frac{569.769 \times 1 \times \dfrac{2000}{2}}{10000} = 85.465 \text{L/s}$$

(3) 雨水立管数量确定

根据《建水标准》附录G知：$DN100$ 的 HDPE 承压雨水立管的最大泄流量为 12.8L/s，则单侧雨水立管的数量为：$85.465 \div 12.8 = 6.677$；

设计取7根。

(4) 雨水立斗数量确定

上面计算的是7根立管总数，其中题设已经说明"屋面两侧均设有一道明沟，每道明沟内均设置一个多斗重力流系统（3个 $DN100$ 雨水斗汇水合并后排至1根 $DN100$ 雨水立管），其余均采用单斗重力流系统"，

则单侧雨水斗的数量为：$7 - 1 + 3 = 9$ 个，

双侧雨水斗的数量为 $2 \times 9 = 18$ 个。

故选 D。

评论：

(1) 易错点：屋面雨水排水设计流量降雨历时取 $t = 5$min；本案例建筑屋面双向找坡，两边对称布置雨水立管和雨水斗，因两侧是各自独立的系统，应一分为二地去计算，但有时候工程师会用整体面积计算，这样结果就可能会出现偏差。

(2) 本案例考察建筑雨水计算，既有多斗重力流系统，又包含单斗重力流系统，参数选取环环相扣，错综复杂，一不小心就会选错参数，考验工程师对规范的熟练程度。

20.7 建筑小区雨水综合利用系统相关水力计算

【题14】某建筑小区拟收集屋面雨水回用。已知：拟收集的建筑小区硬屋面集雨投影总面积20000m²，当地规划控制径流峰值所对应的径流系数为0.25，当地设计降雨量为70mm/d。则该小区雨水收集回用系统雨水储存池的最小有效容积应为下列哪项？

(A) 710m³   (B) 770m³   (C) 870m³   (D) 910m³

答案：【A】。

分析： 本案例考察小区雨水收集回用系统雨水储存池的最小有效容积，找对公式，选对参数，就能快速解答出来。

解析：

（1）雨水径流总量

根据《建筑与小区雨水规范》3.1.3 条可知，建设用地内应对雨水径流峰值进行控制，需控制利用的雨水径流总量为 $W = 10(\psi_c - \psi_0)h_y F$；根据《建筑与小区雨水规范》表 3.1.4 可知，硬屋面 ψ_c 取最小 0.8，故本案例小区雨水径流总量为：

$$W = 10(\psi_c - \psi_0)h_y F = 10 \times (0.8 - 0.25) \times 70 \times \frac{20000}{10000} = 770 \text{m}^3$$

（2）弃流量

根据《建筑与小区雨水规范》5.3.5 条可知，初期径流弃流量应按下式计算：

$$W_i = 10 \times \delta \times F$$

根据《建筑与小区雨水规范》5.3.4 条可知，初期径流弃流量应按下垫面实测收集雨水的 COD_{Cr}、SS、色度等污染物浓度确定。当无资料时，屋面弃流径流厚度可采用 2～3mm，地面弃流可采用 3～5mm，本案例屋面径流厚度设计 δ 取最大（3mm）；初期径流弃流量为：

$$W_i = 10 \times \delta \times F = 10 \times 3 \times \frac{20000}{10000} = 60 \text{m}^3$$

（3）储存池容积

根据《建筑与小区雨水规范》4.3.6 条可知，雨水收集回用系统应设置储存设施，其储水量应按下式计算：

$$V_h = W - W_i$$

则该小区雨水收集回用系统雨水储存池的最小有效容积为：

$$V_h = W - W_i = 770 - 60 = 710 \text{m}^3$$

故选 A。

评论：

（1）易错点：公式中参数的取值，根据题设要求，取大或者取小。

（2）本案例虽然不难，但牵涉到的规范条文有 5 条，每个条文的参数环环相扣，错综复杂，一不小心就会选错参数，考验工程师对规范的熟练程度。

【题 15】某小区收集汇水面积 1.2 万 m² 非绿化屋面（径流系数 0.9）和 0.3 万 m² 碎石路面（径流系数 0.55）的雨水回用，处理后用于绿化。该地区雨水设计日降雨量 100mm，当地规划控制要求建设后不大于该小区建设前自然地面径流系数（0.3）。控制及利用雨水径流总量是下列哪一项？

（A）530m³　　　（B）795m³　　　（C）900m³　　　（D）1245m³

答案：【B】。

分析：本案例考察的是小区控制及利用的雨水径流总量，需要求出雨量径流系数 φ_c 和硬化汇水面积 F，代入相应公式，即可快速求得。

解析：

（1）计算公式确定

根据《建筑与小区雨水规范》3.1.3 条，控制及利用的雨水径流总量为：

$$W = 10(\psi_c - \psi_0)h_y F$$

（2）参数的确定

1）硬化汇水面积

根据《建筑与小区雨水规范》3.1.6条规定：硬化汇水面面积应按硬化地面、非绿化屋面、水面的面积之和计算，并应扣减透水铺装地面面积；《建筑与小区雨水规范》3.1.6条条文说明：硬化汇水面面积下含工程范围内的所有非绿化屋面、不透水地（表）面、水面等，不含绿地、透水铺装地面或者常年径流系数约小于0.3或小于ϕ_0的下垫面，也不含地下室的顶板上的绿地、透水铺装。该小区硬化汇水面积为：

$$F=1.2+0.3=1.5\ 万\ m^2$$

2）雨量径流系数

根据《建筑与小区雨水规范》3.1.4条规定：雨量径流系数指的是日降雨，不同时段的降雨径流，径流系数不同，不同绿地的径流系数也不同，需要按下垫面种类加权平均计算。

雨量径流系数应按下垫面种类加权平均计算：

$$\psi_c=\frac{\sum F_i\psi_i}{\sum F_i}=\frac{1.2\times0.9+0.3\times0.55}{1.5}=0.83$$

（3）控制及利用的雨水径流总量计算

该小区控制及利用的雨水径流总量为：

$$W=10(\psi_c-\psi_0)h_yF=10\times(0.83-0.3)\times100\times1.5=795m^3$$

故选B。

评论：

本案例考察的是对《建筑与小区雨水规范》的深刻理解，随着我国海绵城市不断推进和应用，该类型属于实际工程，其范围内的绿地、透水铺装等，都是考察的重点。

【题16】 某地区的建筑小区设雨水利用及控制系统，小区建设用地内各下垫面情况见表20-3，如控制径流峰值所对应的径流系数为0.3，设计日降雨量为50mm，则该小区需利用控制的雨水径流总量（m³）至少应为下列哪项？

表 20-3

下垫面类型	面积（m²）	雨量径流系数 ϕ
建筑硬质屋面	5000	0.9
硬质道路	3000	0.8
透水铺装地面	3000	0.35
车库覆土绿地（覆土厚度450mm）	4000	0.4
实土绿地	2000	0.15

(A) 225   (B) 232   (C) 238   (D) 245

答案：【A】。

分析： 本案例考察的是小区控制及利用的雨水径流总量，需要求出雨量径流系数 ψ_c 和硬化汇水面积 F，代入相应公式，即可快速求得。

解析：

（1）计算公式确定

根据《建筑与小区雨水规范》3.1.3 条，控制及利用的雨水径流总量为：

$$W = 10(\psi_c - \psi_0)h_y F$$

（2）参数的确定

1）硬化汇水面积

根据《建筑与小区雨水规范》3.1.6 条规定：硬化汇水面面积应按硬化地面、非绿化屋面、水面的面积之和计算，并应扣减透水铺装地面面积；《建筑与小区雨水规范》3.1.6 条条文说明：硬化汇水面面积下含工程范围内的所有非绿化屋面、不透水地（表）面、水面等，不含绿地、透水铺装地面或者常年径流系数约小于 0.3 或小于 ψ_0 的下垫面，也不含地下室的顶板上的绿地、透水铺装。该小区硬化汇水面积为：5000＋3000＝8000m²。

2）雨量径流系数

根据《建筑与小区雨水规范》3.1.4 条规定：雨量径流系数指的是日降雨，不同时段的降雨径流，径流系数不同，不同绿地的径流系数也不同，需要按下垫面种类加权平均计算。

雨量径流系数应按下垫面种类加权平均计算：

$$\psi_c = \frac{0.9 \times 5000 + 0.8 \times 3000}{5000 + 3000} = 0.8625$$

（3）控制及利用的雨水径流总量计算

该小区需利用控制的雨水径流总量为：

$$W = 10(\psi_c - \psi_0)h_y F$$
$$= 10 \times (0.8625 - 0.3) \times 50 \times \frac{(5000 + 3000)}{10000} = 225\text{m}^3$$

故选 A。

评论：

本案例考察的是对《建筑与小区雨水规范》的深刻理解，随着我国海绵城市不断推进和应用，该类型属于实际工程，其范围内的绿地、透水铺装等，都是考察的重点。

20.8　建筑排水工程设计方案分析

【题 17】某建筑设计审图公司审查建筑生活排水系统原理图，如图 20-2 所示（排水管材采用机制柔性接口排水铸铁管）。假如你是审图老师，针对该原理图，请挑出图中有几处与国家现行规范和标准不符的地方，并说明理由。

分析： 看图挑错，与工程设计审图性质一样，图中给的附件、标高及尺寸标注等都是重点考察对象。

解析：

（1）根据《建水标准》4.6.2 条第 1 款规定：排水立管上连接排水横支管的楼层应设检查口，且在建筑物底层必须设置。由图可知，一层未设；第 1 处错误。

（2）根据《建水标准》4.4.8 条第 2 款规定：横支管与立管连接，宜采用顺水三通或

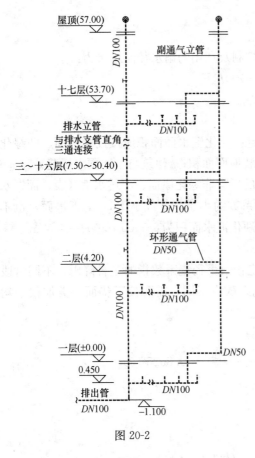

图 20-2

顺水四通和 45°斜三通或 45°斜四通，图中采用"直角三通连接方式"不满足现行标准的要求；第 2 处错误。

（3）根据《建水标准》4.7.14 条规定：下列情况通气立管管径应与排水立管管径相同：1 专用通气立管、主通气立管、副通气立管长度在 50m 以上时；通气立管长度大于 50m，故副通气立管管径应与排水立管管径相同，应为 DN100；图中采用 DN50 管径，不满足现行标准的要求；第 3 处错误。

（4）根据《建水标准》4.4.11 条第 1 款规定：最低排水横支管与立管连接处距排水立管管管底垂直距离不得小于 0.75m，而题中 1.1－0.45＝0.65m＜0.75m，故不能接入立管，要单独排出或在距立管底部下游水平距离大于 1.5m 处接入排出管排出；不满足现行标准的要求；第 4 处错误。

综上所述，图 20-2 中共 4 处错误。

评论：

（1）挑错题通常涉及的知识点比较繁琐，牵涉的条文比较多，需要熟悉规范并且快速定位，比较耗费时间。

（2）图纸审查问题，一直是工程设计领域的重点内容，完整的施工图是指导采购、安装及调试的依据，也是近些年注册考试中实际工程应用的内容体现。

【题 18】 某单位装修改造卫生间，如图 20-3 所示，底层卫生间单独排出管布置图，排出管管径 DN100，各段管径及坡度均满足设计流量需求，请针对装修设计公司的图纸，指出单独排出管设计有几处与国家现行规范和标准不符的地方，并说明理由。

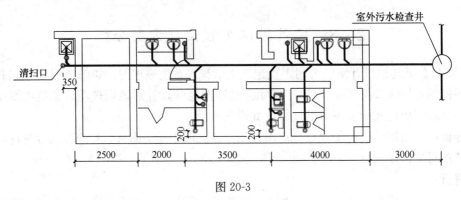

图 20-3

分析： 看图挑错，与工程设计审图性质一样，图中给的洁具、附件及尺寸标注等都是重点考察对象。

解析：

根据建筑排水设计的原则，本案例中的图形，需要校核的是清扫口、管道长度相关规定，而地漏设置的具体定位尺寸在《建水标准》中未作规定。

（1）校核清扫口

排出管长度为：0.35＋2.5＋2＋3.5＋4＋3＝15.35m＞15m，

根据《建水标准》4.6.3 条第 3 款：仅在管道初始端设置一个清扫口，不满足标准要求，应增设清扫口。增设清扫口的位置应满足《建水标准》4.6.3 条第 4 款：清扫口之间的最大距离不超过 10m。

（2）校核管道长度相关规定

根据《建水标准》4.7.1 条规定：底层生活排水管单独排出，排水横管长度大于 12m，应设通气管。本案例中排出管长度为 15.35m，没有设通气管，不满足标准要求。

故图中有 2 处与国家现行标准不符。

评论：

（1）挑错题通常涉及的知识点比较繁琐，牵涉的条文比较多，需要熟悉规范并且快速定位，比较耗费时间。

（2）缺乏工程经验的人，可能会误认为是 2 个卫生间采用一条排水管，其实图中是一个卫生间，有男卫生间和女卫生间，还包含了残疾人卫生间。

【题 19】 南方某企业为员工建设一栋家属楼，为 15 层普通住宅，其卫生间（带水箱坐便器、淋浴器及洗脸盆各 1 套）的排水立管（采用生活污、废水合流）在地下一层车库顶板下汇合后排出，排水管管材采用柔性接口机制排水铸铁管，其排水系统原理图如图 20-4 所示。下列为设计审图公司老师给设计师提出的建议：

① 卫生间排水立管应增设专用通气立管。

② 一层卫生间生活排水应单独排出。

③ 卫生间的排水立管在架空层可不设检查口。

④ 设在地下一层车库排水横干管上的清扫口应采用 DN100 清扫口，且其材质应为铜质。

⑤ 设在地下一层车库排水横干管起端设置的管堵头与墙面或障碍物应有不小于 0.4m 的距离，以方便维护。

你作为一名合格的工程设计人员，以上建议，哪几项正确？并说明理由。

（A）2 项　　　　（B）3 项　　　　（C）4 项　　　　（D）5 项

答案：【B】。

分析： 看图挑错，与工程设计审图性质一样，图中的附件、标高及尺寸标注等都是重点考察对象。

解析：

（1）根据《建水标准》4.5.2 条，排水管道设计秒流量计算：

$$q_p = 0.12\alpha\sqrt{N_p} + q_{max}$$
$$= 0.12 \times 1.5 \times \sqrt{15 \times (4.5 + 0.45 + 0.75)} + 1.5$$
$$= 3.164 L/s$$

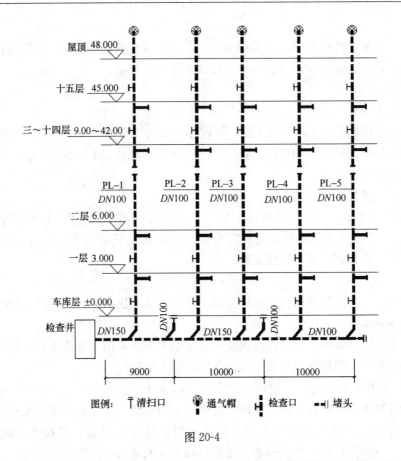

图 20-4

根据《建水标准》表4.5.7知，选择$DN100$伸顶通气的排水立管最大设计排水能力为4L/s，满足要求；故①错误。

（2）根据《建水标准》4.4.11条可知，15层住宅，仅设伸顶通气的排水立管，底层应单独排出；故②正确。

（3）根据《建水标准》4.6.2条第1款可知，排水立管上连接排水横支管的楼层应设检查口，且在建筑物底层必须设置；故③错误。

（4）根据《建水标准》4.6.4条第3款、4.6.4条第4款可知，管径大于100mm的排水管道上设置清扫口，应采用100mm直径的清扫口；铸铁排水管道设置的清扫口，其材质应为铜质；故④正确。

（5）根据《建水标准》4.6.4条第2款可知，排水横管起点设置堵头代替清扫口时，堵头于墙面应有不小于0.4m的距离，障碍物按墙面对待；故⑤正确。

综上所述，①③错误，②④⑤正确，共3项正确。

故选 B。

评论：

（1）本案例考察了生活排水系统中排水管路流量计算、通气管、管道的布置和敷设、配件等，此类案例针对每个选项单独分析即可。挑错题通常涉及的知识点比较繁琐，牵涉的条文比较多，需要熟悉规范并且快速定位，比较耗费时间。

（2）图纸审查问题，一直是工程设计领域的重点内容，完整的施工图是指导采购、安装及调试的依据，也是近些年注册考试中实际工程应用的内容体现。

【题 20】某大学课程设计题目是健身中心（对外营业）设计，健身中心的专用卫生间设有蹲式大便器（设自闭式冲洗阀）、坐便器（带冲洗水箱，供残疾人使用）、小便器（设感应式冲洗阀）及洗手盆（设感应式水嘴），卫生间生活污、废水合流排出。课程设计小组关于该卫生间汇合排出管的设计流量（q_p）设计计算的叙述如下：

① 应按排水当量法计算确定。

② 应按同时使用百分数法计算确定。

③ 应按管道过水断面法计算确定。

④ 当（q_p）采用上述①计算时，计算管段上最大一个卫生器具的排水流量按坐便器的排水流量计算。

⑤ 当（q_p）采用上述②计算时，当计算值小于一个大便器排水流量时，（q_p）按一个大便器的排水流量计算。

你作为该课程设计小组的指导老师，以上叙述，哪几项错误？应给出错误项的编号并说明理由。

(A) 2　　　　　(B) 3　　　　　(C) 4　　　　　(D) 5

答案：【B】。

分析：健身中心属于用水集中型建筑，根据《建水标准》4.5.2 条、4.5.3 条、表 3.7.8-1 注 2 可知：①③错误，针对每个选项找准规范条文——判断。

解析：

（1）根据《建水标准》4.5.3 条、表 3.7.8-2 注 2 可知：对外营业的健身中心，属于用水密集型建筑，其排出管的设计流量（q_p）应按同时使用百分数法计算确定，并校核，当计算值小于一个大便器排水流量时，（q_p）按一个大便器的排水流量计算；

故①③错误，②⑤正确。

（2）根据《建水标准》4.5.2 条可知：用水分散型的建筑，计算管段上最大一个卫生器具的排水流量按坐便器的排水流量计算。此题中的建筑为用水密集型建筑，不按这条执行；

故④错误。

综上所述，①③④错误，共 3 项错误。

故选 B。

评论：

（1）工程方案设计类案例，通常涉及的知识点比较繁琐，牵涉的条文比较多，需要熟悉规范并且快速定位，比较耗费时间。

（2）工程方案类案例，一直是工程设计领域的重点内容，完整的施工图是指导采购、安装及调试的依据，也是近些年注册考试中实际工程应用的内容体现。

第21章 建筑热水经典案例详解与分析

21.1 生活热水系统设计小时耗热量计算

【题1】某住宅建筑总户数 100 户，每户设有 2 个卫生间，每个卫生间配置淋浴器、洗脸盆、坐便器各 1 个，每户按 3 人计。该住宅设集中热水系统，最高日热水用水定额 80L/(人·d)，每日热水连续供应 4h。该住宅建筑的设计小时耗热量（kJ/h）最小应取下列哪项？[冷水计算温度 10℃，热水计算温度 60℃，$C=4.187kJ/(kg·℃)$]

(A) 605251　　　　(B) 1210503　　　　(C) 2218878　　　　(D) 2421005

答案：【B】。

分析： 本案例考察的是定时集中热水供应系统，确定好计算公式，计算时注意住宅有 2 个卫生间时，按 1 个卫生间计算。

解析：

(1) 计算公式确定

根据题设，给出每日热水连续供应 4h，根据《建水标准》2.1.92 条：满足定时集中热水供应系统的定义，所以本案例采用的设计小时耗热量的计算公式为《建水标准》6.4.1 条第 3 款对应的式（6.4.1-2）：

$$Q_h = \sum q_h C(t_{r1} - t_1)\rho_r n_0 b_g C_r$$

(2) 参数的确定

定时集中热水的设计小时耗热量的计算式（6.4.1-2）中 b_g 的说明：住宅、旅馆、医院、疗养院病房、卫生间内浴盆或淋浴器可按 70%～100% 计，其他器具不计，住宅 1 户设有多个卫生间时，可按 1 个卫生间计算。

(3) 设计小时耗热量计算

该住宅建筑的设计小时耗热量为：

$$\begin{aligned}
Q_h &= \sum q_h C(t_{r1} - t_1)\rho_r n_0 b_g C_r \\
&= 140 \times 4.187 \times (37-10) \times 0.9933 \times 100 \times 0.7 \times 1.1 \\
&= 1210503kJ/h
\end{aligned}$$

故选 B。

评论：

(1) 易错点 1：定时制热水供应系统与全日制热水供应系统的概念理解不透彻，通常会选错计算公式。

(2) 易错点 2：住宅 1 户设多个卫生间时，可按 1 个卫生间计算，因为住宅通常入住率并不高，且每户设有多个卫生间时同时使用的概率极低，即便是偶尔有 1～2 户的多个卫生间同时使用，热水站房的供应能力也可以满足。

（3）易错点 3：住宅卫生间内有浴盆或淋浴器时，只计算淋浴器即可，其余卫生器具不计，通常来说，住宅内与淋浴同时使用热水的洁具概率并不大，即便是存在，持续时间也不会太久，热水站房的供应能力也可以满足。

21.2　生活热水系统设计小时热水量计算

【题 2】某普通旅馆共设 70 间客房，每间两个床位，设独立卫生间，其内设淋浴器、洗脸盆和坐便器各 1 个。最高日热水用水定额 60L/(人·d)（60℃），目前每天 20:00～23:00 定时供水，水加热器是按最小设计参数确定的设计小时耗热量选型，冷水计算温度。现拟采用 24h 集中热水供应，用于客房的楼层增加床位数量（增加的客房仍按 2 床/间计），但不增加、不更换原有的水加热器。仅从水加热器供热能力考虑，至少能增加多少间客房？（热水小时变化系数 K_h 取上限值，且不考虑床位数增加对 K_h 值的影响，系统热损失系数 C_γ 按 1.10 考虑，参数见表 21-1 和表 21-2）

表 21-1

洁具	小时用水量	一次用水量	使用水温
淋浴器	140～200L	70～100L	37～40℃
洗脸盆	30L	3L	30℃

表 21-2

温度（℃）	10	37	40	60
密度（kg/L）	0.9997	0.9933	0.9922	0.9832

(A) 208 间　　　　(B) 160 间　　　　(C) 157 间　　　　(D) 125 间

答案：【D】。

分析：本案例为改造工程，改造前后设计小时耗热量不变，增加多少间客房，实际上就是求集中热水系统供应系统可供多少人使用，抓住这个关键点，就可以快速解答。

解析：

（1）计算公式确定

改造前，普通旅馆原设计为定时热水供应系统，设计小时耗热量计算应采用《建水标准》式（6.4.1-2）计算：

$$Q_h = \sum q_{r1} C(t_{r1} - t_1)\rho_r\, n_0\, b_g C_\gamma$$

改造后，24h 集中热水供应系统，设计小时耗热量计算应采用《建水标准》式（6.4.1-1）计算：

$$Q_h = K_h \frac{m q_h C(t_r - t_1)\rho_r C_\gamma}{T}$$

（2）参数的确定

根据题设，用水量最大的用水器具为淋浴器，只要供热量满足淋浴器的使用要求即可满足客房顾客的需求，因此 q_h 可按照表 21-1 和表 21-2 取值为 140L/h，使用温度选用 37℃，冷水温度为 10℃；同时，将原定时热水供应系统改为 24h 集中热水供应系统，且不增加、不更换原有的水加热器，则可以推断出两个系统的设计小时耗热量相等。

（3）增加房间数计算

本案例要求的增加多少间客房，实际上就是求集中热水系统供应系统下可供多少人使用，因改造前后客房均按 2 床/间计，故，2×增加的房间数＝现系统可供人数－原系统服务人数，改造前后设计小时耗热量计算：

1）原设计定时供水系统设计小时耗热量：

$$Q_{h1} = \sum q_h C(t_{r1} - t_1)\rho_r n_0 b_g C_\gamma$$

$$= 140 \times (37 - 10) \times 0.9933 \times 70 \times 70\% \times 4.187 \times 1.1$$

$$= 847352.2 \text{kJ/h}$$

2）改造后集中热水供水系统设计小时耗热量：

$$Q_{h2} = K_h \frac{m q_h C(t_r - t_1)\rho_r C_\gamma}{T}$$

$$= 3.84 \times \frac{m \times 4.187 \times (60 - 10) \times 0.9832 \times 1.1}{24}$$

$$= 847352.2 \text{kJ/h}$$

计算得：$m = 390$ 人；则增加的房间数为 $(390 \div 2) - 70 = 125$ 间。

故选 D。

评论：

（1）改造项目，是近些年建筑行业内较为常见的类型，灵活多变，符合选拔高水平工程师的考核标准。

（2）易错点：单独考察定时热水供应系统或集中热水供应系统的设计小时耗热量，较容易解答，将两者掺在一起就需要理清题目的要求，比如本案例的重点则在于找到改造前后的相同点，即改造前后的设计小时耗热量相等，从这里作为切入点，问题便可迎刃而解。

21.3 生活热水系统设计小时供热量与热媒耗量的计算

【题 3】北京某 5 层酒店共有客房 120 间（每间按 2 床计），设有坐便器、洗脸盆、淋浴器、浴缸。拟采用太阳能直接供热、电辅热的方式制备生活热水。供水系统采用 24h 全日制机械循环集中热水系统，供水温度 60℃，回水温度 50℃。太阳能集热器布置在酒店屋面，安装方位南偏东 40°，按全年使用设计，安装倾角为当地纬度。根据屋面情况并按照无遮挡及安装检修要求，实际布置的集热器总面积为 300m²。该酒店实际设置的太阳能集热器面积，占所需集热器面积的百分数是下列哪项？[有关参数：热水定额（60℃）最高日为 150L/(床·d)，平均日为 120L/(床·d)，最冷月平均水温按 4℃计，年平均水温按 22℃计。太阳能保证率取 0.6，集热器平均集热效率取 0.45，同时使用率取 0.7，集热系统热损失率按 20% 计，年平均日辐照量 17220kJ/(m²·d)。60℃热水密度 $\rho = 0.9832$kg/L，50℃热水密度 $\rho = 0.9881$kg/L，22℃冷水密度 $\rho = 0.9978$kg/L，4℃冷水密度 $\rho = 1.000$kg/L。]

(A) 63.36%　　　　(B) 74.70%　　　　(C) 93.37%　　　　(D) 98.30%

答案：【C】。

分析： 本案例已经给出所需太阳能集热器的净面积，由于安装方位及纬度等条件限制，实际使用中会有一部分太阳能集热面积不能发挥 100% 的效率，基于此原因，求实际布设太阳能集热面积。

解析：

（1）计算公式确定

根据《建水标准》式（6.6.2-1），直接太阳能热水系统的集热器总面积：

$$A_{jZ} = \frac{Q_{md} \times f}{b_j \times J_t \times \eta_j \times (1 - \eta_1)}$$

（2）参数的确定

《建水标准》式（6.6.2-1）中，只有集热器面积补偿系数 b_j 和平均日耗热量 Q_{md} 两个参数需要落实，其他参数题设已经给出；

1）集热器面积补偿系数 b_j

根据《太阳能标准》附录 C 可知，北京的纬度约等于 40°，根据题设"太阳能集热器布置在酒店屋面，安装方位南偏东 40°，按全年使用设计，安装倾角为当地纬度。"可得 b_j ＝95%。

2）平均日耗热量 Q_{md}

根据《建水标准》式（6.6.3），平均日耗热量为：

$$Q_{md} = q_{mr} \times m \times b_1 \times C \times \rho_r \times (t_r - t_L^m)$$
$$= 120 \times 240 \times 0.7 \times 4.187 \times 0.9832 \times (60 - 22)$$
$$= 3153689.7 \text{kJ/d}$$

（3）直接太阳能热水系统的集热器总面积

将上述确定后的参数及题设给定参数，代入《建水标准》式（6.6.2-1），

最终所需太阳能集热器总面积：

$$A_{jZ} = \frac{Q_{md} \times f}{b_j \times J_t \times \eta_j \times (1 - \eta_1)}$$
$$= \frac{3153689.7 \times 0.6}{95\% \times 17220 \times 0.45 \times (1 - 20\%)}$$
$$= 321.3 \text{m}^2$$

（4）实际设置的太阳能集热器面积占所需集热器面积的百分数

$$\frac{A_{实际面积}}{A_{所需面积}} = \frac{300}{321.3} \times 100\% = 93.37\%$$

故选 C。

评论：

（1）本案例属于工程类题目，太阳能热水系统是近些年"节能降碳减排"的方式之一，也是热水系统常用的方式之一。

（2）标准的漏洞：《太阳能标准》附录 C 表中，未注明横坐标应是"方位角"，纵坐标应是"倾角"，太阳能集热器安装的相关原则是偏东为负，偏西为正，正南为"0"；如：安装倾角为 40° 时，方位角同纬度（即南偏东 40° 时）。

（3）值得注意的点：此类计算题需要注意各数据的单位。例如：集热器总面积的平均

日太阳辐射量 kJ/(m² • d)，其中 MJ/(m² • a)＝103kJ/(m² • 365d)。

（4）容易混淆的知识点：太阳能热水系统有间接式，也有直接式，工程设计人员应根据实际情况去判断，二者的计算公式完全不同。

【题 4】 某 400 人普通住宅，入住率为 90％，采用集中集热、分散供热直接加热太阳能热水系统；集热器的平均日太阳辐照量为 18356kJ/(m² • d)，太阳能保证率为 80％；最高日、平均日用水定额分别为 100L/(人 • d)、70L/(人 • d)；器具使用水温为 40℃。集热系统的热损失为 20％，集热器总面积的年平均集热效率为 40％，则最小集热器总面积（m²）最接近下列哪项？（水的密度 ρ＝1kg/L，集热器面积补偿系数取 1，年平均冷水温度为 10℃）

（A）1027　　　　　（B）799　　　　　（C）719　　　　　（D）431

答案：【C】。

分析： 本案例考察直接太阳能热水系统的集热器总面积计算，参数均给出，唯一需要计算的就是平均日耗热量，找对公式就可以快速解答。

解析：

（1）计算公式确定

根据《建水标准》式（6.6.2-1），直接太阳能热水系统的集热器总面积：

$$A_{jZ} = \frac{Q_{md} \times f}{b_j \times J_t \times \eta_j \times (1 - \eta_l)}$$

（2）参数的确定

《建水标准》式（6.6.2-1）中，只有平均日耗热量 Q_{md} 这个参数需要计算，其他参数题设已经给出；根据《建水标准》式（6.6.3），平均日耗热量为：

$$Q_{md} = q_{mr} \times m \times b_1 \times C \times \rho_r \times (t_r - t_L^m)$$

公式中的 t_L^m 年平均冷水温度为 10℃，热水温度设计统一取 60℃；则有：

$$\begin{aligned} Q_{md} &= q_{mr} m b_1 C \rho_r (t_r - t_L^m) \\ &= 70 \times 400 \times 90\% \times 4.187 \times 1 \times (60 - 10) \\ &= 5275620 \text{kJ/h} \end{aligned}$$

（3）直接太阳能热水系统的集热器总面积

将上述确定后的参数及题设给定参数代入《建水标准》式（6.6.2-1），所需太阳能集热器总面积为：

$$\begin{aligned} A_{jZ} &= \frac{Q_{md} \times f}{b_j \times J_t \times \eta_j \times (1 - \eta_l)} \\ &= \frac{5275620 \times 80\%}{1 \times 18356 \times 40\% \times (1 - 20\%)} \\ &= 719 \text{m}^2 \end{aligned}$$

故选 C。

评论：

（1）太阳能热水系统可以分为：集中集热集中供热太阳能热水系统、集中集热分散供热太阳能热水系统、分散集热分散供热太阳能热水系统、直接太阳能热水系统、间接太阳能热水系统、开式太阳能集热系统、闭式太阳能集热系统等几大类，工程中根据不同地点及条件，采用的系统形式各不相同。

（2）设计小时热水耗热量、设计小时热水供热量的计算中，热水的温度应按照《建水标准》表 6.2.1-1 注：本表以 60℃热水温度为计算温度来考虑。

（3）年平均冷水温度根据《建水标准》6.6.3 条及条文说明：可参照城市当地供水厂年平均水温值计算，也可按相关设计手册中提供的水温月平均最高值和最低值的平均值计算，如当地无此参数时，可参照临近城市的参数取值。

21.4 生活热水系统补水系统的相关计算

【题 5】某采用全日制集中热水供应系统的旅馆建筑，客房层为一个供水分区，共 300 间客房，均为标准双人间，每间客房卫生间设洗脸盆、坐便器、淋浴间、浴盆各 1 件。热水最高日用水定额（60℃）为 150L/(床·d)，时变化系数采用 3.0。采用一组容积式水加热器，试问其水加热器的冷水总补水管管径按下列哪一项流量（L/s）确定？

(A) 3.15   (B) 12.25   (C) 14.36   (D) 17.32

答案：【B】。

分析： 加热器冷水补水管按照热水供水系统的设计秒流量计算，对于工程经验少的设计师来说，理解起来有点难度，可以这样去思考，参考家用热水器，热水从容积式水加热器里出来供给洁具（混合阀热水支管），热水的压力来自于热水器的冷水补水压力，是通过冷水压力顶出去的，故热水流出多少，冷水就补进去多少。

解析：

（1）容积式水加热器工作原理

容积式水加热器工作原理是：热水的压力来自于其冷水补水压力，是通过冷水压力顶出去的，故热水流出多少，冷水就补进去多少，即：加热器冷水补水管按照热水供水系统的设计秒流量计算。

（2）水加热器的冷水总补水管设计流量确定

基于以上分析，根据《建水标准》6.7.2 条、3.7.6 条选取计算公式及参数，根据《建水标准》3.2.12 条选取当量，计算结果再根据《建水标准》3.7.7 条校核即可；水加热器的冷水总补水管设计流量：

$$q_g = 0.2\alpha\sqrt{N_p} = 0.2 \times 2.5 \times \sqrt{300 \times (0.5 + 0.5 + 1.0)} = 12.25\text{L/s},$$

经校核，q_g 取 12.25L/s。

故选 B。

评论：

（1）难点：容积式的工作原理，加热器冷水补水管按照热水供水系统的设计秒流量计算，对于工程经验少的设计师来说，理解起来是有难度的。

（2）参数选取：本案例中热水最高日用水定额、时变化系数均为干扰项，水加热器出水多少，冷水补充多少，即求热水供水系统的流量，选取热水当量时需注意《建水标准》3.2.12 条第 1 条注释，选取括号内数值。

21.5　生活热水系统贮（集）热水箱（罐）有效容积计算

【题 6】 某宾馆采用全日集中热水供应系统为客房部供给热水，客房部有 100 个带单独卫生间的房间，计 200 个床位。最高日（60℃）热水用水定额为 120L/(床·d)，平均日（60℃）热水用水定额为 110L/(床·d)。热源采用江水源热泵系统，冷水计算温度，冬季 5℃，春季、秋季 10℃，夏季 20℃。热泵机组设计工作时间为 10h/d，水源热泵需配置的贮热水箱有效容积为下列哪项？（参数取值：设计小时耗热量持续时间取 2h，用水均匀性安全系数取 1.25，热损失系数取 1.10，热水小时变化系数取 3.0，$C=4.187$kJ/(kg·℃)；$\rho_r=0.9832$kg/L）

(A) 1650L　　　　(B) 1512L　　　　(C) 1320L　　　　(D) 825L

答案：【A】。

分析： 本案例求水源热泵需配置的贮热水箱有效容积，根据计算公式，需要水源热泵设计小时耗热量 Q_h 和水源热泵设计小时供热量 Q_g，代入公式求解即可。

解析：

(1) 计算公式确定

根据《建水标准》式（6.6.7-2），全日集中热水供应系统的贮热水箱（罐）的有效容积计算公式为：

$$V_r = K_1 \times \frac{(Q_h - Q_g) \times T_1}{(t_r - t_1) \times C \times \rho_r}$$

(2) 参数的确定

1) 水源热泵设计小时耗热量 Q_h

根据《建水标准》式（6.4.1-1）计算：

$$Q_h = K_h \times \frac{m \times q_r \times C \times (t_r - t_1) \times \rho_r \times C_\gamma}{T}$$

2) 水源热泵设计小时供热量 Q_g

根据《建水标准》式（6.6.7-1）计算：

$$Q_g = \frac{m \times q_r \times C \times (t_r - t_1) \times \rho_r \times C_\gamma}{T_5}$$

3) 其他参数

根据题设，参数取值：热泵机组设计工作时间为 $T_5=10$h，设计小时耗热量持续时间取 $T_1=2$h，用水均匀性安全系数取 $K_1=1.25$，热损失系数取 $C_\gamma=1.10$，热水小时变化系数取 $K_h=3.0$，$C=4.187$kJ/(kg·℃)；$\rho_r=0.9832$kg/L。

(3) 贮热水箱有效容积计算

将上述确定后的参数及题设给定参数，代入《建水标准》式（6.6.7-2），水源热泵需配置的贮热水箱有效容积为：

$$V_r = K_1 \times \frac{(Q_h - Q_g) \times T_1}{(T_r - t_1) \times C \times \rho_r}$$

$$=K_1 \times \left(K_h \times \frac{m \times q_r \times C_\gamma}{T} - \frac{m \times q_r \times C_\gamma}{T_5}\right) \times T_1$$

$$=1.25 \times \left(3 \times \frac{200 \times 120 \times 1.1}{24} - \frac{200 \times 120 \times 1.1}{10}\right) \times 2$$

$$=1650 \text{L}$$

故选 A。

评论：

(1) 本案例解答过程中，如果分步骤来计算，计算量巨大浪费时间；如果将等式列出，会发现公式中 $(t_r - t_1) \times C \times \rho_r$ 均可以被约去，减少了计算量。

(2) 易错点：分步骤来计算时，温度的选取，本案例中牵涉到很多温度"冷水计算温度，冬季 5℃，春季、秋季 10℃，夏季 20℃"，工程设计的原则是最不利情况，冷水计算温度按冬季 5℃选用。

【题 7】某精品酒店，共 7 层，公共区设置于地下一～地上二层，采用市政压力直供；客房区设置于三～七层，客房区均为加压供水。酒店设置全日制集中供应热水系统，供客房及员工使用淋浴热水，热源采用空气源热泵系统，COP=4.5。酒店所在地最冷月平均气温大于 10℃，冷水计算温度 15℃；客房参数见表 21-3。则热泵系统的贮热水罐总容积（L）为以下哪一项？〔已知：$C_\gamma=1.10$，$\rho_r=0.9832$（60℃）、0.9857（55℃）、0.9880（50℃）kg/L，$T_1=3\text{h}$，$K_1=1.3$，热泵机组设计工作时间为 12h/d，出水温度 55℃，$K_h=3.254$〕

表 21-3

类型	数量	用水定额（60℃）	使用时数（h）	备注
客房	200 间	120L/（人•d）	24	1.5 人/间
员工	200 人	50L/（人•d）	10	—

(A) 13074.5　　(B) 14671.5　　(C) 14964.5　　(D) 16680.2

答案：【B】。

分析： 本案例求水源热泵需配置的贮热水箱有效容积，根据计算公式，需要水源热泵设计小时耗热量 Q_h 和水源热泵设计小时供热量 Q_g，代入公式求解即可。

解析：

(1) 计算公式确定

全日集中热水供应系统的贮热水箱（罐）的有效容积计算，

根据《建水标准》式（6.6.7-2）：

$$V_r = K_1 \times \frac{(Q_h - Q_g) \times T_1}{(t_r - t_1) \times C \times \rho_r}$$

(2) 参数的确定

1) 水源热泵设计小时耗热量 Q_h

根据《建水标准》式（6.4.1-1）计算：

$$Q_h = K_h \times \frac{m \times q_r \times C \times (t_r - t_1) \times \rho_r \times C_\gamma}{T}$$

2）水源热泵设计小时供热量 Q_g

根据《建水标准》式（6.6.7-1）计算：

$$Q_g = \frac{m \times q_r \times C \times (t_r - t_l) \times \rho_r \times C_\gamma}{T_5}$$

3）其他参数

根据题设，参数取值：热泵机组设计工作时间为 $T_5 = 12h$，设计小时耗热量持续时间取 $T_1 = 3h$，用水均匀性安全系数取 $K_1 = 1.3$，热损失系数取 $C_\gamma = 1.10$，热水小时变化系数取 $K_h = 3.254$，$C = 4.187kJ/(kg \cdot °C)$；出水温度 55°C，$\rho_r = 0.9857kg/L$；

$$Q_h = \left(3.254 \times \frac{200 \times 1.5 \times 120}{24} + 2 \times \frac{200 \times 50}{10}\right) \times 4.187 \times (60 - 15) \times 0.9832 \times 1.1$$
$$= 1402172.959kJ/h$$

$$Q_g = \frac{(200 \times 1.5 \times 120 + 200 \times 50) \times 4.187 \times (60 - 15) \times 0.9832 \times 1.1}{12}$$
$$= 781135.9314kJ/h$$

（3）贮热水箱有效容积计算

将上述确定后的参数及题设给定参数，代入《建水标准》式（6.6.7-2），水源热泵需配置的贮热水箱有效容积为：

$$V_r = 1.3 \times \frac{(1402172.959 - 781135.9314) \times 3}{(55 - 15) \times 4.187 \times 0.9857} = 14671.5kJ/h$$

故选 B。

评论：

（1）本案例未给出员工用水的小时变化系数，且员工用水计算小时耗热量 Q_h 也不采用于《建水标准》式 6.4.1 中；但如果不采用此公式，且员工用水的小时变化系 K_h 按照《建水标准》表 3.2.2 选取 2.0，则计算不出答案。

（2）易错点：设计小时耗热量与设计小时供热量计算，均采用规范规定的 60°C 及其定额去计算，水源热泵需配置的贮热水箱有效容积的温度，是根据其自身产水温度 55°C 来计算的，工程设计中，经常会混淆。

【题 8】 某住宅共 20 户，户均按 3 人考虑，采用太阳能集中集热分散供热的方式为各户供应生活热水，各户内均设有效容积为 60L 的容积式热水器间接换热供水。设置太阳能集热器总面积 50m²，集热器单位轮廓面积平均日产 60°C 热水量取 40L/(m² · d)，同日使用率取 0.5。集热水箱的有效容积（L）宜为下列哪一项？（不考虑集热系统超温排回的调节容积）

(A) 2800   (B) 2000   (C) 1400   (D) 800

答案：【C】。

分析： 本案例考察的是户用太阳能热水供应系统的相关计算，也是工程中常见的一种方式，找对公式就可以快速解答。

解析：

（1）计算公式确定

根据《建水标准》式（6.6.5-2）可知，集中集热分散供热太阳能热水系统，当分散供热用户采用容积式热水器间接换热供水时，其集热水箱的有效容积宜按下式计算：

$$V_{\mathrm{rx1}} = V_{\mathrm{rx}} - b_1 \times m_1 \times V_{\mathrm{rx2}}$$

式中　V_{rx1}——集热水箱的有效容积，L；

　　　m_1——分散供热用户的个数，户数；

　　　V_{rx2}——分散供热用户设置的分户容积式热水器的有效容积，L，应按每户实际用水人数确定，一般 V_{rx2} 取 60～120L。

V_{rx1} 除按上式计算外，还宜留有一定容积用于调节集热系统超温排回。其最小有效容积不应小于 3min 热媒循环泵的设计流量，且不宜小于 800L。

（2）参数的确定

根据《建水标准》6.6.5 条第 1 款 1）规定：集热水加热器或集热水箱（罐）的有效容积应按式（6.6.5-1）计算：

$$V_{\mathrm{rx}} = q_{\mathrm{rjd}} \times A_{\mathrm{j}}$$

根据题设，同日使用率 b_1 取 0.5，V_{rx2} 取 60L。

（3）集热水箱的有效容积计算

将上述确定后的参数及题设给定参数，代入《建水标准》式（6.6.5-1），

集热水箱的有效容积为：

$$\begin{aligned}V_{\mathrm{rx1}} &= V_{\mathrm{rx}} - b_1 \times m_1 \times V_{\mathrm{rx2}}\\ &= 2000 - 0.5 \times 20 \times 60 = 1400\mathrm{L}\end{aligned}$$

故选 C。

评论：

（1）延伸点：该案例中的 V_{rx1} 除按上式计算外，还宜留有一定容积用于调节集热系统超温排回。其最小有效容积不应小于 3min 热媒循环泵的设计流量，且不宜小于 800L。

（2）户用太阳能热水供应系统形式多样且复杂，在实际工程中根据各地区环境特点、市政条件等综合因素确定。

21.6　生活热水系统膨胀管高度设置计算

【题 9】某学生宿舍建筑最高日热水量为 50m³，集中热水供水系统如图 21-1 所示。空气源热泵热水机组出水温度不超过 60℃（密度 0.9832kg/L）。冷水计算温度及相应密度（kg/L）为：冬季 5℃（0.9999），春季、秋季 10℃（0.9997），夏季 20℃（0.9982）。问：膨胀管高出消防水箱最高水位的垂直高度 h_2（mm）最小不应小于下列哪一项？

（A）139.70　　　　（B）207.65　　　　（C）366.14　　　　（D）373.67

答案：【B】。

分析：本案例考察的是开式热水供应系统中膨胀管高度的设置，结合规范给定的公式计算即可。

解析：

（1）计算公式确定

根据《建水标准》6.5.19 条可知，在设有膨胀管的开式热水供应系统中，膨胀管的设置，当热水系统由高位生活饮用冷水箱补水时，可将膨胀管引至同一建筑物的非生活饮用水箱的上空，其高度应按下式计算：

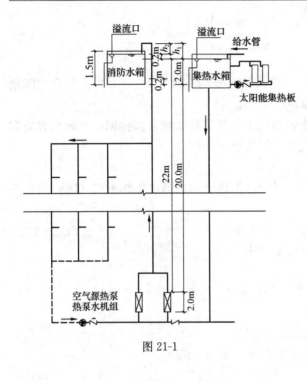

图 21-1

$$h_1 \geqslant H_1 \left(\frac{\rho_1}{\rho_r} - 1 \right)$$

（2）膨胀管高出冷水箱（集热水箱）的垂直高度

根据题设，结合图 21-1 中的数据，可以计算出膨胀管高出冷水箱（集热水箱）的垂直高度为：

$$h_1 \geqslant H_1 \left(\frac{\rho_1}{\rho_r} - 1 \right)$$
$$= (2 + 20 + 2) \times \left(\frac{0.9999}{0.9832} - 1 \right)$$
$$= 0.40765 \text{m}$$
$$= 407.65 \text{mm}$$

（3）膨胀管高出消防水箱最高水位的垂直高度 h_2（mm）

由图 21-1 可知，膨胀管接入消防水箱，消防水箱最高水位高于集热水箱最高水位 200mm，膨胀管高出消防水箱最高水位的垂直高度 $h_2 \geqslant h_1 - 200 = 407.65 - 200 = 207.65$mm，

题目求最小，故取 $h_2 = 207.65$mm。

故选 B。

评论：

（1）膨胀管是开式热水供应系统中常见的一种控制膨胀的方式之一，工程中应用很普遍。

（2）值得注意的是：《建水标准》中膨胀水箱已取消，工程中不再应用。

（3）本案例的迷惑点较多，第一是高差的选择，第二是冷水温度的选择，第三是膨胀管高出消防水箱最高水位的垂直高度 h_2 和 h_1 的差别；如果题中需要求得的是膨胀管高出冷水箱的垂直高度，那么求出 h_1 即可，作答时仍需仔细审题。

（4）冷水的计算温度，应以当地最冷月平均水温资料确定，即选择冬季 5℃。

21.7　水加热设备换热面积计算

【题 10】某热水供应系统采用导流型容积式水加热器供应热水，其设计参数如下：冷水 10℃，制备热水所需热量 2160000kJ/h，热媒为压力 0.07MPa 的饱和蒸汽，冷凝回水温度为 80℃，传热效率系数为 0.8，传热系数 2340W/(m²·℃)，要求加热器出水温度为 70℃，则水加热器的加热面积应为下列哪项？

(A) 6.41m²　　　(B) 10.68m²　　　(C) 16.03m²　　　(D) 23.08m²

答案：【A】。

分析： 本案例考察的是水加热器的加热面积，根据《建水标准》式（6.5.7）计算。

其中设计小时供热量可根据《建水标准》6.4.3 条计算，但根据题设，未告知相关参数，又有题设给出制备热水所需热量即可理解为制热需要的热量就是需要给水提供的热量，也就是供热量。

解析：

（1）计算公式确定

根据《建水标准》式（6.5.7），水加热器的加热面积：

$$F_{jr} = \frac{Q_g}{\varepsilon K \Delta t_j}$$

式中　K——传热系数，$kJ/(m^2 \cdot ℃ \cdot h)$。

（2）参数的确定

根据题设，制备热水所需热量 $Q_g = 2160000 kJ/h$，传热效率系数为 $K = 0.8$，传热系数 $2340 W/(m^2 \cdot ℃)$，根据《建水标准》6.5.8 条第 1 款计算温度差计算公式为：

$$\Delta t_j = \frac{t_{mc} + t_{mz}}{2} - \frac{t_c + t_z}{2}$$

根据《建水标准》6.5.9 条第 1 款，热媒为蒸汽且压力为 0.07MPa，则 $t_{mc} = 100℃$。

$$\Delta t_j = \frac{t_{mc} + t_{mz}}{2} - \frac{t_c + t_z}{2} = \frac{100 + 80}{2} - \frac{10 + 70}{2} = 50℃$$

（3）水加热器的加热面积计算

根据上述确定后的参数及题设给定参数，水加热器的加热面积为：

$$F_{jr} = \frac{Q_g}{\varepsilon K \Delta t_j} = \frac{2160000}{0.8 \times 2340 \times 3.6 \times 50} = 6.41 m^2$$

故选 A。

评论：

（1）本案例的迷惑点：在于给了导流型容积式水加热器，容易误导大家根据《建水标准》6.4.3 条第 1 款的公式去计算设计小时供热量，但是题设又未提供公式内的其他参数。

（2）易错点：传热系数单位 $W/(m^2 \cdot ℃)$ 与 $kJ/(m^2 \cdot ℃ \cdot h)$ 的换算。

【**题 11**】某医院住院部，病房单设卫生间，设置集中供应热水系统，其中一个热水供水分区供应 300 张病床，配置 2 台半容积式换热器；热水换热站集中设置于地下一层。热媒采用锅炉房供应的高温热媒水，供回水温度分别为 90℃/60℃。该供水分区的每台水加热器加热面积（m^2）最小为下列哪一项？

［注：水加热器出水温度 60℃，冷水计算温度 10℃，$C_r = 1.10$，$\rho_r = 0.9832$（60℃）kg/L，冷水密度按 1kg/L 计，$\varepsilon = 0.7$，传热系数 $K = 1100 kJ/(m^2 \cdot ℃ \cdot h)$；住院部最高日用水定额为 110L/（人·日），使用时数 24h，$K_h = 3.48$］

（A）18　　　　　（B）20　　　　　（C）22　　　　　（D）36

答案：【**C**】。

分析：本案例具有代表性，考察了医院水加热器选型的原则，参数取值均取自规范公式及题设，按取值计算即可。

解析:

（1）计算公式确定

根据《建水标准》式（6.5.7），水加热器的加热面积：

$$F_{jr} = \frac{Q_g}{\varepsilon K \Delta t_j}$$

（2）参数的确定

根据《建水标准》6.5.8 条第 1 款，温度差计算公式为：

$$\Delta t_j = \frac{t_{mc} + t_{mz}}{2} - \frac{t_c + t_z}{2}$$

根据题设，供回水温度分别为 90℃/60℃，水加热器出水温度 60℃，冷水计算温度 10℃，温度差计算为：

$$\Delta t_j = \frac{90 + 60}{2} - \frac{10 + 60}{2} = 40℃$$

根据《建水标准》6.4.3 条第 2 款规定：半容积式水加热器或贮热容积与其相当的水加热器、燃油（气）热水机组的设计小时供热量应按设计小时耗热量计算。根据《建水标准》式（6.4.1-1）可知，设计小时供热量计算公式为：

$$Q_g = Q_h = K_n \times \frac{m \times q_r \times C \times (t_r - t_1) \times \rho_r}{T} \times C_r$$

根据题设，$C_\gamma = 1.10$，$\rho_r = 0.9832(60℃) kg/L$，冷水密度按 1kg/L 计，$\varepsilon = 0.7$，传热系数 $K = 1100 kJ/(m^2 \cdot ℃ \cdot h)$；住院部最高日用水定额 110L/（人·d），使用时数 24h，$K_h = 3.48$；设计小时供热量为：

$$Q_g = Q_h = K_n \times \frac{m \times q_r \times C \times (t_r - t_1) \times \rho_r}{T} \times C_r$$

$$= 3.48 \times \frac{300 \times 110 \times 4.187 \times (60 - 10) \times 0.9832}{24} \times 1.1$$

$$= 1083401.574 kJ/h$$

（3）水加热器的加热面积计算

根据《建水标准》6.5.3 条规定，医院水加热设备不少于 2 台，每台的总供热能力不得小于设计小时供热量的 60%；将上述确定后的参数及题设给定参数，代入式（6.5.7），水加热器的加热面积为：

$$F_{jr} = \frac{60\% Q_g}{\varepsilon K \Delta t_j} = \frac{60\% \times 1083401.574}{0.7 \times 1100 \times 40} = 21.6 m^2$$

设计取 22m²。

故选 C。

评论:

（1）本案例难度不大，只要选对公式，找对参数，较容易解答。

（2）易错点：当题设给定了半容积式水加热器的设计小时供热量，同时又给了相关参数可以计算出设计小时耗热量，那么计算水加热器的加热面积应按设计小时供热量去选用,《建水标准》6.4.3 条第 2 款规定的是一种选用设备的方法,当不具备条件时,可用设计小时耗热量这个参数去充当设计小时供热量,以此来给选设备一个"抓手";实际工程中,通常是选出的设备设计小时供热量是有富余量的。

21.8 第二循环管网及其附件水力计算

【题 12】某多层快捷酒店设全日制集中生活热水系统,系统不分区,采用上供下回的干、立管机械循环系统,换热水器出水温度 60℃,配水管网末端温度为 55℃,回水温度 50℃。设计小时用水量为 10630L/h(60℃)。问该系统回水总管管径最小为下列哪项?(冷水温度按 10℃计算,各水温的密度见表 21-4)。

表 21-4

温度(℃)	10	50	55	60
密度(kg/L)	0.9997	0.9881	0.9857	0.9832

(A) DN25   (B) DN32   (C) DN40   (D) DN50

答案:【A】。

分析:本案例系统回水总管管径,规范上没有对应的计算公式,需要用到水力学基础公式 $q=AV$,先计算出回水流量,再根据热水流速表计算出管径,最后一步校核结果。

解析:

(1) 计算公式确定

根据《建水标准》6.7.5 条及其公式,全日集中热水供应系统的热水循环流量计算公式为:

$$q_x = \frac{Q_s}{C\rho_r \Delta t_s}$$

式中　Q_s——配水管道的热损失,kJ/h,经计算确定,单体建筑可取(2%~4%)Q_h,小区可取(3%~5%)Q_h;

Δt_s——配水管道的热水温度差,℃,按系统大小确定,单体建筑可取 5~10℃,小区可取 6~12℃。

根据《建水标准》6.4.2 条可知,Q_h 与设计小时热水量关系式如下:

$$q_{rh} = \frac{Q_h}{(t_{r2}-t_1) \times C \times C_r \times \rho_r}$$

由此可知设计小时耗热量:$Q_h = q_{rh} \times (t_{r2}-t_1) \times C \times C_r \times \rho_r$

根据水力学基础公式 $q=AV$,其中 A 为管道的横截面积,V 是热水管道的设计流速。

(2) 参数的确定

配水管道的热损失 Q_s(kJ/h),取 2%Q_h,根据题设,换热水器出水温度 60℃,配水管网末端温度为 55℃,配水管道的热水温度差 $\Delta t_s = 60-55 = 5℃$;

$$q_x = \frac{Q_s}{C\rho_r \Delta t_s} = \frac{2\% Q_h}{C\rho_r \Delta t_s}$$

$$= \frac{2\%q_{rh} \times C \times (t_{r2} - t_1) \times \rho_r \times C_\gamma}{C\rho_r \Delta t_s}$$

$$= \frac{2\% \times 10630 \times (60 - 10) \times 1.1}{60 - 55}$$

$$= 2338.6 \text{L/s} = 6.5 \times 10^{-4} \text{m}^3/\text{s}$$

根据《建水标准》6.7.8 条：热水管道的流速宜按表 6.7.8 选用（表 21-5）。

表 21-5

公称直径（mm）	15～20	25～40	≥50
流速（m/s）	≤0.8	≤1.0	≤1.2

（3）计算

利用公式 $q_x = AV$，流量＝横截面积×流速，回水总管管径计算值为：

$$D = \sqrt{\frac{4q_x}{\pi v}} = \sqrt{\frac{4 \times 6.5 \times 10^{-4}}{3.14 \times 1.0}}$$

$$= 0.029\text{m} = 29\text{mm}$$

回水总管管径计算值取 $DN32$。

（4）计算结果校核

根据《建水标准》6.7.5 条条文说明可知，循环流量一般应经计算确定。《建水标准》式（6.7.5）中 Q_s、Δt_s 的取值范围可供设计参考，并宜控制 $q_x = (0.15 \sim 0.1)q_{rh}$，

即 $q_x = (0.15 \sim 0.1) \times 10.63\text{m}^3/\text{h} = 1.063 \sim 1.5945\text{m}^3/\text{h}$，

$6.5 \times 10^{-4}\text{m}^3/\text{s} = 2.34\text{m}^3/\text{h} > 1.5945\text{m}^3/\text{h} \approx 1.60\text{m}^3/\text{h}$；

当用 $1.60\text{m}^3/\text{h}$ 计算时，回水总管管径为：

$$D = \sqrt{\frac{4q_x}{\pi v}} = \sqrt{\frac{4 \times 1.60}{3.14 \times (0.8 \sim 1.0) \times 3600}}$$

$$= 23.8 \sim 26.6\text{mm}$$

设计取回水总管管径 $DN25$；

故选 A。

评论：

（1）本案例主要考察的知识点是循环流量的计算以及公式 $q_x = AV, A = \frac{\pi D^2}{4}, D = \sqrt{\frac{4A}{\pi}}$ 之间的换算关系。上述三个公式几乎贯穿给水排水工程设计计算的各个环节。

（2）本案例给出了设计小时用水量，但未给出设计小时耗热量以及相关计算数据，此类题目是目前考试的特点，需要通过其他已知条件去推断计算需要的量，一般遇到这种问题需要认真读题并分析题设的每一个数据的意义。

（3）工程设计中很少考虑计算管径的校核，尤其是热水供水系统，本解析结合《建水标准》6.7.5 条条文说明，给予校核，在实际工程应用中，不校核管径会偏大一些，阻力可能会小一些，但工程造价成本增大了。

【题 13】某小区全日集中生活热水系统采用半即热式水加热器，水加热器出水温度为

60℃；该热水系统设计小时耗热量 100000kJ/h，配水管温度最低处 50℃，循环流量通过配水管及回水管总水头损失之和为 5m，水加热器水头损失为 0.05MPa。本系统热水循环水量（L/h）及循环水泵扬程（m）最小选取值，下列哪一项正确？

（注：热水密度 $\rho=1kg/L$）

(A) 71.7；5.0　　　(B) 71.7；10.0　　　(C) 119.5；5.0　　　(D) 143.4；10.0

答案：【B】。

分析： 本案例既考察了热水循环水量，同时又考察了循环水泵扬程，属于典型的实际工程案例，根据规范条文对应的公式计算即可。

解析：

（1）计算公式确定

根据《建水标准》6.7.5 条及其公式，全日集中热水供应系统的热水循环流量计算公式为：

$$q_x = \frac{Q_s}{C\rho_r \Delta t_s}$$

式中　Q_s——配水管道的热损失，kJ/h，经计算确定，单体建筑可取（2%～4%）Q_h，小区可取（3%～5%）Q_h；

Δt_s——配水管道的热水温度差，℃，按系统大小确定，单体建筑可取 5～10℃，小区可取 6～12℃。

根据《建水标准》6.7.10 条第 2 款循环水泵扬程（m）由配水管及回水管网的水头损失之和计：

$$H_b = h_p + h_x$$

（2）参数的确定

配水管道的热损失 Q_s（kJ/h），取 3%Q_h，根据题设，水加热器出水温度为 60℃；该热水系统设计小时耗热量 100000kJ/h，配水管温度最低处 50℃，配水管道的热水温度差：

$$\Delta t_s = 60 - 50 = 10℃$$

（3）热水循环水量及循环水泵扬程计算

根据上述确定后的参数及题设给定参数，热水循环水量为：

$$q_x = \frac{Q_s}{C \times \rho_r \times \Delta t_s} = \frac{3\% \times 100000}{4.187 \times 1 \times (60-50)} = 71.7 L/s$$

循环水泵扬程为：

$$H_b = h_p + h_x = 5 + 0.05 \times 100 = 10m$$

故选 B。

评论：

（1）易错点之一：集中热水供应系统的热水循环流量与循环水泵设计流量，是两个不同的计算公式，根据《建水标准》6.7.10 条第 1 款可知，集中热水供应系统循环水泵设计流量应考虑相应循环措施的附加系数 K_x。

（2）易错点之二：本案例的重点在于对两个公式的了解，难点在于公式的参数选择，需要注意的是，题干问的是"最小选取值"，则按照 Q_s 小区取（3%～5%）Q_h，取 3%Q_h，Δt_s 取 10℃。如果题干问的是"最大选取值"，则 Q_s 取 5%Q_h，计算结果就是 C

选项。

【题 14】 某段生活热水供应管道直线长度 100m，管道的线膨胀系数 $a=0.02$mm/(m·℃)，热水温度 60℃，回水温度 50℃，冷水温度 15℃，环境温度 20℃，则该管段的伸缩补偿量为下列哪项（mm）？

(A) 90　　　　　　(B) 40　　　　　　(C) 35　　　　　　(D) 20

答案：【A】。

分析： 本案例考察的是管段的伸缩补偿量，其实，不论是热水系统，还是冷水系统，都会存在管道伸缩的情况，只不过是热水比较明显，规范和标准在这里不进行过多描述，根据《建水工程》教材中建筑热水章节的公式 $\Delta L=\partial \cdot L \cdot \Delta T$ 求解，需注意 ΔT 的取值，应为管内水的最大温差。

解析：

根据《建水工程》教材 4.3 节式（4-9）可知，管道伸缩长度计算公式为：

$$\Delta L=\partial \cdot L \cdot \Delta T$$

式中　ΔL——自固定支撑点起管道的伸缩长度，mm；

∂——管道线膨胀系数，mm/(m·℃)；

L——直线管段长度，mm；

ΔT——计算温差，℃，取管内水的最大温差。

根据题设，直线长度 100m，管道的线膨胀系数为 0.02mm/(m·℃)，热水温度为 60℃，冷水温度为 15℃，管道伸缩长度为：

$$\Delta L=\partial \cdot L \cdot \Delta T=0.02 \times 100 \times (60-15)=90\text{mm}$$

故选 A。

评论：

(1) 本案例考察的是管段的伸缩补偿量，要求掌握《建水工程》教材上的公式。

(2) 本案例的易错点为 ΔT 的取值，应取管内水的最大温差。

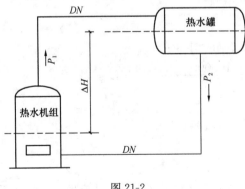

图 21-2

【题 15】 某热水供水系统采用常压燃气热水机组与热水贮水罐组成第一循环系统，如图 21-2 所示。设计中，热水机组与热水贮水罐中心线的标高相对关系有两种布置方案（$\Delta H=5$m、$\Delta H=10$m），两种布置方案的第一循环系统管径分别有 DN150、DN200 两种方案。经水力计算，DN150、DN200 的循环管组成的第一循环系统总水头 $\sum h$ 在两种布置方案下分别为：当 $\Delta H=5$m 时，DN150，$\sum h=0.2$m；DN200，$\sum h=0.1$m。当 $\Delta H=10$m 时，DN150，$\sum h=0.25$m；DN200，$\sum h=0.15$m。试通过计算，判断以下哪项是能形成自然循环的最佳方案？

（注：第一循环系统供水回水密度为：$\rho_1=998$kg/m³，$\rho_2=980$kg/m³）

(A) $\Delta H = 5$m，$DN150$　　　　　　(B) $\Delta H = 5$m，$DN200$

(C) $\Delta H = 10$m，$DN150$　　　　　(D) $\Delta H = 10$m，$DN200$

答案：【D】。

分析：本案例是典型的工程设计方案类题型，从 4 个选项中，选出能形成自然循环的方案，即第一循环管网的自然循环压力 H_{zr} 是否能克服系统的总水头损失 Σh，如果能克服，就能形成自然循环。

解析：

(1) 计算公式确定

根据《建水工程》教材 4.5 节式（4-28），第一循环管网（热媒循环管网）的自然循环压力 H_{zr} 应满足：

$$H_{zr} = 10 \times \Delta h (\rho_1 - \rho_2)$$

式中　H_{zr}——第一循环管网的自然循环压力，Pa；

Δh——热水锅炉或水加热器中心与贮水器中心的标高差，m；

ρ_1——贮水器回水的密度，kg/m³；

ρ_2——热水锅炉或水加热器出水的密度，kg/m³。

需先算出 $\Delta H = 5$m、$\Delta H = 10$m 时，分别对应的 H_{zr}；然后判断题设方案中，第一循环管网的自然循环压力 H_{zr} 是否能克服系统的总水头损失 Σh；如果能克服，即：$H_{zr} \geqslant \Sigma h$，就能形成自然循环；如果不能克服，即 $H_{zr} \leqslant \Sigma h$，就不能形成自然循环。

(2) 方案比选过程计算

根据《建水工程》教材式（4-28）可知，第一循环管网的自然循环压力计算：

1) 当高差为 5m 时

$H_{zr1} = 10 \times \Delta h_1 (\rho_1 - \rho_2) = 10 \times 5 \times (998 - 980) = 900Pa= 0.09m< 0.1$m，且$< 0.2$m；

管径为 $DN150$ 时，$\Sigma h = 0.2$m，$H_{zr2} = 0.09$m$< \Sigma h = 0.2$m，不能形成自然循环；

管径为 $DN200$ 时，$\Sigma h = 0.1$m，$H_{zr2} = 0.09$m$< \Sigma h = 0.1$m，不能形成自然循环；当高差为 5m 时，不能形成自然循环。

2) 当高差为 10m 时

$H_{zr2} = 10 \times \Delta h_2 (\rho_1 - \rho_2) = 10 \times 10 \times (998 - 980) = 1800Pa= 0.18m> 0.15$m，但$< 0.25$m；

管径为 $DN150$ 时，$\Sigma h = 0.25$m，$H_{zr2} = 0.18$m$< \Sigma h = 0.25$m，不能形成自然循环；

管径为 $DN200$ 时，$\Sigma h = 0.15$m，$H_{zr2} = 0.18$m$> \Sigma h = 0.15$m，能形成自然循环；

当高差为 10m 时，同时管径为 $DN200$ 时，能形成自然循环。

故选 D。

评论：

(1) 热媒循环管网自然循环在实际工程中很少见，几乎不再采用。

(2) 本案例属于基础性知识点考察内容，熟练掌握即可。

21.9　建筑热水工程设计方案分析

【题 16】下列为某设计院工程师提交的关于高层民用建筑集中生活热水供应系统的设

计方案，假如你是一名审校人员，对该设计方案的叙述，有几项不正确？选出不正确叙述项，并对应编号叙述正确和错误的原因。

① 高层建筑热水供应系统的分区应与给水系统分区一致，各区必须单独设置水加热器，并且水加热器进水均应由同区的给水系统供应。

② 高层建筑热水供应系统采用减压阀分区的设置与给水系统设置要求完全一致。

③ 高层建筑集中热水供应系统的热水循环管道必须采用同程式布置。

④ 高层建筑集中生活热水系统应采用机械循环方式。

⑤ 高层建筑集中生活热水系统竖向分区，可采用并联或串联的分区供水方式。

(A) 4项   (B) 3项   (C) 2项   (D) 1项

答案：【A】。

分析： 本案例工程方案设计判断对错题型，考察集中生活热水供应系统的设置要求，根据编号阐述，对照规范逐条核对即可。

解析：

(1) 根据《建水标准》6.3.7条第1款1)：应与给水系统的分区一致，闭式系统各区水加热器、贮水罐的进水均应由同区的给水系统专管供应，题设说热水供应系统，除了闭式系统、还包括开式系统，故与《建水标准》描述的是闭式系统，不一致；故①错误。

(2) 根据《建水标准》6.3.14条第3款及条文说明：当采用减压阀分区时，除应符合本标准第3.5.10条、第3.5.11条的规定外，尚应保证各分区热水的循环，意思是：集中热水系统除了考虑减压外，还需要考虑热水循环，冷水系统不需要设置循环回水管，设置要求不完全一致；故②错误。

(3) 根据《建水标准》6.3.14条：宜采用同程布置的方式，是"宜"非"必须"；故③错误。

(4) 根据《建水工程》教材4.1节规定：集中热水供应系统应设热水循环管道，循环系统应设循环泵，并应采取机械循环；故④正确。

(5) 根据《建水标准》6.3.14条条文说明可知，热水无串联分区供水方式；故⑤错误。

综上所述，④正确，①②③⑤错误，1项正确，4项错误。

故选A。

评论：

(1) 工程方案设计类题型，通常涉及的知识点比较繁琐，牵涉的条文比较多，需要熟悉规范并且快速定位，比较耗费时间。

(2) 工程方案题型，一直是工程设计领域的重点内容，完整的施工图是指导采购、安装及调试的依据，也是近些年考察中实际工程应用的内容体现。

第22章 建筑中水经典案例详解与分析

22.1 建筑中水系统原水量相关计算

【题1】某高校学生公共浴室、两栋教学楼的中水系统如图22-1所示，公共浴室每日使用人数1000人，两栋教学楼每日使用总人数2000人。公共浴室最高日、平均日用水定额分别为100L/(人·日)、70L/(人·日)，教学楼最高日、平均日用水定额分别为40L/(人·日)、35L/(人·日)。考虑水量平衡情况，应保证回用水量至少回收多少原水量？(中水原水水量为中水回用水量的110%)

(A) 65.2m³/d   (B) 72.3m³/d   (C) 80.8m³/d   (D) 93.2m³/d

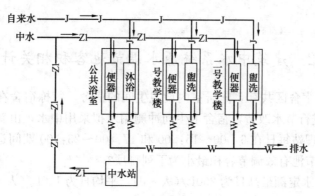

图 22-1

答案：【A】。

分析：本案例考察的是中水原水量的设计计算，由题目可知中水原水水量为中水回用水量的110%，依据公式计算后，需要进行校核。

解析：

(1) 计算公式确定

根据《中水标准》3.2.4条规定：小区建筑物分项排水原水量可按本标准式（3.1.4）计算确定；根据《中水标准》3.1.4条可知，建筑物中水原水量计算公式为：

$$Q_y = \Sigma\beta \times Q_{pj} \times b$$

(2) 参数的确定

根据《中水标准》表3.1.4中规定：公共浴室冲厕水占总用水量比例为2%~5%，办公楼、教学楼冲厕水占总用水量比例为60%~66%，由此，可求该高校可收集的原水量：

$$Q_y = \Sigma\beta \times Q_{pj} \times b = 1000 \times 70 \times 98\% \times (0.85 \sim 0.95) = 58.3 \sim 65.17 \text{m}^3/\text{d}$$

（3）设计计算校核

根据题设，中水原水水量为中水回用水量的 110%，同时由《中水标准》3.1.5 条可知：用作中水原水的水量宜为中水回用水量的 110%～115%；

中水用水量：

$$Q_z = 1000 \times 100 \times 2\% + 2000 \times 40 \times 60\% = 50 \text{m}^3/\text{d}$$

每日设计原水量最小需求量为：

$$Q_设 = 110\% \times 50 = 55 \text{m}^3/\text{d}$$

可见，可收集的原水满足每日设计原水量最小需求量，根据给定的 4 个选项，只有 A 选项在其可回收的范围内，65.17≈65.2m³/d。

故选 A。

评论：

（1）易错点：本案例给出了"中水原水水量为中水回用水量的 110%"，说明计算结果需要校核，往往会被忽略。

（2）值得注意的是：本案例中水原水来自公共浴室的沐浴水，中水用于便器冲洗，如果题设变换，加入盥洗水或者空调循环水系统排水等，在实际工程中也是常见的，计算的内容将会更加复杂些。

22.2 建筑中水系统原水调节池容积相关计算

【题 2】某大学宿舍区共有 5 栋居室内设卫生间的宿舍，每栋宿舍在校住宿学生人数均为 2000 人。现进行节水改造，宿舍卫生间冲厕用水拟采用中水，由新建的校区中水处理站供水；中水处理站每日在 6：00～15：00 和 17：00～23：00 期间运行。则该中水处理站设置的原水调节池有效调节容积最小为下列哪项？

注：1. 宿舍用水定额最高日为 200L/（人·d），平均日为 150L/（人·d），时变化系数按 2.5 计。

2. 中水处理站处理设施自耗水系数取 10%。

（A）356.40m³　　　（B）475.20m³　　　（C）594.00m³　　　（D）792.00m³

答案：【B】。

分析：本案例中水处理站属于间歇运行，计算原水调节池有效调节容积即为原水调贮量，第一步先求出最高日中水用水量，第二步求出处理系统设计处理能力，最后根据《建水标准》5.5.8 条第 1 款计算原水调贮量。

解析：

（1）计算公式确定

根据《中水标准》5.5.8 条第 1 款 2）规定：中水系统的原水调节池（箱）调节容积可按下列公式计算：

$$Q_{yc} = 1.2 Q_h \cdot T$$

根据《中水标准》5.3.3 条规定：处理系统设计处理能力应按下式计算：

$$Q_h = (1 + n_1) \frac{Q_z}{t}$$

式中　Q_h——处理系统设计处理能力，m^3/h；

　　　Q_z——最高日中水用水量，m^3/d；

　　　t——处理系统每日设计运行时间，h/d；

　　　n_1——处理设施自耗水系数，一般取值为 5%～10%。

（2）参数的确定

根据《中水标准》表 3.1.4 宿舍给水百分率为 30%，根据式（5.5.4）计算最高日中水的用水量：

$$Q_z = \frac{5 \times 2000 \times 200 \times 30\%}{1000}$$

$$= 600 m^3/d = 25 m^3/h$$

处理系统设计处理能力：

$$Q_h = (1 + 10\%) \times \frac{600}{9+6} = 44 m^3/h$$

（3）原水调节池有效调节容积计算

该中水处理站设置的原水调节池有效调节容积为：

$$Q_{yc} = 1.2 Q_h \cdot T = 1.2 \times 44 \times 9 = 475.2 m^2$$

故选 B。

评论：

（1）本案例考察的是间歇运行原水调节池容积计算，计算过程牵涉的环节较多，环环相扣，容易出差错。

（2）最高日中水用水量，《中水标准》5.5.4 条规定：最高日冲厕中水用水量按照现行国家标准《建筑给水排水设计规范》GB 50015（该标准已作废，现行国家标准为《建筑给水排水设计标准》GB 50015—2019）中的最高日用水定额取值，建筑物分项给水百分率取值参照《中水标准》表 3.1.4。最高日冲厕中水用水量可按下式计算，即为宿舍卫生间冲厕需要的水量＝总使用人数×最高日用水定额×建筑物分项给水百分率。

22.3　建筑中水贮水池容积计算

【题3】某宿舍最高日生活用水量为 $200 m^3/d$，平均日生活用水量为 $160 m^3/d$，以淋浴和盥洗排水作为中水原水进行处理，达标后用于该建筑冲厕。建筑物给水分项用水量占比、中水处理系统运行时段见表 22-1，给水量计算排水量的折减系数为 0.85，中水供水系统全日供给，该中水处理工程中的中水贮水池有效容积（m^3）至少为下列哪项？

表 22-1

类型	冲厕	淋浴	盥洗	洗衣	每日中水处理运行时段
占日用水量的百分率（%）	30	40	14	16	7:00～22:00

（A）30.6　　　　（B）34.2　　　　（C）39.6　　　　（D）47.5

答案：【A】。

分析：本案例考察的是中水成品水贮水池有效容积，第一步先求出最高日中水用水量，第二步求出处理系统设计处理能力，最后根据《建水标准》5.5.8 条第 2 款 2）求中水贮水池有效容积。

解析：

（1）计算公式确定

根据《中水标准》5.5.8 条第 2 款 2）规定：间歇运行时中水贮存池（箱）容积可按下列公式计算：

$$Q_{zc} = 1.2(Q_h \times T - Q_{zt})$$

根据《中水标准》5.3.3 条规定：处理系统设计处理能力应按下式计算：

$$Q_h = (1 + n_1)\frac{Q_z}{t}$$

式中　Q_h——处理系统设计处理能力，m^3/h；

　　　Q_z——最高日中水用水量，m^3/d；

　　　t——处理系统每日设计运行时间，h/d；

　　　n_1——处理设施自耗水系数，一般取值为 $5\% \sim 10\%$。

（2）参数的确定

根据《中水标准》表 3.1.4 宿舍给水百分率为 30%，根据式（5.5.4）计算最高日中水用水量，根据题设确认冲厕用水：

$$Q_z = 200 \times 30\% = 60 m^3/d$$

处理系统设计处理能力：

$$Q_h = (1 + n_1)\frac{Q_z}{t} = 1.05 \times \frac{200 \times 30\%}{22 - 7} = 4.2 m^3/h$$

（3）中水贮水池有效容积计算

根据《中水标准》5.5.8 条第 2 款 2），可计算中水贮水池有效容积为：

$$Q_{zc} = 1.2(Q_h \times T - Q_z \times t) = 1.2 \times \left[4.2 \times (22 - 7) - \frac{15}{24} \times 60\right] = 30.6 m^3$$

故选 A。

评论：

（1）易错点：给水量计算排水量的折减系数 0.85 为干扰项，题设中要求计算中水贮水池有效容积，只涉及中水用水量，与建筑物水原水量无关。

（2）本案例考察的是间歇运行中水贮水池有效容积计算，计算过程牵涉的环节较多，环环相扣，容易出差错。

（3）最高日中水用水量，《中水标准》5.5.4 条规定：最高日冲厕中水用水量按照现行国家标准《建筑给水排水设计规范》GB 50015（该标准已作废，现行国家标准为《建筑给水排水设计标准》GB 50015—2019）中的最高日用水定额取值，建筑物分项给水百分率取值参照《中水标准》表 3.1.4。最高日冲厕中水用水量可按下式计算，即为宿舍卫生间冲厕需要的水量＝总使用人数×最高日用水定额×建筑物分项给水百分率。

第 23 章 建筑消防经典案例详解与分析

23.1 消防给水系统设计水量、消防水池最小容积的相关计算

消防水池最小容积计算主要依据《消水规》以下条文:

《消水规》3.6.1条:消防给水一起火灾灭火用水量应按需要同时作用的室内、外消防给水用水量之和计算,两座及以上建筑合用时,应取最大者。

《消水规》3.1.2条:一起火灾灭火所需消防用水的设计流量应由建筑的室外消火栓系统、室内消火栓系统、自动喷水灭火系统、泡沫灭火系统、水喷雾灭火系统、固定消防炮灭火系统、固定冷却水系统等需要同时作用的各种水灭火系统的设计流量组成,并应符合下列规定:

1 应按需要同时作用的各种水灭火系统最大设计流量之和确定;

2 两座及以上建筑合用消防给水系统时,应按其中一座设计流量最大者确定;

根据《消水规》3.6.1条的计算公式,消防水池的最小有效容积=消防设计用水量乘以火灾延续时间。

【题1】两座建筑合用消防水池。建筑 A 是体积为 30000m³、建筑高度为 60m 的高层建筑商业楼,建筑 B 是体积为 12000m³、建筑高度为 30m 的乙类厂房。已知建筑 A 的自喷水量为 30L/s,建筑 B 的自喷水量为 60L/s。该工程项目周边有两条市政给水管网,火灾情况下连续补水能满足室外消防水量。则该消防水池的最小有效容积(m³)是下列哪项?

(A) 396   (B) 540   (C) 792   (D) 1026

答案:【B】。

分析:本案例求消防水池最小容积,根据《消水规》3.6.1条规定可知,分别计算两座建筑的消防设计用水量,再乘以各自的火灾延续时间,可分别求得两个建筑消防设计用水量,取其中大值作为消防水池的最小有效容积。

解析:

(1) 根据题设,工程项目周边有两条市政给水管网,火灾情况下连续补水能满足室外消防水量,结合《消水规》4.3.1条、4.3.2条、6.1.3条第1款及题设可知,本题所求消防水池可不储存室外消防用水。

(2) 室内消防设计用水量的确定:根据《消水规》3.1.2条第2款、4.3.2条第1款、3.5.2条及表3.5.2可知建筑 A 及建筑 B 的室内消火栓设计流量分别为:建筑 A 为 40L/s,建筑 B 为 25L/s。

(3) 火灾延续时间确定:再根据《消水规》表3.6.2可确定两座建筑的火灾延续时间均为 3.0h。

（4）根据《消水规》式（3.6.1-3）可知，分别计算两座建筑室内消防给水一起火灾灭火用水量（m³），结果如下：

建筑A：$\quad\quad\quad\quad V_A=3.6\times(40\times3.0+30\times1.0)=540m^3$

建筑B：$\quad\quad\quad\quad V_B=3.6\times(25\times3.0+60\times1.0)=486m^3$

（5）再由《消水规》3.1.2条第2款可知，一起火灾灭火所需消防用水的设计用水量，两座及以上建筑合用消防给水系统时，应按其中一座设计用水量最大者确定；故本题最小有效容积为540m³。

故选B。

评论：

（1）本题考察的是两座及以上建筑合用消防给水系统一起火灾灭火用水量（m³），是属于常规考点之一，也是工程设计中经常涉及的内容。

（2）值得注意的是本题已经给定了自动喷水的设计用水量，无需再重复计算；另外，就是消火栓设计流量折减的问题，根据《消水规》3.5.3条可知，本题B座建筑不具备全保护的条件，故无需考虑。

【题2】某山城的高级旅馆（建筑高度为60m），设有室内消火栓系统和自动喷水灭火系统（自动喷水灭火系统设计流量为30L/s），室内消防系统采用高位水池重力供水方案。拟在周边山顶上建设高位消防水池（灭火时，高位消防水池有可靠补水措施），选址高程满足旅馆室内消防系统所需的工作压力要求，但山头面积狭小。此条件下，高位消防水池最小总有效容积（m³）不应小于下列哪项？

（A）50　　　　　（B）108　　　　　（C）270　　　　　（D）432

答案：【C】。

分析：本题求高位消防水池最小有效容积，实际上就是求一起火灾灭火用水量（m³），《消水规》3.1.2条第2款可知，应按同时作用的各种水灭火系统最大设计流量之和确定，再根据题干给定的相关信息可以判定，本题考察的是《消水规》4.3.11条第4款内容，其总有效容积在条件满足情况下，不应小于室内消防设计用水量的50%。

解析：

（1）消防设计用水量及火灾延续时间确定：

根据《消水规》表3.5.2及表3.6.2可知消火栓设计流量及火灾延续时间，分别是室内消火栓设计流量为40L/s，火灾延续时间为3.0h。

（2）根据《消水规》式（3.6.1-3）可知，计算消防水池容积为：

$$V=(40\times3.0\times3.6+30\times1.0\times3.6)=540m^3$$

（3）根据题干信息：灭火时，高位消防水池有可靠补水措施，结合《消水规》4.3.11条第4款规定，其最小容积为：

$$50\%\times540=270m^3$$

故选C。

评论：

（1）本题已经给定了自动喷水的设计流量，无需再重复计算。

（2）本题考察的是消防给水系统一起火灾灭火用水量（m³），属于常规考点之一，值得注意的是，本次考察的是"高位消防水池"总容积的相关知识点，虽然在工程中不常见，容易被忽略，但在注册考试中，考察的是对整个消防知识体系的掌握。

【题 3】某多层建筑，地下 2 层，地上 4 层（地下为车库及设备机房；地上 4 层包含教学、办公、物业用房等），总建筑面积 58000m²，图书馆 4000m²、学生活动中心 3000m²，设置集中空调系统，其余办公、教室等部位采用分体空调，图书馆入口门厅 150m²，学生活动中心入口门厅 200m²，均为 2 层通高（吊顶高度大于 8m 小于 12m）。市政从地块不同侧提供两个 DN150 接口，供水压力自引入管为 0.10MPa。按规范设置消火栓系统和自动喷水灭火系统，采用临时高压供水方式，拟在地下一层设消防水池和消防泵房。该消防水池最小有效容积应为多少（m³）？（为简化计算，自喷系统按作用面积、强度计算；不考虑其他折减系数）

(A) 396   (B) 630   (C) 684   (D) 691.2

答案：【D】

分析：本题需要通过题设条件及规范上的相关规定，一方面要计算多层多功能建筑消防设计用水量，另一方面要判断消防水池是否包含室外消防设计用水量，这是考察的精髓。

解析：

(1) 首先根据题设条件"市政从地块不同侧提供两个 DN150 接口，供水压力自引入管为 0.10MPa"，结合《消水规》7.3.1 条、7.2.8 条可知，供水压力从地面算起不应小于 0.10MPa，可以判断出：市政供水管网不满足直接供室外消火栓用水的压力要求，故消防水池内应包含室外消火栓设计用水量；结合《消水规》表 3.3.2 可知，室外消火栓设计流量为 40L/s。

(2) 室内消防设计用水量的确定原则：根据提示条件，可以判断此建筑为"多层综合楼"，根据《消水规》表 3.5.2 注 3 可知，当一座多层建筑有多种使用功能时，室内消火栓设计流量应分别按本表中不同功能计算，且应取最大值。

室内消火栓设计用水量及火灾延续时间确定：

假设地上和地下两部分别为着火点，求出其消防设计用水量后取最大值，经比较判断后，确定以图书馆防护区来计算消防设计用水量；根据《消水规》表 3.5.2 及表 3.6.2 可知消火栓设计流量及火灾延续时间，分别是室内消火栓设计流量为 40L/s；火灾延续时间为 2.0h；

室内自动喷水灭火系统设计用水量及火灾延续时间确定：

自动喷水灭火设计用水量＝喷水强度×作用面积，结合《自喷规范》表 5.0.2 的规定，$12 \times 160/60 = 32L/s$；由《自喷规范》5.0.16 条可知火灾延续时间为 1.0h。

(3) 根据《消水规》3.6.1 条及其计算公式，该消防水池最小有效容积应为室内外消火栓设计用水量＋自动喷水灭火设计用水量，即：

$$(40+40) \times 2.0 \times 3.6 + 32 \times 1.0 \times 3.6 = 691.2 m^3$$

故选 D。

评论：

(1) 本题考察多层多功能建筑消防设计用水量的选取及计算问题，是工程设计中经常涉及的内容，同时也是容易忽略的内容之一。

(2)《消水规》只提到了一座多层建筑有多种使用功能时，室内消火栓设计用水量的计算原则，并未提及高层建筑有多种使用功能时，其室内消火栓设计用水量的计算如何选取，这里进行说明，高层建筑是按照一类或二类来划分的，不能简单粗暴地把两者按统一原则对待。

（3）本题设中提到了车库，对于《汽车库防火规范》标准较熟悉的可知，车库的室内消火栓设计用水量很小，基本可忽略。故在比较室内消火栓设计用水量时，并未做过多描述。

【题4】 成组布置的四栋高层建筑，A、B为办公楼，C、D为高级酒店，A、C建筑高度99m，B、D建筑高度89m且有地下车库。室内仅考虑消火栓系统和自动喷水灭火系统。其中办公、酒店自喷流量均为30L/s，地下车库自喷流量为40L/s，A楼高大空间自喷流量为60L/s，若共用消防水池仅储存室内消防水量，问消防水池容积（m³）最小为下列哪项？

(A) 504　　　　(B) 540　　　　(C) 576　　　　(D) 648

答案：【B】

分析： 计算4栋高层相似的建筑消防设计用水量，在计算室内消防设计用水量时，分别假设地上、地下为着火点，计算结果取最大值作为最终结果。

解析：

（1）室内消火栓设计用水量的确定：

根据题设，结合《建规》表5.1.1判断，4栋高层建筑均为一类高层公共建筑，根据《消水规》3.5.2条室内消火栓设计流量均为40L/s。

（2）火灾延续时间的确定：

根据《消水规》表3.6.2，火灾延续时间分别为：办公楼消火栓为2.0h；高级酒店消火栓为3.0h；根据《自喷规范》5.0.16条：火灾延续时间为1.0h。

（3）根据《消水规》3.6.1条及其计算公式，该消防水池最小有效容积应为室内消火栓设计用水量＋自动喷水灭火设计用水量，各栋分别计算如下：

A楼室内消防设计用水量 $V_{(A)}=40×2.0×3.6+60×1.0×3.6=504m^3$，

B楼室内消防设计用水量 $V_{(B)}=40×2.0×3.6+30×1.0×3.6=396m^3$，

C楼室内消防设计用水量 $V_{(C)}=40×3.0×3.6+30×1.0×3.6=540m^3$，

D楼室内消防设计用水量 $V_{(D)}=40×3.0×3.6+30×1.0×3.6=540m^3$。

由《消水规》3.1.2条第2款可知，一起火灾灭火所需消防用水的设计流量，两座及以上建筑合用消防给水系统时，应按其中一座设计流量最大者确定；故本题最小有效容积为540m³。

故选B。

评论：

本题存在概念性的错误，但并不影响结果，根据《建规》3.4.8条、5.2.4条相关规定可知，除高层民用建筑和高层厂房及甲类厂房外的，才可以称之为"成组布置"，显然，本题中的4栋高层建筑不能称之为"成组布置"。

【题5】 一座由商场和办公组成的多功能建筑，建筑高度为32m，地下为汽车库。地上每层建筑面积均超过5000m²。一根市政给水引入管。拟在地下一层设一座消防水池，消防水池有效容积最小为多少（m³）？

（注：建筑自动喷水灭火系统全保护。自动喷水灭火系统中危险Ⅰ级、中危险Ⅱ级设计水量分别取为 21L/s 和 30L/s）

(A) 576　　　　　(B) 810　　　　　(C) 832　　　　　(D) 864

答案：【B】。

分析： 本题考察的是高层建筑的消防水池最小有效容积，实际上就是求一起火灾灭火用水量（m³），《消水规》3.1.2 条第 1 款可知，应按同时作用的各种水灭火系统最大设计用水量之和确定，再根据题干给定的相关信息去判断高层建筑类型及是否包含室外消火栓设计用水量。

解析：

（1）判断建筑类型

根据《建规》表 5.1.1，可以判断建筑为一类高层综合楼。

（2）室外、室内消防设计用水量的确定

根据题设"一根市政给水引入管"，结合《消水规》4.3.1 条第 2 款、4.3.2 条第 2 款，消防水池需要存储全部室外消防设计用水量和全部室内消防设计用水量；

根据《消水规》表 3.3.2，室外消火栓设计流量为：40L/s；

根据《消水规》表 3.5.2 及表 3.5.3，根据题设"建筑自动喷水灭火系统全保护"室内消火栓设计流量应考虑折减，最终确定为：30－5＝25L/s；

题设已给自动喷水灭火系统设计流量：商业为中危险级Ⅱ级，设计流量 30L/s；办公为中危险级Ⅰ级，设计流量 21L/s。

（3）火灾延续时间确定

根据《消水规》表 3.6.2，消火栓灭火系统火灾延续时间 3.0h；

根据《自喷规范》5.0.16 条，自动喷水灭火系统火灾延续时间 1.0h；

根据《消水规》3.6.1 条及其计算公式，该消防水池最小有效容积应为室内外消火栓设计用水量＋自动喷水灭火设计用水量，即：

$$(40＋25)\times 3.0\times 3.6＋30\times 1.0\times 3.6＝810m^3$$

故选 B。

评论：

（1）室内消火栓设计用水量的折减问题，一直困扰大家，经常会有"见到骑着白马的就是唐僧"的误解，本题直接给出了"全保护"，无需再去分析判断。

（2）本题难点在于"一类高层建筑"的判定，需要判定精准，否则一步错，步步错。

（3）类似问题延伸：工程中经常会遇到高层建筑 $h\leqslant 50m$ 的综合楼内，含有"商店、图书馆、档案馆等"功能时，该建筑室内消火栓设计流量不能直接选取 30L/s，而是要结合《消水规》表 3.5.2 中单层及多层的"商店、图书馆、档案馆等"体积大小来判定，当体积＞25000m³ 时，室内消火栓设计流量为 40L/s，这种情况下，高层建筑 $h\leqslant 50m$ 的综合楼就得按 40L/s 作为室内消火栓设计流量。

【题 6】 某生物质能发电厂建设一座带防雨顶棚的圆柱形钢丝网围栏麦秸转运场，其中直径为 50m 的 1 个、直径为 30m 的 4 个；麦秸储存高度平均 6m，1m³ 麦秸重 500kg。消防用水量（m³）最小应为下列哪一项？

(A) 1080   (B) 1296   (C) 2160   (D) 2592

答案：【D】。

分析： 本题考察的是构筑物室外消防用水量的计算，此类消防与建筑物室外消防类似，应先判断同一时间内的火灾起数，然后确定消防设计用水量及火灾延续时间，根据《消水规》3.6.1 条的计算公式，消防水池的最小有效容积等于消防设计用水量乘以火灾延续时间。

解析：

(1) 同一时间内火灾起数的确定

根据《消水规》3.1.1 条可知，按 1 起火灾考虑。

(2) 消防设计用水量的确定

首先，根据《消水规》3.1.2 条、3.4.12 条可知，麦秸堆垛仅需要设置室外消火栓灭火系统；

其次，《消水规》表 3.4.12 条注 2 可知：当稻草、麦秸、芦苇等易燃材料堆垛单垛质量大于 5000t 或总质量大于 50000t、木材等可燃材料堆垛单垛容量大于 5000m³ 或总容量大于 50000m³ 时，室外消火栓设计流量应按本表规定的最大值增加一倍。室外消火栓设计流量应根据其总重量来确定，麦秸的总质量：

$$M = \rho \sum \pi r^2 h \div 1000 = 500 \times 3.14 \times (25^2 + 4 \times 15^2) \times 6 \div 1000 = 14365.5 \text{t}$$

其中直径为 50m 的麦秸单垛的质量为：

$$M_1 = \rho \pi r_1^2 h \div 1000 = 500 \times 3.14 \times 25^2 \times 6 \div 1000 = 5887.5 \text{t} > 5000 \text{t}$$

经计算后可知，麦秸单垛的质量大于 5000t，根据《消水规》表 3.4.12 注 2 的规定，室外消火栓设计流量按照表格增加一倍，即 2×60=120L/s。

(3) 火灾延续时间的确定

根据《消水规》表 3.6.2 可知，火灾延续时间为 6.0h。

(4) 根据《消水规》式 (3.6.1-3) 可知，计算消防水池容积最小为：

$$V = 120 \times 6.0 \times 3.6 = 2592 \text{m}^3$$

故选 D。

评论：

(1) 通常情况下，工程中接触到的大多数都是建筑物消防，本题考察的构筑物消防设计用水量，是很多人的一个盲区，容易忽视本知识点的学习。

(2) 注意事项：本题从实际工程出发，易燃、可燃材料露天、半露天堆场，可燃气体罐区的室外消火栓设计流量，是与固定总容积及压力，或单垛重量和总质量都有关系的，同时也要关注到此知识点中的木材等可燃材料是容量计量的，而非质量。

23.2 消防压力的相关计算

【题 7】某高层建筑室内消水栓系统计简图（1 为最不利点）如图 23-1 所示（尺寸标注单位：mm）已知：①管段 1-2（管段 4-5）、管段 2-3（管段 5-3）、管段 3-6 的单位长度沿程水头损失分别为 0.00009MPa/m、0.00035MPa/m、0.00025MPa/m。②管段的局部水头损失按沿程水头损失的 20% 计，消防水泵吸水喇叭口至水泵出口（标高－3.20）的总水头损失按 0.050MPa 计。③不计消防立管与消火栓之间连接管的水头损失和消火栓栓口处管道速度水头，消火栓栓口距楼（地）面的高度均按 1.10m 计。则图中消防水泵的扬程最小应不小于下列哪项？

　　(A) 1.007MPa　　　(B) 1.058MPa　　　(C) 1.067MPa　　　(D) 1.073MPa

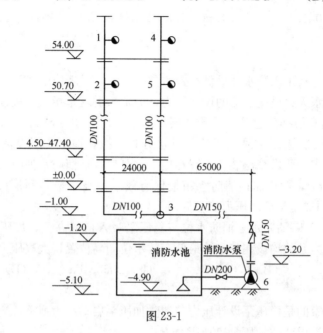

图 23-1

答案：【C】。

分析： 本题考察消防水泵的设计扬程计算，关于求水泵的扬程都是水力学基本公式，由"几何高差＋管道总水头损失＋自由水头"组成，本题中的几何高差与自由水头分别对应《消水规》式（10.1.7）中的 H 和 P_0。

解析：

消防水泵的设计扬程计算：

根据《消水规》式（10.1.7）可知，

$$P = k_2(\sum P_f + \sum P_p) + 0.01H + P_0，其中 K_2 取 1.20；$$

（1）公式第一项：求管道沿程损失及管道局部损失

题干给定 1 为最不利点与消火栓栓口距楼（地）面的高度均按 1.10m 计，根据《消水规》10.1.5 条及式（10.1.6），根据题设"管段的局部水头损失是按沿程水头损失的 20% 计"，可计算出总水头损失：

$$h_{总} = (1+20\%) \times [0.00009 \times (54-50.7) + 0.00035 \times (50.7+1.1+1.0+24)$$
$$+ 0.00025 \times (65+3.2-1.0)] + 0.05$$
$$= 0.103MPa$$

（2）公式第二项：几何高差 H 为最低有效水位至最不利点消火栓几何高差

此处注意消防水池最低有效水位，不是图中的 −1.20m，也不是 −4.90m，根据《消水规》4.3.9 条及条文说明可知，最低有效水位应是消防水泵吸水喇叭口出口以上 0.60m 水位，即 −4.90＋0.6＝−4.30m，由此计算：

$$H = 1.10 + 54 - (-4.90 + 0.60)$$

(3) 公式第三项：P_0 为最不利点水灭火设施所需的设计压力（MPa）

根据《消水规》7.4.12 条第 2 款可知，P_0 为 0.35MPa。

消防水泵的设计扬程为：

$$P = 1.2 \times 0.103 + [54 + 1.1 - (-4.9 + 0.60)] \times 10^{-2} + 0.35 = 1.067\text{MPa}$$

故选 C。

评论：

(1) 易错点：忽略了消防水池最低有效水位的计算，或者取值错误。

(2) 最不利点水灭火设施所需的设计压力，通常来讲就是指"消火栓栓口动压"。

【题 8】 某普通高层办公建筑，地下 2 层，地上裙房 3 层（层高 4.5m），四~十三层为办公（层高 3.6m）。采用临时高压消防供水方式，拟在地下 1 层设消防水池和消防泵房。顶层有静音需求，要求稳压装置设置在地下水泵房（从消防水池吸水，消防水池最低有效水位为 -5.20m），假设屋顶消防水箱最低有效水位高于最不利消火栓（3.3m），有效水深为 1.5m，则加压泵启动压力值最低为下列哪项？

（为方便计算，忽略消防水池消防水位与稳压泵吸入口的高差，加压泵启动压力开关与稳压泵启、停压力开关均设在与水池最低有效水位同高位置，大气压力按 0.10MPa 计）

(A) 0.58MPa   (B) 0.61MPa   (C) 0.68MPa   (D) 0.78MPa

答案：【A】。

分析： 本题考察的是稳压泵设计压力与消防加压泵启动压力换算，应先确定稳压泵的设计压力值，再换算成消防加压泵启动压力 $P_启$。

解析：

(1) 稳压泵的设计压力计算

根据《消水规》5.3.3 条第 3 款规定：稳压泵的设计压力应保持系统最不利点处水灭火设施在准工作状态时的静水压力应大于 0.15MPa。可求出稳压泵的设计压力 $P_稳 =$ 15m + 静水压力，结合由《消水规》7.4.8 条规定：建筑室内消火栓栓口的安装高度应便于消防水龙带的连接和使用，其距地面高度宜为 1.1m，其中静水压力应为稳压泵自下而上供水的静高差，即从消防水池的最低水位计算到最顶层（十三层地面）最不利消火栓处，此时，最不利点处水灭火设施在准工作状态时的静水压力为 1.1m + 5.20m + 3 × 4.5m + 9 × 3.6m，由此可计算出稳压泵的设计压力为：

$$P_稳 = 15 + 1.1 + 5.20 + 3 \times 4.5 + 9 \times 3.6 = 67.20\text{m} = 0.672\text{MPa}$$

(2) 消防加压泵启动压力计算

根据《消水规》5.3.3 条第 2 款规定：稳压泵的设计压力应保持系统自动启泵压力设置点处的压力在准工作状态时大于系统设置自动启泵压力值，且增加值宜为 $0.07 \sim 0.10\text{MPa}$，可知 $P_稳 > P_启$，且有 $P_启 + (0.07 \sim 0.10\text{MPa}) = P_稳$；

由上面计算出的 $P_稳$，可以换算出 $P_启 = P_稳 - (0.07 \sim 0.10\text{MPa}) = 0.572 \sim 0.602\text{MPa}$，最低值为 $0.572\text{MPa} \approx 0.58\text{MPa}$。

故选 A。

评论：

(1) 稳压泵的设计压力，一直困扰着工程设计人员，其中"准工作状态"从规范或标准的层面上，没有官方的术语，工程技术人员对其一直是似懂非懂的状态。

（2）稳压泵的设计压力与启泵压力，其实不是一个值，有的文献给出了"稳压泵设计压力＝(启动压力＋停泵压力)/2"的计算方法，工程中也经常采用"稳压泵设计压力一般比稳压泵启泵压力高 3～4m"，这样的粗略计算方法；

（3）《消防给水及消火栓系统技术规范》图示 15S909 中对该知识点描述有点偏差，不作为参考范畴，第 46 页提示 1，稳压泵最小启泵压力 $P_1 \geqslant H+15$ 且 $\geqslant H_1+10$；提示 3，消防泵启泵压力 $P=P_1-(7 \sim 10)$；首先，该图示不在注册考试的参考书目范畴，其次，这里把稳压泵设计压力与启泵压力混为一谈，属于概念偏差。

【题 9】 某二类公共建筑地上 12 层，层高均为 4m，室内消火栓给水系统为临时高压系统，消防水泵设计扬程 96m，消防水池设置在地下一层，消防水池的最低水位标高 $-4.00m$，首层地面为 $\pm0.00m$。消防水泵吸水管口到最不利点消火栓栓口的沿程水头损失取 5m，局部水头损失按沿程水头损失的 20% 计，安全系数取 1.2，则最不利点消火栓栓口的设计压力值（MPa）为下列哪一项？（$100mH_2O=1.0MPa$）

（A）0.35　　　　（B）0.36　　　　（C）0.40　　　　（D）0.41

答案：【C】。

分析： 本题考察消防水泵的设计扬程中的自由水头，关于求水泵的扬程都是水力学基本公式，"几何高差＋管道总水头损失＋自由水头"组成，本题中自由水头分别对应着《消水规》式（10.1.7）中的 P_0。

解析：

（1）计算公式确定

根据《消水规》式（10.1.7），$P=k_2(\sum P_f+\sum P_p)+0.01H+P_0$，

其中 k_2 取 1.20，可知：

$$P_0=P-k_2(\sum P_f+\sum P_p)-0.01H$$

（2）最不利点水灭火设施所需的设计压力计算

根据《消水规》7.4.8 条：建筑室内消火栓栓口的安装高度应便于消防水龙带的连接和使用，其距地面高度宜为 1.1m，H 应为自下而上供水的静高差，即从消防水池的最低水位计算到最顶层（十一层）最不利消火栓处，即：

$$H=4+11\times4+1.1$$

代入题设给定的数据，

$$P_0=96-1.2\times5\times1.2-(11\times4+4+1.1)=39.7m=0.397MPa\approx0.4MPa$$

故选 C。

评论：

（1）最不利点水灭火设施所需的设计压力，在题设不给定，或需要查规范时候，通常指"消火栓栓口动压"。

（2）易错点：此题为反算最不利点消火栓栓口的设计压力，若正算，消防水泵或消防给水所需要的设计扬程或设计压力也应一并掌握。

23.3　消火栓系统加压泵设计流量和泵出口系统工作压力的相关计算

【题 10】 某医院病房楼，地下 1 层，地上 12 层，首层为公共用房，地面标高±0.00，层高 4.5m，二～十二层为病房层，层高均为 3.3m；该医院病房楼独立设置室内消火栓给水系统，干管管径为 DN150 的环状管网，消防水池最低设计有效水位标高为−5.2m，假设系统沿程及局部水头总损失 0.1MPa（含安全系数），消火栓系统加压泵的设计流量（L/s）和泵出口系统工作压力（MPa）的正确取值是下列哪一项？（注：忽略水泵吸水口静水压力）

(A) 20；1.07　　(B) 20；1.24　　(C) 30；1.24　　(D) 30；1.30

答案：【C】。

分析： 本题重点考察的是单栋建筑的消防加压泵出口系统工作压力，而非加压泵的扬程，系统工作压力由《消水规》8.2.3 条第 3 款、5.1.6 条第 4 款结合计算得到。

解析：

(1) 建筑的定性及室内消火栓设计流量

该建筑高度为：$H=4.5+3.3\times11=40.8$m，根据《建规》表 5.1.1 判断，属于一类高层公建。根据《消水规》表 3.5.2 可知，室内消火栓设计流量为 30L/s。

(2) 消防加压泵出口系统工作压力的计算

首先，根据《消水规》8.2.3 条第 3 款：采用高位消防水箱稳压的临时高压消防给水系统的系统工作压力，应为消防水泵零流量时的压力与水泵吸水口最大静水压力之和，结合提设中忽略水泵吸水口静水压力，该建筑系统工作压力（即消防加压泵出口系统工作压力）为消防水泵零流量时的压力。

其次，根据《消水规》5.1.6 条第 4 款：消防水泵零流量时的压力不应大于设计工作压力的 140%，且宜大于设计工作压力的 120% 可知，消防水泵零流量时的压力为：

$$(1.20\sim1.40)\times消防水泵设计工作压力$$

经过以上分析可知，再结合《消水规》10.1.7 可知，消防水泵设计压力为：

$$P=k_2(\sum P_f+\sum P_p)+0.01H+P_0$$

结合题干给定信息，计算公式中的第一项为 0.1MPa；

第二项几何高差 H：

根据《消水规》7.4.8 条规定：建筑室内消火栓栓口的安装高度应便于消防水龙带的连接和使用，其距地面高度宜为 1.1m，H 应为自下而上供水的静高差，即从消防水池的最低水位计算到最顶层（十二层）最不利消火栓处，即：

$$H=5.2+4.5+3.3\times10+1.1$$

第三项 P_0：

为最不利点水灭火设施所需的设计压力（MPa），根据《消水规》7.4.12 条第 2 款可知，P_0 为 0.35MPa；消防水泵设计压力：

$$P=0.1+0.01\times(5.2+4.5+3.3\times10+1.1)+0.35=0.888\text{MPa}$$

经过以上计算分析，代入上面的数据，消防水泵零流量时的压力（消防加压泵出口系统工作压力）为：

$$(1.20 \sim 1.40) \times 0.888 = 1.0656 \sim 1.2462 \text{MPa}$$

设计取 1.24MPa。

故选 C。

评论：

(1) 设计压力与系统工作压力，在消防工程中，还有一个工作压力的概念，三者是有本质区别的，实际工程应用中大多数人无法科学地区分，都是粗略地去估算，附加安全系数来选取，从工程角度来看，这样做是可以满足的，但从精算角度来看，是稍微欠缺的。

(2) 规范和标准中，三个压力并没有术语，这也是导致设计师无法正常理解和掌握的因素。

23.4　自动喷水灭火系统压力计算

【题 11】 某二类高层办公楼首层入口门厅吊顶距地面净高 10m，中庭平面尺寸为 18m×18m，采用 3m×3m 间距正方形均匀布置自动喷水灭火系统洒水喷头，作用面积内喷头流量系数 K 为 115 快速响应型，且喷头均以最小工作压力均匀喷水。中庭范围内喷头最小工作压力（MPa）为下列哪项？

(A) 0.05　　　　　(B) 0.07　　　　　(C) 0.09　　　　　(D) 0.11

答案：【C】。

分析： 自动喷水灭火系统喷头的最小工作压力，规范是有明文规定的，本案例给出了相关的信息，结合喷头的流量、喷水强度及喷头流量系数，去反推计算，可快速解答。

解析：

(1) 计算单个洒水喷头出水流量

根据《建水工程》教材 2.6.7 节洒水喷头出水流量计算，(2) 根据喷头的喷水强度、保护面积计算喷头流量，即式（2-35）：

$$q = DA_s$$

根据《自喷规范》表 5.0.2 可知，净高 10m 对应的喷水强度 $D = 12 \text{L/(min} \cdot \text{m}^2)$；根据《自喷规范》2.1.18 条可知，一只喷头的保护面积为同一根配水支管上相邻洒水喷头的距离与相邻配水支管之间距离的乘积，根据题设 $A_s = 3\text{m} \times 3\text{m}$；

单个洒水喷头出水流量为：

$$q = DA_s = 12 \times 3 \times 3 = 72 \text{L/min}$$

(2) 计算喷头最小工作压力

根据《自喷规范》式（9.1.1），$q = K\sqrt{10P}$，喷头工作压力可由喷头出水流量及喷头流量系数换算求得，题设已经给定 $K-115$，用 $q - K\sqrt{10P} = DA_s$ 求得：

$$P = \left(\frac{12 \times 3 \times 3}{115} \right)^2 \times \frac{1}{10} = 0.09 \text{MPa}$$

故选 C。

评论：

(1) 规范盲区：单个洒水喷头出水流量的计算，有 2 种计算方式，规范中仅提供了一种，另一种计算方法见《建水工程》教材 2.6.7 节。

（2）易错点：一只喷头的保护面积，并不是喷头的理论保护面积，应该是布置喷头时，它所承担的实际面积。

（3）考察工程技术人员在布置喷头时，不能随便减少喷头数量，一味地节省成本，还要根据布置间距复算一下喷头的工作压力，应满足规范的要求。

23.5　自动喷水灭火系统流量计算

【题 12】 设置湿式自动喷水灭火系统的建筑，火灾危险等级是中危险 I 级，最大净空高度小于 8m，设计基本参数均满足规范中最低要求，若最不利作用面积内最不利点处 4 只喷头围合面积为 3.4m×3.2m，装修时将其吊顶由石膏板吊顶改为格栅吊顶，则需要重新复核系统设计流量，问这 4 只喷头的平均流量不应小于以下哪项？

　　（A）1.20L/s　　　　（B）1.09L/s　　　　（C）0.94L/s　　　　（D）0.92L/s

答案：【A】。

分析： 本题考察的是改造项目，一方面要判断平均喷水强度的取值，另一方面要考虑改造后格栅吊顶的喷水强度满足规范要求，从这 2 个方面入手解答。

（1）题设要求 4 只喷头的平均流量，并同时说明了是"最不利作用面积内最不利点处 4 只喷头"，也强调了火灾危险等级为中危险级 I 级，满足《自喷规范》9.1.5 条使用"平均喷水强度可取 85% 的规定值"的条件。

（2）根据《自喷规范》表 5.0.1，可查得中危险级 I 级、最大净空高度小于 8m 的喷水强度可取 6L/(min·m²)，即可求出单个喷头的流量。又由于吊顶为格栅吊顶，根据《自喷规范》5.0.13 条，喷水强度应乘以 1.3 的系数。

解析：

（1）计算单个洒水喷头出水流量

根据《建水工程》教材 2.6.7 节洒水喷头出水流量计算，（2）根据喷头的喷水强度、保护面积计算喷头流量，即式（2-35）$q = DA_s$；

根据《自喷规范》表 5.0.1 可知，喷水强度 $D = 6$L/(min·m²)；根据《自喷规范》2.1.18 条可知，一只喷头的保护面积为同一根配水支管上相邻洒水喷头的距离与相邻配水支管之间距离的乘积，本题设给定了 $A_s = 3.4$m×3.2m；

单个洒水喷头出水流量 $q = DA_s = 6×3.4×3.2 = 65.28$L/min。

（2）判断平均喷水强度的取值

根据《自喷规范》9.1.5 条可知：系统设计流量的计算，最不利点处作用面积内任意 4 只喷头围合范围内的平均喷水强度，轻危险、中危险级不应低于本规范表 5.0.1 规定值的 85%；本案例中题设已经给出来"最不利作用面积内最不利点处 4 只喷头围合面积"，满足规范限定的条件范围，故计算时，其平均喷水强度可取规范表 5.0.1 规定值的 85%。

（3）改造后 4 只喷头的平均流量计算

根据《自喷规范》5.0.13 条：装设网格、栅板类通透性吊顶的场所，系统的喷水强度应按本规范表 5.0.1 规定值的 1.3 倍确定，结合第（1）、（2）步，改造后 4 只喷头的平均流量为：

$$q=\frac{3.4\times3.2\times6\times0.85}{60}\times1.3=1.2L/s$$

故选 A。

评论：

（1）在使用《自喷规范》9.1.5条"平均喷水强度85％"的时候，需满足2个条件，一是最不利作用面积内，二是任意4只喷头围合范围内的平均喷水强度，本案例是最不利作用面积内最不利点处4只喷头，正好满足此条件。

（2）改造项目，是近些年建筑行业内较为常见的类型，消防设施的配置，需要工程技术人员重新校核，满足规范要求。

【题13】 某经营食品、日杂用品的大型超市地面一层总建筑面积为11000m²，其中卖场区（双排货架）10500m²、办公区200m²及其他辅助功能区300m²。建筑高度为6.5m，室内可利用空间净高均为4.2m。为便于计算，初设阶段自动喷水灭火系统设计估算流量按$q=1.3\times$作用面积$\times$喷水强度。该系统一次灭火用水量（m³）不应小于下列哪项？

(A) 50　　　　　(B) 70　　　　　(C) 100　　　　　(D) 244

答案：【D】。

分析： 本题考察超级市场自动喷水灭火设计用水量，先估算流量，再根据火灾延续时间，就可以计算出一次灭火用水量。

解析：

（1）自动喷水灭火系统设计估算流量

根据题设，估算流量$q=1.3\times$作用面积$\times$喷水强度，再结合题干：大型超市净空高度<8m，物品高度>3.5m，由《自喷规范》附录A可知，为严重危险等级Ⅰ级；根据《自喷规范》表5.0.1可知，作用面积为260m²，喷水强度为12L/(min·m²)，估算流量为：

$$q=1.3\times260\times12$$

（2）一次灭火用水量计算

根据《消水规》3.6.1条的计算公式，消防水池的最小有效容积＝消防设计流量×火灾延续时间，根据《自喷规范》5.0.16条可知，火灾延续时间为1.0h，系统一次灭火用水量为：

$$V=1.3\times260\times12\times60\div1000=244m³$$

故选 D。

评论：

本案例易错点是超级市场通常分为3种危险等级类型，往往被忽略，未能准确判断危险等级，可能错判为中危险级Ⅱ级。

23.6　自动喷水护冷却系统相关计算

【题14】 某购物商场建筑高度为30m，地上5层，通高中庭设自动跟踪定位喷射型射流灭火系统。中庭环廊外侧均采用耐火极限1.0h的防火玻璃与环廊分隔的商铺。防火玻璃设置独立的防护冷却系统，喷头距地安装高度为 4.8m，间距为 2.0m。面向环廊的防火玻璃总长度为 90m。初步估算，并附加 1.5 的安全系数，防护冷却系统设计水量不应小于多少（m³）？

(A) 35 　　　　　 (B) 43 　　　　　 (C) 52 　　　　　 (D) 86

答案：【C】。

分析： 防护冷却系统设计流量与场所内是否设有自动喷水灭火系统有直接关系，再按计算长度内喷头同时喷水的总流量确定。

解析：

(1) 设计计算长度的确定

该建筑为购物商场，需要设置自动喷水灭火系统；

根据《自喷规范》9.1.4 条第 1 款规定：当设置场所设有自动喷水灭火系统时，计算长度不应小于本规范第 9.1.2 条确定的长边长度；《自喷规范》9.1.2 条规定：水力计算选定的最不利点处作用面积宜为矩形，其长边应平行于配水支管，其长度不宜小于作用面积平方根的 1.2 倍。

由此，可以求得计算长度 L：$L \geqslant 1.2 \times \sqrt{\text{作用面积}}$，根据《自喷规范》附录 A 可知，该建筑火灾危险性等级为中危险级 II 级，根据《自喷规范》表 5.0.1 可知，作用面积为 160m²，计算长度为：

$$L \geqslant 1.2 \times \sqrt{160} = 15.2\text{m}$$

(2) 计算长度内喷头数量的确定

根据《自喷规范》9.1.4 条规定：保护防火卷帘、防火玻璃墙等防火分隔设施的防护冷却系统，系统的设计流量应按计算长度内喷头同时喷水的总流量确定；

根据题设，喷头间距为 2.0m，计算长度的喷头数量为 $15.2 \div 2 = 7.6$，设计取 8 只喷头，实际计算长度取 $8 \times 2 = 16\text{m}$。

(3) 防护冷却系统设计水量

首先确定喷头布置位置：根据《自喷规范》7.1.17 条规定：当防火卷帘、防火玻璃墙等防火分隔设施需采用防护冷却系统保护时，喷头应根据可燃物的情况一侧或两侧布置；根据题设，中庭环廊外侧采用防火玻璃与环廊分隔的商铺，火源来自商品，可一侧布设防护冷却系统的喷头。

其次，确定喷头的喷水强度：题设给定喷头距地安装高度 4.8m，根据《自喷规范》5.0.15 条第 2 款规定：喷头设置高度不超过 4m 时，喷水强度不应小于 0.5L/(s·m)；当超过 4m 时，每增加 1m，喷水强度应增加 0.1L/(s·m)；可知喷水强度为：$0.5 + 0.1 = 0.6\text{L/(s·m)}$。

最后，计算防护冷却系统最小设计水量＝1.5×计算长度×喷水强度×持续喷水时间，根据《自喷规范》5.0.15 条第 4 款规定：持续喷水时间不应小于系统设置部位的耐火极限要求；根据提示给定了耐火极限 1.0h；防护冷却系统最小设计水量为：

$$V = 1.5 \times 16 \times 0.6 \times 1.0 \times 3.6 = 51.84\text{m}^3 \approx 52\text{m}^3$$

故选 C。

评论：

(1) 本题属于工程设计类题型，在近些年的注册考试中此类题型越来越多，重点考察工程设计人员的基础知识及涉猎广度与深度。

（2）防护冷却系统是闭式系统，防护水幕系统是开式系统，二者既相似，又有区别，特别容易混淆，作答时应从二者基本概念出发去解答。

23.7　自动喷水灭火气压供水设备有效水容积计算

【题 15】 某建筑面积为 $3000m^2$ 的单层展厅采用设置临时高压的自动喷水灭火系统，系统设置无高位水箱的气压供水设备稳压。若系统最不利作用面积内喷头水力条件相同，采用 $K=80$ 洒水喷头，最不利点喷头工作压力为 0.07MPa。问气压供水设备的气压罐最小有效容积可选以下哪项？

（A）2680L　　　　（B）1800L　　　　（C）1340L　　　　（D）1150L

答案：【C】。

分析： 本案例考察的是供水系统，作答时应第一时间定位在《自喷规范》第 10 章，找到对应的条文，即可快速解答。

解析：

（1）气压罐最小有效容积计算依据的确定

根据《自喷规范》10.3.3 条规定：采用临时高压给水系统的自动喷水灭火系统，当按现行国家标准《消防给水及消火栓系统技术规范》GB 50974 的规定可不设置高位消防水箱时，系统应设气压供水设备。气压供水设备的有效水容积，应按系统最不利处 4 只喷头在最低工作压力下的 5min 用水量确定。

（2）单个洒水喷头出水流量

根据《自喷规范》9.1.1 条可知，喷头出水流量 $q = K\sqrt{10P}$，其中 $K=80$，$P=0.07$，单个洒水喷头出水流量为：

$$q = K\sqrt{10P} = 80 \times \sqrt{10 \times 0.07} = 67L/min$$

（3）气压罐最小有效容积的计算

气压供水设备的气压罐最小有效容积为 4 只喷头 5min 用水量，气压罐最小有效容积为：

$$V = 5 \times 4 \times 67 = 1340L$$

故选 C。

评论：

（1）该考点不是常规工程设计的范畴，容易被忽略。

（2）易错点：稳压罐与气压供水设备都存在有效容积，但二者对有效容积大小的计算方式是不同的。根据《消水规》5.3.4 条规定：稳压罐的有效容积是不能小于 150L 并且要控制稳压泵的启泵次数 15 次/h，二者容易混淆。

23.8　汽车库自动灭火系统的相关计算

【题 16】 海南某大型购物中心地下车库采用 3‰水成膜泡沫-水喷淋灭火系统，泡沫液罐有效容积（m³）最小为下列哪一项？（注：自系统启动转换达到额定混合比的时间不计，泡沫液管线附加容积系数取为 1.1；自动喷水灭火系统中危险级Ⅱ级设计水量取 30L/s；泡沫-水喷淋供给强度分别为 6.5L/(min·m²)、8.0L/(min·m²) 时，设计流量分别取 65.5L/s、81L/s）

$\qquad$ (A) 0.60　　　　　(B) 1.18　　　　　(C) 1.30　　　　　(D) 1.61

答案：【D】。

分析： 求泡沫液罐有效容积，实际上就是利用水力学的基本公式，即有效容积等于设计流量乘以时间，抓住这个基本概念，本案例即可快速解答。

解析：

（1）供给强度的确定

根据《泡沫标准》6.1.3 条规定：泡沫-水喷淋系统泡沫混合液与水的连续供给时间应符合下列规定：

1 泡沫混合液连续供给时间不应小于 10min；

2 泡沫混合液与水的连续供给时间之和不应小于 60min。

由此可见，对于泡沫-水喷淋系统，采用的是同一喷头，同一加压供水系统，前 10min 喷放的是泡沫混合液，后 50min 喷放的全是水，采用同一加压供水系统时，应符合工程原则，按供给强度大的作为该系统的设计参数。

（2）设计流量的确定

根据题设，"泡沫-水喷淋供给强度分别为 6.5L/(min·m²)、8.0L/(min·m²) 时，设计流量分别取 65.5L/s、81L/s 两个设计流量"，根据（1）分析，设计采用 8.0L/(min·m²) 对应的设计流量 81L/s。

（3）泡沫液罐最小有效容积计算

根据水力学基本公式，可知，有效容积＝设计流量×持续喷放时间，题设给定了浓度及附加系数，故泡沫液罐最小有效容积为：

$$V = 81 \times 1.1 \times 10 \times 60 \times 3\% = 1.61 \text{m}^3$$

故选 D。

评论：

（1）本案例题是非常规考点，有一定难度，实际工程中遇到过此类设计，能轻松应对，但大部分人没有接触过，对于"一会喷泡沫混合液，一会喷水"理解不到位，就会导致选错参数。

（2）即便是本题不给相应的喷放强度，可以通过规范查找出相应的设计参数，根据《自喷规范》附录 A，汽车库为中危险级Ⅱ级，其喷水强度为 8.0L/(min·m²)，根据《泡沫标准》6.3.5 条规定：闭式泡沫-水喷淋系统的供给强度不应小于 6.5L/(min·m²)。

23.9　消防工程设计方案分析

【题 17】 某设计院送审图纸如图 23-2 所示，即室内消火栓系统原理图，建筑体积为 2.5 万 m³ 的京东物流高层丙类仓库，假如你作为一名资深的设计审图老师，请指出图中存在几处不满足国家现行消防规范的规定，写出原因并说明理由。

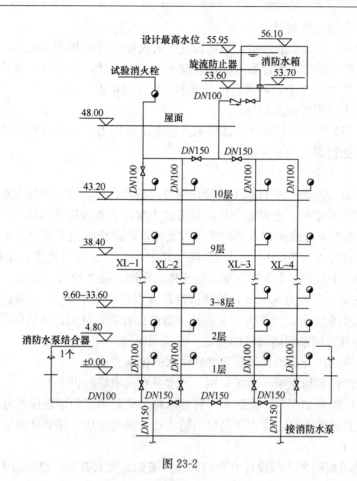

图 23-2

注：① 屋顶消防水箱有效水面面积为 8.0m²；消火栓栓口距楼（地）面的高度均为 1.10m。

② 屋顶消防水箱附件如检修人孔以及进水管、溢流放空管、通气管等未绘出，忽略其问题。

③ 忽略系统管道上各种阀门的设置、管径等标注以及系统控制设施设置的问题。

分析： 看图挑错，与工程设计审图性质一样，图中给的消防设施（水箱、结合器与消火栓等）、阀门、标高及尺寸标注都是重点考察对象。

解析：

（1）水箱容积复核

根据《消水规》5.2.1 条第 5 款可知，该建筑消防水箱容积至少为 18m³；根据《消水规》5.2.6 条第 2 款可知，最低有效水位标高为 53.7+0.15=53.85m，高位消防水箱容积：

$$V=8\times(55.95-53.85)=16.8m^3<18m^3$$

水箱容积不满足规范要求，第 1 处错误。

（2）静水压复核

根据题干信息及图中内容，未见稳压装置，故需要复核高位消防水箱的静水压力，根据《消水规》5.2.2 条第 3 款可知，最低有效水位应满足最不利点处的静水压力为 0.1MPa，即为 10m；根据图中的相关数据，静水压力：$H=53.85-(43.2+1.1)=9.55m<10m$；不满足规范要求，第 2 处错误。

（3）水泵接合器个数复核

根据《消水规》3.5.2 条可知，该建筑室内消火栓设计流量为 40L/s，又根据《消水规》5.4.3 条可知一个水泵接合器的流量宜按 10～15L/s 计，水泵接合器数量40÷（10～15）＝3～4 个，图中有 2 个，不满足规范要求，第 3 处错误。

（4）试验消火栓附件配置复核

根据《消水规》7.4.9 条可知，试验消火栓应设置压力表，图中漏设压力表，不满足规范要求，第 4 处错误。

图中合计 4 处错误。

评论： 图纸审查问题，一直是工程设计领域的重点内容，完整的施工图是用于指导采购、安装及调试用的依据，也是近些年注册考试中实际工程应用的内容体现。

【题 18】 上海市某超高层建筑消防设计方案评审，该建筑地下 3 层（地下一层层高为 6.00m，其余层高均为 4.20m），地上 45 层（其中：一～五层为裙房，层高均为 5.00m；六～二十七层和二十八～四十五层分别为写字楼、宾馆，层高均为 4.50m，避难层为十一、二十二、三十三层，层高为 5.50m，消防供水设施拟设在地下一层）。该建筑室内消火栓系统设计的下列供水方案，你作为一名经验丰富的设计师，针对以下消防供水方式进行评审，哪项不满足现行国家消防规范的规定？并说明原因。

方案 1：按高低区分别设置消防泵并联供水的供水方式

方案 2：低区设置加压泵，高区采用消防水泵直接串联的供水方式

方案 3：低区设置加压泵，高区采用转输水箱＋消防水泵的串联供水方式

方案 4：设置转输水泵，供水至高位消防水池，采用减压水箱分区的常高压系统

答案：方案 1。

分析： 本题考察的是工程设计方案的选择，诸如此类的方案，根据四个选项，分别核对规范原文，结合题干去分析确定。

解析：

（1）高层建筑消防系统分区的原则

根据《消水规》6.2.2 条：当系统工作压力大于 2.4MPa 时，应采用消防水泵串联或减压水箱分区减压供水形式。

（2）建筑高度的计算

本建筑高度为 $5×5＋37×4.5＋3×5.5＝208m$，由《消水规》7.4.12 条可知，消火栓栓口动压不应小于 0.35MPa（35m），提示并未给出消防水泵的位置标高，忽略管道总水头损失情况下，粗略估算消防加压泵的扬程至少需要：

$$208＋35＝243m＝0.243MPa$$

根据《消水规》8.2.3 条第 3 款：采用高位消防水箱稳压的临时高压消防给水系统的系统工作压力，应为消防水泵零流量时的压力与水泵吸水口最大静水压力之和，可知，该建筑系统工作压力超过 2.4MPa，根据《消水规》6.2.2 条规定，不能采用"消防泵并联供水的供水方式"，方案 1 不满足规范要求。

评论：

（1）工程方案设计评审，在近些年的注册考试中此类题型越来越多，重点考察工程设计人员的基础知识及涉猎广度与深度。

（2）作答时，可先从 4 个方案入手，先用排除法将可疑选项排除，然后再通过计算证实即可。

（3）值得注意的是，高层建筑的分区是采用系统工作压力，而非消防加压泵的扬程。

【题 19】某建筑设计单位进行设计方案评审，自动喷水灭火系统设计方案描述如下，假如你作为评审专家，以下关于预作用系统的描述中有几项不正确的？并写出正确与错误的原因。

① 替代干式系统的预作用系统采用双连锁控制。

② 预作用报警阀可与湿式报警阀并联接入系统，也可与湿式报警阀串联接入。

③ 预作用系统的作用面积应按照湿式系统的作用面积的 1.3 倍确定。

④ 净高超过 8m 的高大空间场所采用预作用系统时，其设计基本参数应按《自动规范》表 5.0.1 中参数确定。

⑤ 预作用系统的预作用阀处应可以手动应急启动。

(A) 5 项　　　　(B) 4 项　　　　(C) 3 项　　　　(D) 2 项

答案：【D】。

分析：工程设计方案的判定，根据给定的方案，分别核对规范原文，结合题干去分析确定。

解析：

（1）由《自喷规范》11.0.5 条第 2 款规定：处于准工作状态时严禁管道充水的场所和用于替代干式系统的场所，宜由火灾自动报警系统和充气管道上设置的压力开关控制的预作用系统，由此可知，替代干式系统的预作用系统采用双连锁控制，是合理的；故①正确。

（2）由《自喷规范》4.3.1 条可知，建筑物中保护局部场所的干式系统、预作用系统、雨淋系统、自动喷水-泡沫联用系统，可串联接入同一建筑物内的湿式系统；由《自喷规范》10.1.4 条可知，当自动喷水灭火系统中设有 2 个及以上报警阀组时，报警阀组前应设环状供水管道，结合该条文说明的配图可以看出：预作用报警阀与湿式报警阀并联接入同一环状供水管道系统；故②正确。

（3）由《自喷规范》5.0.11 条第 2 款、第 3 款可知，双连锁的预作用系统的作用面积才需要乘以 1.3 的系数；故③错误。

（4）《自喷规范》表 5.0.1 为针对净高不大于 8m 的场所，对于净高超过 8m 的高大空间场所能否采用预作用系统，规范没有交代，无此规定；故④错误。

（5）由《自喷规范》11.0.7 条第 3 款可知，预作用装置或雨淋报警阀处现场手动应急操作；故⑤正确。

综上所述，2 项错误，故选 D。

评论：

（1）考查的知识点较为全面，涉及湿式系统的串、并联问题，操作与控制系统，以及单连锁和双连锁。

（2）值得注意的是《自喷规范》中并未包含单连锁和双连锁的术语，仅在 11.0.5 条条文说明中提到了"连锁"，给大家说明一下，《自喷规范》11.0.5 条第 1 款控制方式，属于"单连锁控制"，11.0.5 条第 2 款控制方式，属于"双连锁控制"。

第 4 篇
模拟题

4

专业知识模拟题（上午）

一、单项选择题（共 40 题，每题 1 分，每题的备选项中只有一个符合题意）

1. 有关给水系统工程规划的基本原则叙述中，下列说法正确的是哪一项？
   - (A) 在缺水地区应限制建设耗水量大的工业项目而发展农业；
   - (B) 城市给水管网可与工矿企业自备水源直接连接，急需时引入自备水源水；
   - (C) 应充分考虑提高居民用水量定额和工业生产用水量定额的可能性，留有扩大给水系统工程规模的余地；
   - (D) 当既有地表水源水又有地下水源水时，可考虑优先选用地下水作为居民生活饮用水水源。

2. 有关设置管网网后水塔（或高位水池）的作用叙述中，下列说法错误的是哪一项？
   - (A) 可减小管网末端管径；
   - (B) 可减小供水厂二级泵房最高时供水流量；
   - (C) 可减小供水厂出厂水管管径；
   - (D) 可降低供水厂晚间供水压力。

3. 输水管应根据检修需要设置检修阀门，下列有关检修阀门设置位置和要求的叙述中，下列说法不妥当的是哪一项？
   - (A) 输水管分叉连接高位水池处应设置阻断阀门；
   - (B) 输水管穿越河道、铁路处应设置阻断阀门；
   - (C) 安装通气阀的干管上应设置阻断隔离阀门；
   - (D) 安装消火栓的独立管道上两阻断阀门间距不宜超过 600m。

4. 在多水源管网水力平差计算中，处于不同水源供水分界线上的节点具有的特征叙述中，下列说法不合理的是哪一项？
   - (A) 不同水源流向分界线节点的管段水头损失必然相同；
   - (B) 多处水域流向分界线节点的各管段流量的代数和与分界线上节点流量相同；
   - (C) 不同水源到达分界线节点处的水压必须相同；
   - (D) 不同水源供水量比例发生变化时，分界线节点的位置发生变化。

5. 关于管井、大口井和渗渠取水适用条件的叙述中，下列说法正确的是哪一项？
   - (A) 渗渠只适用于取用河床渗透水；
   - (B) 大口井只适用于取用潜水和无压含水层的水；
   - (C) 管井既适用于取用承压和无压含水层的水，也适用于取用潜水；
   - (D) 泉室仅适用于取用覆盖层厚度小于 5.0m 的潜水。

6. 设计山区浅水河流取水构筑物时，下列说法中错误的是哪一项？
   - (A) 河流水中推移质不多时宜采用低坝式取水构筑物，大颗粒推移质较多时宜采用底栏栅式取水构筑物；

(B) 在河床为基岩的平坦地段采用渗渠集取河床渗流水;

(C) 底栏栅式取水构筑物可以建在山溪河流的出口处;

(D) 低坝式取水构筑物和底栏栅式取水构筑物既适用于小型取水工程,也适用于大型取水工程。

7. 关于水泵特点和有关特性方程的说明中,下列说法正确的是哪一项?

(A) 离心泵按照叶轮叶片弯度方式通常分为单吸泵和双吸泵;

(B) 从对离心泵特性曲线的理论分析中可以看出,每一台水泵都有它固定的特性曲线,这种曲线反映了该水泵的基本工作原理;

(C) 离心泵特性方程 $H_p = H_b - S_i q_i^n$ 表示水泵流量、扬程和输水管道水头损失的关系;

(D) 反映流量与输水管路中水头损失之间关系的曲线方程,称为流量与管路阻力方程。

8. 由循环水泵从冷却塔集水池中抽水送入冷冻机,冷却热流体后直接流入湿式冷却塔冷却,然后再流入冷却塔集水池,该系统属于何类系统?

(A) 直冷闭式系统　　　　　　　　(B) 直冷开式系统

(C) 间冷闭式系统　　　　　　　　(D) 间冷开式系统

9. 关于同向絮凝、异向絮凝的说法,下列说法正确的是哪一项?

(A) 对于任何细小颗粒,无论是否脱稳,只要受到水分子及溶解杂质分子、离子的撞击,都有可能发生异向絮凝从而碰撞聚结;

(B) 异向絮凝的速度与是否投加混凝剂、颗粒是否脱稳无关;

(C) 同向絮凝是外界扰动水体,产生速度差,引起颗粒碰撞从而发生絮凝,故絮凝速度与水温无关;

(D) 在机械混合时,异向絮凝的速度与外界对水体搅拌速度梯度 G 值大小有关。

10. 有关常用滤池分类特点的叙述中,下列说法正确的是哪一项?

(A) 普通快滤池可以是四阀控制或双阀控制的滤池,通常采用大阻力配水系统,变水头变过滤;

(B) V型滤池通常是四阀控制、小阻力配水系统、气水反冲洗滤池,可以是等水头等速过滤或者等水头变速过滤;

(C) 虹吸滤池是小阻力配水系统、变水头等速过滤滤池,一般采用单水冲洗,在不改变滤池结构条件下可以采用气水同时反冲洗;

(D) 无阀滤池是小阻力配水系统、变水头等速过滤滤池。和虹吸滤池分格要求相同,一般采用单水冲洗,在不改变滤池结构条件下可以采用气水同时反冲洗。

11. 关于除铁除锰,下列设计做法中错误的是哪一项?

(A) 除铁、除锰滤池宜采用大阻力配水系统,当采用锰砂滤料时,承托层的顶面两层改为锰矿石;

(B) 曝气采用接触式曝气塔时,填料层层数设计为2层,层间的净距采用800mm;

(C) 经测定,原水中二阶铁含量为4mg/L,二价锰含量为0.3mg/L,决定采用原水-射流曝气-除铁滤池-除锰滤池-出水;

(D) 将板条式曝气塔装置放在室内,设计时设置通风设施。

12. 关于离子交换，下列说法正确的是哪一项？

（A）R-Na 离子交换器可去除水中的硬度离子，不出酸性水，可以去除碱度；

（B）R-H 离子交换器可去除水中的硬度离子，以漏硬为失效点时，出水呈酸性；

（C）R-H-R-Na 离子交换器并联系统设计的基本原则是 R-H 产生的总酸度等于 R-Na 产生的总碱度；

（D）R-COOH 树脂是一种容易再生但交换容量小的离子交换树脂。

13. 有关排水系统的说法，下列说法错误的是哪一项？

（A）出水口不是城镇污水排入水体的终点设施；

（B）污水管道为重力流管道，根据情况排水系统中需设备压力管道；

（C）雨水泵房的集水池容积，不应小于最大一台水泵 30s 的出水量；

（D）城镇污水处理厂是城市排水系统的组成部分。

14. 关于污水管道的说法，下列说法错误的是哪一项？

（A）污水管道设计按照不满流设计原因之一是便于管道的疏通和维护管理；

（B）污水支管布置常见的布置形式有低边式、穿插式、周边式、平行式；

（C）经试验验证，非金属管道的最大设计流速可大于 5m/s；

（D）排水管道采用压力流时，压力管道的设计流速宜采用 0.7~2.0m/s。

15. 下列关于雨水管道及雨水系统设计，下列说法错误的是哪一项？

（A）由极限强度理论可知，当汇水面积上最远点的雨水流达集流点时，全面积产生汇流，雨水管道的设计流量最大；

（B）雨水系统设计应采取措施防止洪水对城镇排水工程的影响；

（C）综合径流系数为 0.75 的地区应采用渗透、调蓄等措施；

（D）天津市某中心城区下穿立交道路的雨水管渠设计重现期为 10 年。

16. 某矩形钢筋混凝土箱涵敷设在软土地基上，宜采用下列哪种接口方式比较适宜？

（A）橡胶圈接口；

（B）石棉沥青卷材接口；

（C）预制套环石棉水泥（或沥青砂）接口；

（D）钢带橡胶止水圈结合上下企口式接口。

17. 关于污水处理厂物理处理单元的说法，下列说法正确的是哪一项？

（A）细格栅输送距离为 9m，采用螺旋输送机；

（B）沉淀池的沉淀效率由池的表面积决定，与池深无多大关系，池深越浅越好；

（C）宜设置除砂和撇油除渣两个功能区，并配套设置除渣和撇油设备；

（D）初次沉淀池表面水力负荷一般低于二沉池的水力表面负荷。

18. 关于 MBR 工艺，下列说法错误的是哪一项？

（A）MBR 预处理工艺包括格栅、沉砂池等；

（B）MBR 实现了污水水力停留时间与污泥停留时间的完全分离；

（C）MBR 膜清洗分为在线清洗和离线清洗；

（D）MBR 工艺通常无法实现同时脱氮除磷。

19. 某城市污水处理厂采用厌氧-好氧工艺进行生物脱处理，该系统时常出现氨氮去除效率较低的问题，试分析以下哪一项不是产生该问题的可能原因？

(A) 曝气量低，好氧区溶解氧浓度小于 1mg/L；

(B) 运行温度低（<15℃）；

(C) 碱度不足；

(D) 进水 C/N 比较低。

20. 关于生物膜法，下列说法错误的是哪一项？

(A) 生物转盘生化处理系统可采用鼓风曝气；

(B) 采用污泥回流时，MBBR 工艺具有生物膜法和活性污泥法特性；

(C) 生物流化床工艺布水不均时容易导致流化失败；

(D) 与后置反硝化生物滤池相比，前置反硝化生物滤池的反硝化负荷更高。

21. 关于污泥的性质，下列说法正确的是哪一项？

(A) 有机污泥颗粒较细，相对密度较小，含水率高且易于脱水；

(B) 腐殖污泥和消化污泥都属于熟污泥；

(C) 某污泥比阻为 10^{15}m/kg，该污泥较易脱水；

(D) 压缩系数较小的污泥宜采用带式压滤机脱水。

22. 关于污泥重力浓缩和气浮浓缩描述，下列说法错误的是哪一项？

(A) 重力浓缩主要是利用污泥中固体颗粒与水的相对密度差来实现泥水分离；

(B) 剩余污泥采用气浮浓缩的表面水力负荷比重力浓缩大；

(C) 重力浓缩与气浮浓缩占地差异不大；

(D) 重力浓缩比气浮浓缩运行费用低。

23. 关于污水处理及污泥处理，下列说法错误的是哪一项？

(A) 次氯酸钠溶液宜低温、避光储存，储存时间不宜大于 7d；

(B) 污泥深度脱水压滤机的控制、压榨、工艺用压缩空气可以合用一套压缩空气系统节省用气；

(C) 除臭中臭气采用高空排放时，应设避雷设施；

(D) 污水处理厂应采用"集中管理、分散控制"的控制模式设置自动化控制系统。

24. 某小型工业废水处理厂废水中的悬浮固体颗粒很细小，采用沉淀法难以去除，且受占地面积的限制，拟采用气浮法去除，并要求对废水负荷变化适应性强，脱色效果好，占地小，噪声低，试分析下列哪种气浮方法最适合？

(A) 加压溶气气浮法　　　　　　(B) 散气气浮法

(C) 容器真空气浮法　　　　　　(D) 电解气浮法

25. 某高层建筑，市政管网供水压力正常但不允许增压泵直接吸水，建筑屋顶允许设置高位水箱，则该建筑给水系统设置最为合理的选项是下列哪一项？

(A) 全楼供水系统由增压泵组＋高位调节水箱方式组成；

(B) 全楼供水系统由低位调节水箱＋增压泵组＋高位调节水箱组成；

(C) 全楼供水系统由低位调节水箱＋变频泵组供水；

(D) 低区由市政管网直接供水，高区由设于低位的调节水箱＋增压泵组＋高位调节水箱联合供水。

26. 关于计量水表的描述，下列说法正确的是哪一项？

(A) 体育场馆应以给水设计流量选定水表的常用流量；

（B）医院应以给水设计流量选定水表的常用流量；

（C）在消防时除生活用水外，尚需通过消防流量的水表，应以消防的设计流量进行校核；

（D）水表分为 A、B 两个计量等级，B 级精度低于 A 级精度。

27. 某建筑共 8 层，其中一～二层为办公，公共卫生间采用感应式洗手盆和脚踏式蹲便器；三层及以上为公寓，卫生间内设手动陶瓷片水嘴洗脸盆、分档坐便器、电热水器。办公用水由市政给水管直供，公寓由二次供水设备加压供水，并设置减压阀使用水点处压力不大于 0.20MPa；办公和公寓分别设计量水表。本建筑采取的节水措施共有几项？

（A）5　　　　　　（B）6　　　　　　（C）7　　　　　　（D）8

28. 关于生活给水系统加压供水设备、泵房及水池描述，下列说法错误的是哪一项？

（A）生活低位水池（箱）的启泵水位，宜取 1/3 贮水池总水深；

（B）生活给水加压泵效率应符合"泵目标能效限定值"的要求；

（C）居住建筑生活给水加压泵的噪声和振动应达到 C 级要求；

（D）水泵吸水总管管顶应低于水池启动水位，且吸水喇叭口的最小淹没水深为 0.3m。

29. 关于室内消防设施设计叙述，下列说法不合理的是哪一项？

（A）体积大于 5000m³ 的老年人照料设施应设室内消火栓；

（B）当最大净空高度不超过 8m，总建筑面积不超过 1000m² 时，可采用局部应用自动喷水系统；

（C）当老年人照料设施内无室内消火栓系统时，应设置与室内供水系统直接连接的消防软管卷盘；

（D）体积大于 5000m³ 的托儿所，幼儿园应设室内消火栓及自动灭火系统（如自动喷水）。

30. 根据规范要求，当消防给水系统工作压力大于 2.4MPa 时，应分区供水，当采用"消防水泵串联"分区供水形式时，消防水泵的设计扬程不宜大于（　　）？

（A）1.6MPa　　　（B）1.7MPa　　　（C）2.1MPa　　　（D）2.4MPa

31. 关于水幕系统和防护冷却系统描述，下列说法正确的是哪一项？

（A）水幕系统及防护冷却系统应独立设置；

（B）水幕系统及防护冷却系统均可采用水幕喷头；

（C）水幕喷头用于防护冷却水幕系统时，喷头不应少于 3 排；

（D）防护冷却水幕系统及防护冷却系统的喷头均可单排布置。

32. 设置自喷喷水火火系统的超级市场，其火灾危险判定错误的是哪一项？

（A）净空高度不超过 8m，物品堆放高度不超过 3.5m 为中危险等级Ⅱ级；

（B）净空高度不超过 8m，物品堆放高度不超过 3.5m 为严重危险等级Ⅰ级；

（C）最大净空高度超过 8m 时，按仓库危险等级选取参数；

（D）超级市场火灾危险性应相对其室内净空高度、储存方式及储存高度确定。

33. 关于热水供应系统选择、设计及措施，下列说法正确的是哪一项？

（A）普通住宅的居住小区采用集中热水供应系统还是局部热水供应系统应根据小区规模来确定；

(B) 集中热水供应系统当不设分户水表时，支管应采用循环方式；

(C) 集中热水供应系统的各区水加热器贮水罐应按分区分别设置；

(D) 集中热水供应系统无论是小区还是单栋建筑，热水循环效果的技术措施相同。

34. 关于热水供应系统管网设计叙述，下列说法合理的是哪一项？

(A) 定时热水供应系统的循环水泵在泵前回水总管上应设温度传感器，定时自动控制；

(B) 采用热水箱和热水泵联合供水时，供水泵与循环水泵宜分开设置；

(C) 别墅局部热水供应系统，设 1 台循环水泵；

(D) 热水输（配）水管段上设置了保温，其回水管可不做保温。

35. 集中热水供应系统水加热管出水温度及灭菌消毒设施描述，下列说法不合理的是哪一项？

(A) 水加热设备（设施）的供水温度应根据水质、使用要求、是否设置灭菌消毒措施确定；

(B) 水加热设备最高出水温度应≤70℃；

(C) 某宾馆集中热水供应系统设有灭菌措施，水加热设备出水温度不应≤55℃；

(D) 当水加热设备出水温度不满足要求时，可采取系统内热水定期升温方式灭菌。

36. 热水供应系统设计方案中，下列说法不合理的是哪一项？

(A) 酒店、医院等建筑生活热水系统，居住用房和公共区域用热水宜分开设置加热设备和管道系统；

(B) 酒店、医院等建筑设集中热水系统时，其中用水时段固定的用水部位宜设单独热水管网，定时循环供热水；

(C) 办公建筑宜采用局部热水供应系统；

(D) 当集中热水机房的服务半径超过 500m 时，可分散设置热水机房，共用热媒管线，为了保持热水安全性，热水供水管网串联在一起。

37. 关于排水体制的说法，下列说法不合理的是哪一项？

(A) 污、废水在建筑物内汇合后用同一排水干管排至建筑物外不属于建筑排水合流制；

(B) 含油污水应与其他排水分流设计；

(C) 当建筑物或小区设有中水系统，生活废水需回收利用时应分流排水，生活废水单独收集作为中水水源；

(D) 非传染病医疗灭菌消毒设备的排水与生活排水管道系统应采取间接排水方式。

38. 关于建筑物内排水管道布置及敷设，下列说法合理的是哪一项？

(A) 住宅厨房间的废水可以与卫生间的排出管相连接；

(B) 埋于填层中的管道可采用粘结或熔接，且应根据管道的伸缩量设置伸缩节；

(C) 客房的吊顶内可以敷设排水管道；

(D) 排水管道设置的清扫口，宜与管道同材质。

39. 小区应采取分流制排水系统指的是以下哪一项？

(A) 生活排水系统与雨水系统单独设置；

(B) 生活污水系统与雨水系统单独设置；

（C）生活排水系统与生产排水系统单独设置；

（D）生活污水系统与生活废水系统单独设置。

40. 关于中水原水系统的叙述中，下列说法错误的是哪一项？

（A）含油排水进入原水系统时，应经过隔油处理后方可进入原水集水系统；

（B）中水原水管道既不能污染建筑给水，又不能被不符合原水水质要求的污水污染；

（C）原水应计量，故原水进水管应设水表；

（D）原水系统应计算原水收集率。

二、多项选择题（共 30 题，每题 2 分，每题的备选项中有两个或两个以上符合题意。多选、少选、错选均不得分）

41. 在描述配水管网中设置水塔和不设置水塔供水状况时，下列说法正确的是哪几项？

（A）无论设置网前水塔或网后水塔，都可以减小二级泵房设计流量；

（B）无论设置网前水塔或网后水塔，水塔高出地面的高度必须大于最不利供水点的最小服务水头；

（C）无论设置网前水塔或网后水塔，都可以降低二级泵房扬程；

（D）无论设置何种水塔都可以减小清水池的调节容积。

42. 关于设计流量和设置阀门的叙述中，下列说法错误的是哪几项？

（A）管网最高日平均时供水量等于最高日供水量除以 24h；

（B）无论每天供水多长时间，从水源地到供水厂的输水管都应按照最高日平均时供水量（$Q_d/24$）计算，并计入浑水输水管漏损水量和供水厂自用水量；

（C）设有网后水塔管网，从管网到水塔的输水管管径应按照二级泵房向水塔充水流量大小计算；

（D）配水管网上安装消火栓和阻断阀门时，两个阀门的间距不应超过 1000m。

43. 关于管材特点和安装的表述中，下列说法错误的是哪几项？

（A）球磨铸铁管机械强度高、耐腐蚀，可采用承插接口或法兰接口；

（B）预应力钢套筒混凝土管可采用钢管焊接接口，再用混凝土涂平；

（C）埋设在天然地基上的承插式预应力钢筋混凝土管可不设管道基础；

（D）玻璃钢管、塑料管内壁光滑，安装时只需内外管壁喷涂环氧树脂无毒涂料防腐即可。

44. 关于大口井构造的叙述中，下列说法错误的是哪几项？

（A）当含水层厚度为 10m 左右时，应尽量建成完整式大口井；

（B）为防止地表污水流入井内，井口应高出地面 0.50m 以上，井口周围填入优质黏土或水泥砂浆等不透水材料封闭，同时设不透水散水坡；

（C）井壁进水斜孔由井壁外向井内倾斜，以利于大口井进水；

（D）井底为裂隙含水层时，可不铺设反滤层。

45. 冷却塔特性数表示为 $N' = \dfrac{\beta_{xv} V}{Q}$，对于构造相同、设置淋水填料相同的两座冷却塔来说，它们的特性数表述正确的是哪几项？

（A）因两者构造相同，故特性数相同；

(B) 因两者冷却塔的淋水面积相同，特性数一定相同；

(C) 因两者设计的排风量不同，特性数不一定相同；

(D) 因两者设计的水流量不同，特性数不一定相同。

46. 关于水循环的说法中，下列说法正确的是哪几项？

(A) 工厂排放的生产废水中所含的污染物只要在受纳水体自净范围之内，就属于水体的良性社会循环；

(B) 人类建立湿地，不会影响水的自然循环；

(C) 水循环对水质是没有影响的；

(D) 水在自然循环过程中，会溶入土壤中的腐殖质，从而改变水质。

47. 关于胶体颗粒电位的叙述中，下列说法正确的是哪几项？

(A) 校核表面的总电位是电位离子层形成的；

(B) 校核表面的电位就是总电位；

(C) 胶体颗粒表面上的电位就是总电位；

(D) 胶体的总电位可以通过仪器进行直接测量。

48. 关于滤池配水系统，下列说法错误的是哪几项？

(A) 大阻力配水系统的原理就是增大冲洗水出流孔口的面积以削弱承托层和滤料层分布不均匀引起的冲洗水量误差的影响；

(B) 开孔比越小，冲洗时水头损失越小；

(C) 大阻力配水系统的滤池冲洗是否均匀，取决于配水系统孔口面积和配水干管、支管过水断面面积；

(D) 小阻力配水系统多用于冲洗水压力较高且单格过滤面积较小的滤池。

49. 关于除铁、除锰、除氟，下列说法正确的是哪几项？

(A) 浅层含铁地下水温度适宜，有氧存在时，容易滋生铁细菌；

(B) 接触催化氧化除铁工艺中，对原水曝气是为了在曝气装置中将二价铁离子氧化为三价铁离子；

(C) 接触催化氧化除锰滤池运行一段时间后也会滋生锰的氧化细菌，具有生物除锰的功能；

(D) 活性氧化铝吸附水中 F^- 的吸附容量和再生硫酸铝的 pH 高低有关，pH 为 5~8 时，除氟效果好。

50. 关于排水系统设计，下列说法正确的是哪几项？

(A) 排水系统设计时，原有排水工程设施必须利用；

(B) 工业废水只要符合条件，应集中至城镇排水系统一起处理较为经济合理；

(C) 有几个区域同时或几乎同时建设时，应考虑合并处理和处置的可能性；

(D) 污水排水工程应与给水工程协调，雨水排水工程应与防洪工程协调。

51. 下列叙述中错误的是哪几项？

(A) 污水管道系统在进行水力计算时，直线检查井可不考虑局部水头损失；

(B) 污水出户管的最小埋深一般采用 0.5~0.7m，所以街坊污水管道起点最小埋深不应小于 0.6m；

(C) 在地形平坦地区，应避免小流量的横支管长距离平行于等高线敷设，而应让其以最短线路接入干管；

(D) 城镇污水是综合生活污水、工业废水和入渗地下水的总称。包括：居民生活污水、工业企业生活污水和工业废水设计流量三部分之和。

52. 依据雨水管渠设计的极限强度理论，在给定的设计重现期下，下列说法正确的是哪几项？

(A) 汇流面积越大，雨水管渠设计流量越大；

(B) 当全面积产生汇流那一刻，雨水管渠需排除的流量最大；

(C) 降雨历时越短，暴雨强度越大，雨水管渠流量越大；

(D) 降雨历时越长，雨水管渠流量越大。

53. 关于生物膜法主要工艺形式的设计，下列说法错误的是哪几项？

(A) 曝气生物滤池应设初沉池或混凝沉淀池，以及除油池等预处理设施，曝气生物滤池后应设二次沉淀池等后处理设施；

(B) 含悬浮固体浓度不大于 120mg/L 的易生物降解的有机废水，可无需预处理工艺，直接进入爆气生物滤池处理；

(C) 生物转盘前宜设初沉池，生物转盘后宜设二沉池；

(D) 生物转盘的盘片设计为 3m 时，盘片的淹没深度宜为 1.5m。

54. 关于城镇污水生物脱氮除磷工艺，下列说法正确的是哪几项？

(A) 在 A_NO 工艺中，好氧池碱度宜大于 70mg/L，当进水碱度减小时，可增加缺氧池容积或者将反应池布置多段缺氧/好氧形式；

(B) 最大脱氮率与总回流比正相关，增加总回流比脱氮效果会提高，总回流比高于 4 时，对脱氮效果提升不大；

(C) Phostrip 工艺是化学除磷和生物除磷相结合的一种工艺，处理出水能达到《城镇污水处理厂污染物排放标准》GB 18918—2002 中一级 B 标准；

(D) A_pO 工艺中好氧池的 BOD_5、溶解氧含量越高越有利于除磷。

55. 关于活性污泥法工艺类型特点，下列说法正确的是哪几项？

(A) 氧化沟活性污泥法在流态上属于完全推流式，污泥产率低，污泥龄长；

(B) 传统间歇性活性污泥法（SBR）系统组成简单，无需污泥回流，无需单独设置二沉池；

(C) AB 法活性污泥工艺的 A 段负荷高，污泥产率大，其对温度、毒性物质的变化比较敏感；

(D) 完全混合式活性污泥法曝气池内各部位的水质相同，F：M 值、pH 及 DO 浓度等相等。

56. 关于污泥稳定工艺，下列说法错误的是哪几项？

(A) 污泥好氧发酵属于稳定工艺的一种，采用污泥发酵的污泥含水率宜高于 80%，有机物含量不宜低于 40%；

(B) 好氧发酵时温度是关键工艺参数，温度控制在 75℃，对发酵较为有利；

(C) 一次发酵阶段堆体氧气浓度不应低于 3%（按体积计），堆体温度不宜高于 55～65℃时，持续时间应大于 3d；

(D) 石灰稳定的污泥含水率宜为 60%～80%，且不应含有粒径大于 50mm 的杂质。

57. 污水处理厂，设计规模为 10 万 m³，下列说法正确的是哪几项？

(A) 地块附近有住宅区，住宅区距地块边界最小距离为 250m；

(B) 办公室、化验室和食堂位于厂内夏季主导风向的上风侧；

(C) 堆放场地，宜集中设置在主干道两侧，便于运输；

(D) 该城市夏季最小频率的风向为西南风，污水处理厂位于市区西南角较合适。

58. 下面关于隔油池的分类和构造等描述，说法错误的是哪几项？

(A) 平流式隔油池的设计与平流式沉淀池的设计计算方法基本类似，可按表面负荷或停留时间来进行设计；

(B) 隔油池中刮油、刮泥机的刮板移动速度一般应大于 2m/min，以保证及时将浮油和沉泥刮走，避免大量沉积；

(C) 平流式隔油池表面一般宜设置盖板，便于冬季保持浮渣的温度，同时还可以防火与防雨；

(D) 对于乳化油可以利用浅池理论来提高分离效果，如斜板式隔油池。

59. 关于小区引入管的描述，不符合国家现行《建筑给水排水设计标准》GB 50015—2019 的是哪几项？

(A) 小区的加压泵站供生活与消防合用管道系统时，应核算消防时的管道设计流量最大供水能力；

(B) 小区的室外生活与消防合用给水管道，在核算供水能力的同时，管网末梢的室外消火栓流出水头应满足规范要求；

(C) 2 条引入管的小区室外环状给水管网，其引入管的管径不宜小于室外给水干管的管径；

(D) 小区环状管道管径相同时，引入管可采用一条。

60. 有关建筑循环冷却水设计系统描述，下列说法不合理的是哪几项？

(A) 冷却水中含有大量的病菌微生物，热量不宜回收利用；

(B) 冷却塔不应布置在高大建筑物中间的狭长地带上；

(C) 冷却塔进风侧与建筑的距离，不宜小于冷却塔进风口宽度的 2 倍；

(D) 不同规格的冷却塔基础高度应保证集水盘内水位在同一水平面上。

61. 关于饮用水系统水质防护的叙述，下列说法正确的是哪几项？

(A) 管材选用不锈钢管、铜管等符合食品级要求的优质管材；

(B) 计量宜采用 IC 卡式、远传式等类型的直饮水水表；

(C) 必须采用优质全铜阀门及配件；

(D) 为 3 个及以上水嘴串联供水时，饮用水供水系统宜采用局部环状管路，双向供水或专用循环管配件。

62. 关于消防水泵及稳压泵的控制描述，下列说法合理的是哪几项？

(A) 消防水泵应能手动启停和自动启动，且应确保从接到启泵信号到正常运转的时间不应大于 2min；

(B) 稳压泵应由消防给水管网设置的稳压泵自动启停压力开关控制，且应设置就地强制启停按钮；

(C) 消防水泵出水干管上设置的压力开关信号直接自动启动消防水泵，此压力开关可采用电接点压力表；

(D) 消防水泵应能手动启停、自动启泵，其中手动启动包括机械应急启动。

63. 关于高位消防水箱的叙述，下列说法合理的是哪几项？

(A) 高位消防水箱的有效容积应满足初期火灾消防用水量的要求；

(B) 有效容积为 12m³ 的高位消防水箱，其进水管段进水量不低于 1.50m³/h；

(C) 超高层建筑下部楼层采用常高压消防给水系统时，上部楼层可采用临时高压消防给水系统且上部应设独立的高位消防水箱；

(D) 高位消防水箱出水管设置旋流防止器时，出水管应位于最低水位以下不应小于 150mm。

64. 可采用一路消防供水，并可不设置室外消防贮水池的是哪几项？

(A) 建筑体积为 18000m³ 的人防工程；

(B) 单座建筑面积为 51 万 m² 的多层公共建筑群；

(C) 耐火等级为四级且建筑体积为 2800m³ 的 3 层办公楼；

(D) 耐火等级为一、二级且建筑体积为 2900m³ 的丙类仓库。

65. 某电信大楼设备机房设置气体灭火系统，有 3 个相同的防护区，采用 IG541 气体灭火系统进行防护，每个防护区内吊顶为活动吊顶，每个防护区的吊顶上方空间和吊顶下方空间各设置一套组合分配系统。下列描述正确的有哪几项？

(A) 防护区吊顶上方空间与吊顶下方空间的设计浓度相同、喷头喷放时间相同；

(B) 设置了 2 个泄压口；

(C) 两个集流管上的储存容器规格不同，充装压力相同；

(D) 2 套系统分别设置启动装置，同一防护区吊顶上方空间与吊顶下方空间的启动装置同时启动。

66. 关于集中热水供应系统的热水分区方式，下列说法错误的是哪几项？

(A) 各区不应分别设置各自独立的循环管网系统；

(B) 各区的水加热器应分别独立设置在各区；

(C) 各区应保证系统冷、热水压力平衡；

(D) 各区的水加热器应分别由各自的高位水箱供应冷水。

67. 关于集中热水供应系统中循环系统设置及计量设施，下列说法合理的是哪几项？

(A) 游乐设施、公共浴池等需要单独计量的热水供水管上应装热水表，其回水管上不装热水表，以免计量存在误差；

(B) 住宅、别墅、酒店或公寓，不宜设支管循环，支管设自调控电伴热保温即可满足使用要求；

(C) 对使用水温要求不高的工业企业淋浴间，当热水供水管长度大于 15m 时，可不设热水回水管；

(D) 酒店式公寓内设有 3 个以上卫生间，共用局部热水供应系统时，支管可不设循环，可采用自调控定时电伴热措施。

68. 下列设备或构筑物排出的非生活排水，哪几项可以排入雨水管道？

(A) 消防排水　　　　　　　　　(B) 生活水池排水

(C) 空调冷凝排水　　　　　　　(D) 洗车冲洗水

69. 关于建筑生活排水系统通气管，下列说法错误的是哪几项？
(A) 在建筑物内，吸气阀不能代替器具通气管和环形通气管；
(B) 当采用 H 管件替代结合通气管时，其下端宜在排水横支管以下与排水立管连接；
(C) 当建筑物排水立管为自循环通气的排水系统时，宜在其室外接户管的起始检查井上设置管径小于 100mm 的通气管；
(D) 住宅底层生活排水管道以户单独排出时，可不设通气管。

70. 关于建筑物内排水泵的描述，下列说法正确的是哪几项？
(A) 地下室的同一防火分区内，地面排水有排水沟连通，每个集水池中应设置一台备用泵；
(B) 地下车库内如设有洗车站时应单独设集水井和污水泵，洗车水应排入小区雨水系统；
(C) 水泵的扬程应按提升高度、管路系统水头损失，另附加 2~3m 流出水头计算；
(D) 集水池可接纳消防水池溢流水、泄空水（消防水池进水为双阀控制），应按消防水池的泄流量与排入集水池的其他排水量中大者选择水泵机组。

专业知识模拟题（下午）

一、单项选择题（共 40 题，每题 1 分，每题的备选项中只有一个符合题意）

1. 当原水输水管线翻越驼峰地形时，往往会出现负压现象。为了避免负压，从理论上不能采用下列哪一种技术措施？
   (A) 将驼峰管段深埋；
   (B) 在输水管道出口（驼峰后）增设蓄水池，管道出口为淹没流；
   (C) 增大驼峰后输水管道的管径；
   (D) 在驼峰管段设置增设无压调节池。

2. 关于给水管道敷设的叙述中，下列说法合理的是哪一项？
   (A) 水管覆土厚度应根据外部荷载、管材性能及冰冻情况加以确定，与地下水位无关；
   (B) 为保障露天敷设的管道整体稳定，在管段中设置管道伸缩调节措施即可；
   (C) 通入直流电阴极保护方法是：通入的直流电源阳极与金属管连接，阴极与辅助极快连接；
   (D) 高 pH 的水可使金属管道腐蚀减缓。

3. 有一座城市供水厂准备在通过市区的单一流向的河道上修建取水构筑物，初步选定 4 处取水位置，最为合适的是哪一处？
   (A) 在市区范围河道转弯段的凹岸处，同岸上游 500m 处有一座长 300m 的散装货物码头和作业区；
   (B) 在城市上游河道平直段处，对岸 150m 处有一支流河道汇入，下游 500m 处有一沙洲；
   (C) 在城市上游河道平直段处，取水位置距上游桥梁 800m；
   (D) 在河道转弯段的凹岸下游 1500m 有深槽处。

4. 关于地表水取水构筑物设置的说明中，下列说法错误的是哪一项？
   (A) 当水源水位变幅大，水位涨落速度小于 2.0m/h，且水流不急、要求施工周期短和建造固定式取水构筑物有困难时，可考虑采用缆车式取水构筑物或浮船等活动式取水构筑物；
   (B) 浮船式取水构筑物的位置，应选择在河岸较陡和停泊条件良好的地段；浮船应有可靠的锚固设施；浮船上的出水管与输水管间的连接管段，应根据具体情况，采用摇臂式或阶梯式等；
   (C) 山区浅水河流的取水构筑物可采用低坝式（活动坝或固定坝）或底栏栅式，低坝式取水构筑物一般适用于大颗粒推移质较多的山区浅水河流；底栏栅式取水构筑物一般适用于推移质不多的山区浅水河流；
   (D) 海水取水构筑物主要分为引水管取水、岸边式取水和潮汐式取水三种形式。

5. 关于海水取水构筑物特点和选用要求的叙述中，下列说法正确的是哪一项？

(A) 潮汐式取水构筑物是涨潮时开泵取水，落潮时停泵不取水；

(B) 海洋岸边式取水构筑物和河流岸边式取水构筑物都要求深水近岸，高低水位相差不能太大；

(C) 为了取到优质海水可采用分层取水；

(D) 在潮汐水位变化较大的海岸，可采用移动式取水构筑物。

6. 有关泵房设计事项的说明中，下列说法正确是哪一项？

(A) 设计泵房安装配电设备、控制设备的地坪标高与取水水源最低水位标高有关；

(B) 水泵变频调速设备可使水泵的流量、扬程变大或变小，可任意变化；

(C) 泵房起吊设备按照可抽出部件最大重量计算确定；

(D) 大型轴流泵启动前可用小型离心泵向水泵叶轮室充水，然后启动。

7. 关于循环冷却水水质稳定指标的叙述中，下列说法错误的是哪一项？

(A) 循环冷却水处理的任务是杜绝结垢、避免一切腐蚀、杀灭全部微生物；

(B) 水中的污垢、水垢、黏垢都会影响热交换器的散热效果；

(C) 热交换器金属表面每年腐蚀深度即为腐蚀速率；

(D) 循环冷却水的腐蚀和结垢取决于水—碳酸盐系统的平衡。

8. 关于社会循环的说法，下列说法正确的是哪一项？

(A) 虽然社会循环受人类生活和生产影响极大，但人类却无法控制；

(B) 社会循环就是给水系统的循环；

(C) 污（废）水处理决定着水的社会循环良性与否；

(D) 为了保持水的良性循环不恶化水质，排入水体的废水应不含任何污染物质。

9. 关于平流沉淀池中雷诺数 Re、弗劳德数 Fr 的大小对沉淀效果影响的叙述中，下列说法正确的是哪一项？

(A) 雷诺数 Re 较大的水流可以促使絮凝体颗粒相互碰撞聚结，故认为沉淀池中的水流雷诺数 Re 越大越好；

(B) 弗劳德数 Fr 较小的水流流速较慢，沉淀时间增长，杂质去除率提高，故认为沉淀池中水流的弗劳德数 Fr 越小越好；

(C) 增大过水断面湿周，可同时增大雷诺数、减小弗劳德数，提高杂质沉淀效果；

(D) 增大水平流速有助于减小温差、密度差异重流的影响。

10. 关于翻板阀滤池性能的叙述中，下列说法正确的是哪一项？

(A) 翻板阀滤池的翻板阀，既能控制滤池进水流量，又能控制反冲洗排水流量；

(B) 当每格滤池进水量相同时，翻板阀滤池等水头变速过滤；

(C) 翻板阀滤池气水同时冲洗及后水冲洗均采用高速水流冲洗；

(D) 翻板阀滤池不仅适用活性炭下铺石英砂的滤池，而且也可用于煤砂双层滤料或低浊度水处理。

11. 在微污染水源水处理中，有时在混凝工艺之前增加生物预处理工艺，其主要作用是哪一项？

(A) 发挥生物絮凝作用，提高混凝效果；

(B) 发挥生物光合作用，增加水中溶解氧含量；

（C）增加水的活性，防止后续工艺中水体变质；

（D）发挥生物氧化作用，去除水中氨氮、有机物等污染物。

12. 关于弱碱性离子交换树脂除盐运行特点的叙述中，下列说法正确的是哪一项？

（A）多台弱碱离子交换器串联在强碱离子交换器之后，可以代替强碱离子交换器；

（B）弱碱性离子交换树脂再生时串联在强碱性树脂之后再生；

（C）弱碱性离子交换树脂在碱性条件下和 HCO_3^- 发生反应；

（D）弱碱性离子交换树脂和弱酸性离子交换树脂组成除盐系统，在酸性条件下具有更好的除盐效果。

13. 关于排水体制选择，下列说法正确的是哪一项？

（A）所有新建地区的排水系统都应采用分流制；

（B）从环境保护方面看，分流制系统一定优于合流制系统；

（C）在同一座城镇中，不可采用既有分流制又有合流制的混合制排水系统；

（D）在工业企业中，一般采用分流制，用多种管道系统分别排出废水。

14. 某污水管道管径为 $DN900$，关于该污水管道充满度和流速关系，下列说法正确的是哪一项？

（A）低于半满流运行时的过水断面积大于半满流；

（B）水力半径随着充满度先增大后减小；

（C）流量随着充满度先增大后减小；

（D）流速随着充满度增加而增大。

15. 关于内涝防治，下列说法正确的是哪一项？

（A）积水深度和最大允许退水时间有一项超过标准规定时，可视作内涝；

（B）采用推理公式法进行内涝防治设计校核时，径流系数需要放大，当计算的径流系数为 1.12 时，其校核时径流系数取值为 1.12；

（C）根据内涝防治设计重新校核地面积水排除能力时，雨水管渠处于超载状态，按压力流计算，如校核结果不符合要求，应通过放大雨水管渠管径、增设渗透或调蓄设施等措施；

（D）内河内湖、雨水塘和雨水湿地等排涝除险调蓄设施主要用于内涝设计重现期下控制径流总量和控制径流污染。

16. 在计算合流制管渠系统的设计流量时，旱流污水流量是下列哪一项？

（A）综合生活污水平均日流量＋工业废水平均日流量；

（B）综合生活污水最高日平均时设计流量＋工业废水最大日流量；

（C）综合生活污水最高日最高时流量＋工业废水最高日最高时流量；

（D）居民生活污水最高日平均时流量＋工业废水最大班平均流量。

17. 关于排水泵站的工艺设计，以下说法错误的是哪一项？

（A）雨水泵站中泵的选择要考虑雨水径流量的变化，不能只顾大流量忽视小流量；

（B）雨水泵出水口设计流速宜小于 0.5m/s；

（C）排水泵站内应配置 H_2S、甲烷监测仪，监测可能产生的有害气体，并采取防范措施；

（D）大型雨水泵站和合流污水泵站宜设自动雨量计，并纳入该泵站自控系统。

18. 某市政污水处理厂采用传统活性污泥处理工艺，曝气池出口处混合液经 30min 静沉后，沉降比为 60%，MLSS 为 3000mg/L。关于该曝气池内活性污泥性能的判断，最恰当的是下列哪一项？

(A) 污泥中无机物含量太高 　　　　(B) 污泥已解体

(C) 污泥沉降性能良好 　　　　　　(D) 污泥沉降性能不好

19. 关于生物处理工艺，下列说法错误的是哪一项？

(A) A^2O 法生物脱氮除磷工艺的混合液回流比大于污泥回流比；

(B) 达到同等去除效果，AB 工艺较传统活性污泥工艺所需的生物反应池池容较少，AB 法的 A 段有效容积小于 B 段；

(C) MBBR 采用超滤、钠滤膜组件代替传统二沉池实现泥水分离；

(D) 完全混合式活性污泥法容易产生污泥膨胀，处理水质低于推流式活性污泥法。

20. 关于生物脱氮除磷，下列说法正确的是哪一项？

(A) 对工业废水，$COD_{Cr}/TN>5$ 可认为碳源充足；

(B) 进水 VFAs 含量高不利于生物除磷；

(C) 缩短污泥龄有利于除磷；

(D) 反硝化反应比硝化反应的适宜温度范围窄。

21. 关于污水消毒，说法错误的是哪一项？

(A) 二氧化氯需现制现用，在 pH 为 6～10 范围内，其杀菌效果几乎不受 pH 的影响；

(B) 臭氧消毒的接触时间可采用 15min，接触池水深宜为 4～6m；

(C) 某城镇污水处理厂出水拟作为城市杂用水回用时，不应单独选择紫外线消毒；

(D) 二氧化氯消毒一般只起到氧化作用，不起氯化作用。二氧化氯与氨起作用，因此不可用于高氨废水的杀菌。

22. 下列关于污泥处理，说法错误的是哪一项？

(A) 干化装置必须全封闭，污泥干化设备内部和污泥干化车间应保持微负压，干化后污泥应密封贮存；

(B) 污泥深度脱水压滤机的控制、压榨、工艺用压缩空气可以合用一套压缩空气系统节省用气；

(C) 采用垃圾焚烧等设施协同焚烧污水处理厂污泥时，在焚烧前应对污泥进行干化预处理，并应控制掺烧比；

(D) 污泥焚烧的炉渣和除尘设备收集的飞灰应分别收集、贮存和运输。

23. 污泥消化是指在无氧的条件下，由兼性菌和专性厌氧细菌降解污泥中的有机物，最终产物是二氧化碳和甲烷气体（或称污泥气、生物气或消化气），使污泥达到稳定。在厌氧消化三阶段中，哪一项是第二阶段的产物？

(A) 单糖、氨基酸 　　　　　　　　(B) 脂肪酸、甘油

(C) 氢、二氧化碳、乙酸 　　　　　(D) 甲烷

24. 某工厂废水六价铬浓度为 80mg/L，拟采用还原法处理，下列工艺设计和运行控制条件，错误的是哪一项？

(A) 控制 pH 为 2，先投加硫酸亚铁将六价铬还原成三价铬；

(B) 控制 pH 为 3，先投加亚硫酸钠将六价铬还原成三价铬；

(C) 再用碱性药剂调整 pH 至 8，使 Cr^{3+} 生成沉淀而去除；

(D) 再用碱性药剂调整 pH 至 9，使 Cr^{3+} 生成沉淀而去除。

25. 关于建筑及小区生活给水管道设计流量的计算叙述，下列说法正确的是哪一项？

(A) 小区给水引入管的设计流量，无需考虑未预见水量和管网漏失量；

(B) 多种功能组合的建筑生活给水干管的设计秒流量应采用各建筑组合功能的设计秒流量的叠加值；

(C) 建筑物内生活用水叠压供水的给水引入管设计流量应取生活用水设计秒流量；

(D) 计算小区正常的给水设计用水量时，应计入消防用水量。

26. 关于水池（箱）进水管的描述，下列说法正确的是哪一项？

(A) 生活饮用水池（箱），当进水管从最高水位以上进入水池（箱），管口处为淹没出流时，应采取真空破坏器，不能采用倒流防止器防止虹吸回流污染；

(B) 不存在虹吸回流的低位生活饮用水池（箱），其进水管应从最高水面以下进入水池；

(C) 当生活饮用水管网向贮存以杂用水水质标准水作为水源的消防用水等贮水池（箱）补水时，其进水管口最低点高出溢流边缘的空气间隙不应小于进水管管径的 2.5 倍，且不应小于 150mm；

(D) 在向不设清水池（箱）的雨水回用水等系统的原水蓄水池补水时，不能采用池外间接补水方式。

27. 关于游泳池循环水泵及净化处理工艺流程中的描述，下列说法合理的是哪一项？

(A) 当循环水泵从池底直接吸水的水泵吸水管上应设置防旋流措施；

(B) 当循环水泵无备用泵时，毛发聚集器宜设置备用过滤筒（网框）；

(C) 混凝剂溶液投加计量泵的出水口宜配置过滤装置；

(D) 加药计量泵应选用电驱动隔膜式加药泵，防护等级不应低于 IP55。

28. 有一地下商场，总建筑面积为 2500m²，净高 7m，装有网格吊顶，吊顶通透面积占吊顶总面积的 75%，采用的自动水灭火系统为湿式系统。该系统的下列喷头选型中，下列说法正确的是哪一项？

(A) 选用隐蔽型洒水喷头；

(B) 选用 RTI 为 28 $(m \cdot s)^{0.5}$ 的直立型洒水喷头；

(C) 选用吊顶型洒水喷头；

(D) 靠近端墙的部位，选用边墙型洒水喷头。

29. 上部为住宅的高层建筑，下部为办公与商业组合的一栋大楼，关于其说法及火灾延续时间，下列说法不合理的是哪一项？

(A) 当商业部分高度大于 24m 时，火灾延续时间按 3h 取；

(B) 当办公与商业组合整栋高度小于或等于 24m 时，火灾延续时间按 3h 取；

(C) 该建筑属于多功能组合的综合楼，且为高层建筑，整栋按综合楼，火灾延续时间按 3h 取；

(D) 如果下部仅为商业，且商业部分高度小于或等于 24m 时，火灾延续时间按 2h 取。

30. 下列场所，自动灭火系统可以不采用自动喷水灭火系统的是哪一项？
(A) 具有卡拉 OK 功能的餐馆 (B) 棋牌室 (C) 汗蒸房 (D) 剧场

31. 关于消防给水系统的描述，下列说法中不合理的是哪一项？
(A) 建筑物中局部场所的预作用系统、雨淋系统可与自动喷水灭火系统合用供水及稳压设备；
(B) 建筑物中的水幕冷却系统应设独立的消防泵和供水管道；
(C) 建筑物中的防护冷却系统应设独立的供水管道；
(D) 当室内消火栓的设计流量能满足局部应用系统设计流量时，可与室内消火栓系统合用。

32. 关于消防水箱的描述，下列说法合理的是哪一项？
(A) 高位消防水箱，转输水箱，减压水箱宜分为两格；
(B) 转输水箱和减压水箱，当容积适当时，均可作为下区高位消防水箱；
(C) 高位消防水箱、减压水箱的进出水管，排水和水位设置要求相同；
(D) 高位消防水箱、转输水箱、减压水箱的溢流水宜回流到消防水池。

33. 热水热源中，关于热泵，下列说法合理的是哪一项？
(A) 最冷月平均气温低于 0℃ 的地区，其辅助热源的供热量可按空气源热泵在该季节产热不足部分耗热量计算；
(B) 采用地下水源热泵时，当地热水不能满足用水点水压要求时，应采用水泵抽水提升；
(C) 水源热泵水质不满足机组或水加热器的水质要求时，应采用有效的处理措施，或进行预处理；
(D) 空气源热泵机组布置控制面距墙宜大于 1.0m，顶部出风机组上部净空不宜小于 1.0m。

34. 集中热水供应系统的分区设计中，下列说法不合理的是哪一项？
(A) 对于采用集热、贮热水箱（如大型的太阳能）热水系统，宜采用热水箱和热水泵联合供水的系统；
(B) 生活热水闭式系统应保证冷热水分区一致，水加热器和贮水罐的进水应由同区的给水系统供应；
(C) 由于单管热水供应系统出水温度不能随使用者的习惯进行调节，故不适宜用淋浴时间较长的公共浴室；
(D) 桑拿间、健身房等公共浴室宜采用单管热水供应系统。

35. 关于补偿热水管道热胀冷缩措施的叙述，下列说法错误的是哪一项？
(A) 当热水管道直线管段的长度较短且转向多时，可利用自然补偿；
(B) 热水横干管与立管连接处，立管应加弯头以补偿立管的伸缩应力；
(C) 当热水管道直线管段的长度较长时，应设置管道伸缩器进行补偿；
(D) 利用转弯自然补偿的管道转弯两侧的直线管段长度，金属管道小于塑料管道。

36. 关于专用通气管的作用的叙述中，下列说法正确是哪一项？
(A) 专用通气立管有利于平衡排水横支管的正负压；
(B) 不论哪种类型通气立管，其管径均小于其排水立管管径；

(C) 设置结合通气管可影响排水立管的通水能力；

(D) 建筑造型无条件设置伸顶、侧墙通气管和自循环通气系统，通气立管顶端设置了吸气阀。

37. 下列哪些场所中的排水余热不适合回收利用，应采用降温措施？

(A) 公共浴室　　　　　　　　　　(B) 学生集中淋浴房

(C) 蒸汽锅炉房　　　　　　　　　(D) 游泳池

38. 关于建筑物及小区内污水泵的设计，下列说法正确的是哪一项？

(A) 住宅楼地下室的生活排水能自流排出，不需要设置污水泵；

(B) 别墅地下室卫生间的成品污水提升装置流量满足便器排水流量即可；

(C) 小区污水水泵的流量应按小区生活排水设计秒流量选定；

(D) 污水泵的排出管可排入室内生活排水重力管道内。

39. 某大学教工食堂的厨房和餐厅，含油污水最大小时流量为 $12m^3/h$，设计秒流量为 $10L/s$，求当隔油池有效容积设计成最小值时，此时隔油池的长度最大值是多少（　　）m？

(A) 2　　　　　(B) 3　　　　　(C) 4　　　　　(D) 5

40. 关于中水管道系统，下列说法错误的是哪一项？

(A) 中水管道与给水管道平行埋设时，其水平净距离不得小于 0.3m；

(B) 中水管道外壁通常应涂成浅绿色；

(C) 除卫生间以外，中水管道不宜暗装于墙体内；

(D) 公共场所及绿地的中水取水口应设置带锁装置。

二、多项选择题（共 30 题，每题 2 分，每题的备选项中有两个或两个以上符合题意。多选、少选、错选均不得分）

41. 在已知全年供水量 Q_a、日变化系数 K_d 和时变化系数 K_h 的前提下，下列有关泵房取（供）水量、工艺处理水量等与供水日变化系数 K_d、时变化系数 K_h 的关系说明中，下列说法错误的是哪几项？

(A) 一级取水泵房的设计取水流量 Q_1（m^3/h）与供水日变化系数 K_d 有关、与时变化系数 K_h 无关；

(B) 供水厂处理构筑物设计处理流量 Q'_1（m^3/h）与供水时变化系数 K_h 有关、与日变化系数 K_d 无关；

(C) 配水管网的设计供水流量 Q'_2（m^3/h）既与日变化系数 K_d、时变化系数 K_h 有关，又与高位水池调节容积有关；

(D) 二级泵房设计供水流量 Q'_3（m^3/h）与日变化系数 K_d、时变化系数 K_h、高位水池调节容积有关。

42. 敷设供水管道时，以下有关阴极保护措施适用的环境条件的叙述中，下列说法正确的是哪几项？

(A) 金属供水管道埋设在有流沙的土中；

(B) 金属供水管道埋设在混有碎石干燥的土中；

(C) 金属供水管道埋设在电气化铁路附近；

(D) 金属供水管道埋设在潮湿的土中。

43. 关于输水干管上安装通气设施的作用和要求的叙述中，下列说法错误的是哪几项？
(A) 输水管道隆起点安装通气阀，排出管道中的空气；
(B) 常用的通气阀既可以排出管道中积存的气体，又可以使空气进入管中，以免出现负压；
(C) 输水渠道不设透气设施；
(D) 重力流输水管的标高顺水流方向逐渐降低，可不设通气设施。

44. 关于地表水源取水位置的叙述中，下列说法正确的是哪几项？
(A) 为避免取用污染水源水，在潮汐影响双向流动的河道上的取水口位置应设置在污水排放口上游、下游 150m 以外；
(B) 为避免河床演变影响取水构筑物安全，在潮汐影响双向流动的河道上的取水口位置应设置在桥梁上游、下游 1000m 以外；
(C) 在有沙洲的河道上的取水口位置应设置在沙洲起滩点前 500m 以外；
(D) 在有丁坝的河道上取水，取水口与丁坝同岸时，原水直接流入进水间的取水构筑物位置应设置在距丁坝前起滩点 150m 左右。

45. 有关水泵分类、安装、应用范围的说明中，下列说法错误的是哪几项？
(A) 采用非自灌式引水的离心泵，其引水时间不宜超过 5min；
(B) 离心式潜水泵可用于供水泵房输送滤后水；
(C) 由于进入水射器的水流在喉管处收缩，水射器是一种容积式水泵；
(D) 安装轴流泵的泵房，运行时，轴流泵叶轮的表面最低标高可与吸水室最低水位齐平。

46. 关于水冷却原理的叙述中，下列说法错误的是哪几项？
(A) 在敞开式冷却塔中，循环热水冷却时，其水温一定要高于进入冷却塔的空气温度；
(B) 热水蒸发散热量多少和水温有关，为了加快热水蒸发散热速度、提高冷却效果，可以采取的措施之一是提高进冷却塔循环热水水温；
(C) 在麦考尔焓差方程式中，冷却塔填料容积散质系数 β_{xv} 是单位淋水填料在单位平均焓差推动力作用下单位时间内蒸发散失的热量；
(D) 在蒸发传热量计算式中，冷却塔填料容积散质系数 β_x 是单位淋水填料在单位含湿量差作用下单位时间内总蒸发散热系数。

47. 关于等速过滤和变速过滤，下列说法正确的是哪几项？
(A) 等速过滤时，一格反冲洗，其他格分担相同的水量；
(B) 等速过滤时，每格滤速相同，截污量相同，过滤阻力系数相同；
(C) 等水头变速过滤时，各格滤池总的过滤水头相同；
(D) 变速过滤时，滤池有较大的含污量和含污能力。

48. 有关 V 型滤池工艺特点的叙述中，下列说法正确的是哪几项？
(A) 由于空气和滤料摩擦力较大，气水反冲洗时滤层处于完全膨胀状态；
(B) 当一格滤池冲洗时，进入该格滤池的待滤水参与表面扫洗，其他几格滤池滤速变化很小；

（C）为了排水均匀，中间排水渠总面积不应大于该滤池过滤面积的 25％；

（D）Ｖ型滤池冲洗配气均匀的主要原因是配水配气滤头滤帽水平，误差小于 5mm。

49. 针对活性炭深度处理饮用水的工艺表述中，下列说法正确的是哪几项？

（A）投加粉末活性炭或经过活性炭滤池过滤的水，可以减少后续加氯消毒中三氯甲烷生成量；

（B）采用臭氧＋颗粒活性炭工艺时，投加臭氧的作用是将水中的大分子有机物氧化为易生物降解的小分子有机物，并提高水中溶解氧浓度；

（C）为提高有机物的氧化降解效果，在进入生物活性炭滤池前的水中应投加强氧化剂继续氧化；

（D）生物活性炭滤池和砂滤池可采用相同的冲洗方式，即空气冲洗、气水同时冲洗、后水冲洗。

50. 污水处理厂中要进行碱度控制的构筑物有哪几项？

（A）厌氧消化池　　　　　　　　　（B）脱氮除磷系统的好氧池

（C）浓缩池　　　　　　　　　　　（D）沉淀池

51. 关于污水管渠的定线与平面布置，下列说法正确的是哪几项？

（A）污水管渠定线的原则是：尽可能在管线短埋深小的情况下，让最大区域的污水能自流排出；

（B）在地形平坦地区，通常采用主干管与等高线垂直，干管与等高线平行的布置方式；

（C）截流式管道布置形式既适用于合流制也适用于分流制；

（D）在地形起伏较大的地区，宜采用分散式布置。

52. 下列哪几项设施属于海绵城市建设中常采用的工程措施？

（A）下凹绿地　　　　　　　　　　（B）雨水花园

（C）透水铺装　　　　　　　　　　（D）混凝土路面

53. 关于旧合流制管渠系统的改造做法，下列说法正确的是哪几项？

（A）在雨水管道系统和合流管道系统之间设置连通管，提高排水能力；

（B）建设海绵城市设施，通过渗、蓄、滞措施，削减地表径流量；

（C）改造截流式合流管渠系统，提高截流倍数；

（D）设置合流管渠系统溢流混合污水调蓄处理设施。

54. 下列关于生物脱氮的描述中，下列说法正确的是哪几项？

（A）曝气池中的 DO 浓度会影响硝化反应速率和硝化细菌的生长速率，为提高硝化效率和速率，一般建议硝化反应池中的 DO 浓度大于 2mg/L；

（B）溶解氧的存在会抑制反硝化反应的顺利进行，因此应避免或尽可能减少溶解氧进入到缺氧区；

（C）好氧池中进水有机物浓度不宜高于 20mg/L；

（D）厌氧氨氧化反应作为新型的脱氮工艺，利用氨氮作为电子供体氧化亚硝酸盐，从而达到总氮去除的效果。

55. 关于处理方法的描述，下列说法正确的是哪几项？

（A）间歇式活性污泥处理系统是间歇进水、间歇排水，不需要污泥回流系统；

（B）氧化沟处理系统是连续进水、连续排水，不需要污泥回流系统；

（C）AB 法处理系统的生物处理单元需要独立的污泥回流系统；

（D）膜生物反应处理系统是膜过滤和生物降解处理的结合。

56. 关于污水再生利用，下列说法正确的是哪几项？

（A）当水源为污水处理厂出水时，最大设计规模应为污水处理厂出水量扣除再生水厂各种不可回收的自用水量，且不宜超过污水处理厂规模的 80%；

（B）再生水厂自用水量应按再生水厂生产工艺需要计算确定；

（C）曝气生物滤池前宜设置精细格栅或沉淀池等预处理设施，精细格栅间隙应为 1.0～2.0mm；滤池进水 SS 宜小于 60mg/L；

（D）再生利用中加氯消毒设施可设置漏氯监测报警和安全处置系统。

57. 污水处理厂进行高程布置时，应计算水头损失，下列说法正确的是哪几项？

（A）应选择距离最长，水头损失最大的流程进行计算；

（B）应以最大流量作为构筑物与管渠的设计流量；

（C）通常以受纳水体防洪水位为起点，逆污水通程向上倒推计算；

（D）尾水排放水位必须选择历年最高水位，以确保运行安全。

58. 硫化物沉淀法处理含汞废水的说法中，下列说法错误的是哪几项？

（A）金属硫化物的溶度积大于金属氢氧化物的溶度积；

（B）在含汞废水中投加石灰乳和过量的硫化钠，生成的硫化汞将沉淀；

（C）用硫化物沉淀法处理含汞废水，应在 pH<2 的条件下进行；

（D）为了使硫化汞迅速沉淀与废水分离，并除去废水中过量的硫离子，可向废水中投加硫酸亚铁。

59. 关于建筑物及小区室外给水管道、附件及敷设描述，下列说法不合理的是哪几项？

（A）室内给水管道上的阀门必须耐腐蚀，经久耐用，金属管材宜采用镀铜的铁杆、铁芯阀门；

（B）室内给水管采用不锈钢管道时，阀门宜采用铜质阀门；

（C）生活给水管道不宜与易燃或有害的气体管道同管廊（沟）敷设；

（D）室外明设的给水管道，在结冻地区应做绝热层，其外壳应密封防渗，

60. 关于建筑生活给水系统防止水质污染设计中，下列说法错误的是哪几项？

（A）生活饮用水水池（箱）进水管采用淹没出流时，应采取进水管顶安装真空破坏器，或在进水管上设置倒流防止器等防虹吸回流措施；

（B）在向不设清水池（箱）的雨水回用水等系统的原水蓄水池补水时，可采用池外间接补水方式；

（C）防止虹吸回流型污染的倒流防止设施可以替代防止背压回流型污染的倒流防止设施；

（D）根据物业管理水平选择生活饮用水箱的消毒方式，首选物理消毒；消毒装置一般可设置于终端直接供水的水池（箱），也可以在水池（箱）的进水管上设置消毒装置。

61. 关于给水管道的水力计算，以下描述错误的是哪几项？

（A）生活给水干管的局部水头损失，应按管网的沿程水头损失的百分数取值；

（B）用水特点密集型的建筑，其设计秒流量均应按概率法计算；

（C）居住小区内社区管理中心的室外给水管道的设计流量应按设计秒流量计算；

（D）综合体建筑生活给水干管的设计秒流量应采用各建筑的设计秒流量的叠加值。

62. 关于干式消火栓系统与湿式消火栓系统的区别，下列描述合理的是哪几项？

（A）干式消火栓系统必要构件含快速启闭阀、快速排气阀、开启快速启闭装置的消火栓箱的按钮，干式管网中的排水阀及快速排气阀；

（B）干式消火栓系统的启动为手动，必须由人工按动消火栓箱上的按钮，开启快速阀门，从而直接启泵；

（C）当干式消火栓系统的快速启闭阀打开时，阀上游的水经阀门后，消防水泵出口的压力下降，压力开关启泵；

（D）严寒地区，冬季结冰城市应采用防冻措施，市政消火栓宜采用干式消火栓系统和干式室外消火栓。

63. 关于消防用水泵及其吸水管和出水管的设置，下列说法错误的是哪几项？

（A）建筑高度为54m的住宅，可不设置备用泵；

（B）建筑高度小于54m的多栋住宅，可不设置备用泵，消防水泵设1条出水管与消防给水环状管网连接；

（C）建筑高度小于24m，体积为2.1万m^3的单层甲类厂房，应设备用泵；

（D）建筑高度小于24m，体积为2.1万m^3的多层丁类库房，应设备用泵。

64. 关于水泵接合器设置数量的叙述，下列说法合理的是哪几项？

（A）雨淋、水幕系统等同时作用且合用加压泵时，应按总系统的设计流量确定；

（B）多栋建筑集中供水系统，每种消防系统在每栋建筑40m范围内宜至少有1套水泵接合器，且相邻建筑可共用；

（C）高层建筑采用减压阀分区时，水泵接合器数量也必须按分区数分别设水泵接合器；

（D）采用消防水泵分区的系统，只要在消防车供水压力范围内的分区，可按1个来设置水泵接合器。

65. 关于热水系统的设计描述，下列说法不合理的是哪几项？

（A）膨胀罐连接管上严禁设阀门；

（B）集中集热、分散供热太阳能热水系统，当热水管总长为18m时，可不设循环管道；

（C）太阳能集热系统管道应做保温层，并应按当地年最高温与系统内最高集热温度计算厚度；

（D）空气源热泵辅助热源供热量。

66. 关于热水系统热源的表述，下列说法合理的是哪几项？

（A）热源应可靠，并应根据当地可再生能源、热资源条件，结合用户使用要求确定；

（B）集中生活热水供应系统热源采用燃气或燃油锅炉制备蒸汽作为生活热水的热源或辅助热源，是为了提高热效率；

（C）按60℃计的生活热水最高日总用水量不大于$5m^3$，或人均最高日用水定额不大于 10L 的公共建筑，应采用市政供电直接加热作为生活热水系统的主体热源；

(D) 新建建筑应安装太阳能热水系统，作为热源。

67. 与生活排水管道连接时，下列描述中哪些情况必须在排水口以下设存水弯？

(A) 构造内无存水弯的卫生器具；

(B) 无水封地漏；

(C) 设备的排水口；

(D) 消防水箱溢流排水口。

68. 关于地漏选择及设置的说法中，下列说法不合理的是哪几项？

(A) 当采用排水沟排放厨房废水时，应在排水管连接处设置格栅；

(B) 建筑内直饮水设备的处理装置中定期反冲洗水自动排出，由于水量大，设置排水沟合理；

(C) 对于管道井、设备技术夹层的排水是不定期的，故为了防干涸应采用防干涸且有水封的地漏；

(D) 对于设备（如洗衣机）排水应采用带插口且有地面排水孔的直通式两用地漏。

69. 关于雨水管道设计，下列说法不合理的是哪几项？

(A) 雨水排水管材宜优先选用塑料材质；

(B) 长天沟外排水的屋面雨水排水系统可只设一根排水立管；

(C) 塑料雨水管只要穿越防火墙和楼板，就应设阻火装置；

(D) 单斗压力流排水系统连接管管径可小于雨水斗管径。

70. 关于雨水控制及利用描述，下列说法合理的是哪几项？

(A) 设有应急防疫隔离区的医院的雨水，不得回用；

(B) 采用市政自来水作为雨水回用系统补水时，应采用池外补水；

(C) 室外下沉式广场局部下沉式庭院，其雨水排水系统应采用加压提升排放系统；

(D) 雨水供水系统补水能力应不小于管网回用水量的设计秒流量。

专业案例模拟题（上午）

1. 某新建城市，城镇分为东西区，东区的居民区，地面标高为45m，西区为工业区，地面标高为90m，拟从城市东侧2km处的水库取水，该水库设计高水位为110m，设计低水位为95m，供水厂设在东区，采用水力絮凝池、平流沉淀池、V型滤池常规处理工艺。在考虑供水安全性和经济性的前提下，该城镇给水系统设计方案合理的是哪一项？

(A) 设一个重力系统即可；

(B) 设二级泵站与网中（或网后）水塔联合供水的系统；

(C) 设一个重力＋增压泵站（直接从城市管网取水）联合供水的系统；

(D) 设一个重力＋局部加压＋调蓄泵站联合供水系统。

2. 某城市供水厂二级供水泵出口设两条并联长度为4km输水管向网前水塔供水。已知以下条件：

① 水泵特性曲线方程：$H_P = 76.5 - 100Q^2$；

② 泵站内管线的摩阻：$S_P = 10s^2/m^5$；

③ 水泵吸水井液面至水塔内液面差恒定不变，为48m；

④ 输水管管径均为 $DN400$，单管比阻 $a = 0.23$。

试求：现有并联输水管的输水能力（m^3/s）。

(A) 0.145　　　　(B) 0.166　　　　(C) 0.290　　　　(D) 0.332

3. 有一输水工程由长度相同且直径分别为 d_1、d_2 平行布置的两根内衬水泥砂浆混凝土管组成，已知为 $d_1 = 250mm$ 的铸铁管比阻 $a_1 = 1.32$，直径为 $d_2 = 350mm$ 的铸铁管比阻 $a_2 = 0.28$。现改造，将原有2根改为一根内壁光滑的焊接钢管，取新管海曾-威廉 $C_h = 120$，如果输水流量不变，试估算新管的直径合理的是哪一项？

(A) 300mm　　　　(B) 350mm　　　　(C) 400mm　　　　(D) 450mm

4. 某城镇自来水系统设计取水量为13万 m^3/d，供水厂自用水量、原水水管漏失水量及市区配水管网漏失水量分别占设计水量的8％、5％和10％，采用2个侧面进水的箱式取水头部，每个进水孔的孔面积为2m^2，孔侧设格栅，格栅厚度为10mm，栅条间隙净距为100mm，该城镇取水方式采用哪种适合？（格栅阻塞系数为0.75，事故流量取设计流量的70％）

(A) 有冰絮岸边式取水　　　　　　(B) 无冰絮岸边式取水

(C) 有冰絮河床式取水　　　　　　(D) 无冰絮河床式取水

5. 一座圆形机械通风逆流冷却塔，直径 $d = 6.0m$，风机风量 $G = 1548m^3/min$，空气密度 $\rho_s = 1.29kg/m^3$，淋水填料容积散质系数 $\beta_{XV} = 12300kg/(m^3 \cdot h)$，气水比 $\lambda = 0.8$ 时冷却塔特性数 $N' = 6.50$，则该冷却塔淋水填料高度是多少？

(A) 2.5m　　　　(B) 2.6m　　　　(C) 2.7m　　　　(D) 2.8m

6. 一座沉淀平面面积为 F 的沉淀池，加设斜板改为斜板沉淀池，斜板长度 L 和斜板

间垂直距离 d 之比 $L/d=20$，斜板水平倾角 $\Phi=60°$。当斜板间沉淀截留速度 $u_0=0.40\text{mm/s}$ 时，处理水量为 $1440\text{m}^3/\text{h}$，如果不计斜板材料多占体积和无效面积，根据理论计算，沉淀池中斜板投影面积是多少？

(A) 750m^2　　　　(B) 825m^2　　　　(C) 900m^2　　　　(D) 935m^2

7. 一组气水反冲洗滤池共分为 6 格，设计平均滤速为 9m/h，出水阀门实时调节，等水头变速过滤。经过滤一段时间后测得第 1 格滤池滤速为 6m/h，第 2 格滤池滤速为 10m/h。然后对第 1 格滤池进行冲洗，气水同时冲洗时表面扫洗强度为 $1.5\text{L}/(\text{m}^2 \cdot \text{s})$，水冲洗强度为 $6.0\text{L}/(\text{m}^2 \cdot \text{s})$，后单水冲洗强度为 $8.0\text{L}/(\text{m}^2 \cdot \text{s})$。则第 1 格滤池冲洗时短时间内第 2 格滤池的滤速变为多少？

(A) 8.875m/h　　　(B) 9m/h　　　(C) 10.125m/h　　　(D) 10.875m/h

8. 装填交联度为 8% 的 H 型凝胶型强酸树脂的离子交换软化柱，采用逆流再生操作工艺交换，如果树脂全交换容量为 2mol/L，树脂层底部再生度为 98%，进水中 Na^+ 离子的浓度为 92mg/L，则除盐运行初期出水 Na^+ 离子大约为多少？

(A) $0.053×10^{-3}$ mmol/L　　　　　　(B) 0.053 mmol/L

(C) $0.069×10^{-3}$ mmol/L　　　　　　(D) 0.069mmol/L

9. 某地区居民生活污水定额为 180L/（人·d），公建生活污水定额为 20L/（人·d），该地区总人口为 10000 人，该地区有大型工厂，工厂废水设计流量为 10L/s，则该地区污水的旱季设计流量最接近哪一项数值？

(A) 23L/s　　　(B) 30L/s　　　(C) 63L/s　　　(D) 45L/s

10. 如图 1 所示，A、B 为毗邻的区域，面积 $F_A=12.5\text{hm}^2$，$F_B=3\text{hm}^2$，地面集水时间均为 10min，径流系数均为 0.55，管段 1-2 的管内流行时间为 10min，雨水从计算管段的起端汇入，设计重现期取 1 年，计算管段 2-3 设计流量。[已知暴雨强度公式为：$q=\dfrac{1580}{(t_A+5)^{0.58}}\text{L}/(\text{s} \cdot \text{hm}^2)$]

(A) 面积叠加法 2258.4L/s；流量叠加法 2661.4L/s；

(B) 面积叠加法 2258.4L/s；流量叠加法 2356.4L/s；

(C) 面积叠加法 2082.3L/s；流量叠加法 2661.4L/s；

(D) 面积叠加法 2082.3L/s；流量叠加法 2356.4L/s。

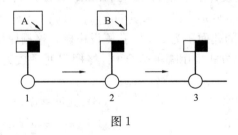

图 1

11. 某城镇污水处理厂旱季设计流量为 $24000\text{m}^3/\text{d}$，采用 2 组直径为 21m 的中进周出辐流式初沉池，有效水深为 3m，出水采用双侧堰，宜采用机械排泥，刮泥机的旋转速度为 1.5r/h，下列关于沉淀池说法错误的是哪一项？

(A) 沉淀池表面水力负荷不满足要求；

(B) 沉淀池的出水堰负荷满足要求；

(C) 沉淀池沉淀时间不满足要求；

(D) 刮泥板外缘线速度不满足要求。

12. 某污水处理厂设计流量为 $3000m^3/d$，采用 AO 氧化沟工艺，原设计出水执行《城镇污水处理厂污染物排放标准》GB 18918—2002 二级标准，拟在氧化沟好氧段中投加填料（MBBR 反应器）提高出水标准，改造后出水执行当地地方标准，改造后氧化沟进水水质：BOD_5 为 300mg/L，氨氮为 55mg/L；二沉池出水水质：BOD_5 为 10mg/L，氨氮为 10mg/L，所选填料比表面积为 $500m^2/m^3$。已知好氧段有效容积为 $875m^3$，表面硝化负荷为 $1.0gNH_3\text{-}N/(m^2 \cdot d)$，$BOD_5$ 表面有机负荷为 $5gBOD_5/(m^2 \cdot d)$，求投加填料的容积及填充率？

(A) $360m^3$，41%

(B) $450m^3$，51%

(C) $500m^3$，57%

(D) $210m^3$，24%

13. 某糖果厂设计水量为 $2400m^3/d$，废水原水 COD 浓度为 10000mg/L，经预处理单元处理后，COD 去除率为 55%，预处理后拟采用 UASB 反应器处理废水，设计 2 个圆柱形 UASB 反应器，容积负荷为 $15kgCOD/(m^3 \cdot d)$，反应区高度为 5m，沉淀区的表面负荷为 $1.2m^3/(m^2 \cdot h)$，沉淀时间为 1.5h，反应区上升流速及反应器总高度为？

(A) 0.51m/h，7.8m

(B) 0.69m/h，6.8m

(C) 0.32m/h，6.8m

(D) 0.51m/h，6.8m

14. 某城市污水处理厂采用 A^2O 工艺进行脱氮除磷，剩余污泥的排放量为 $1000m^3/d$，浓度为 8000mg/L，浓缩后的污泥采用 2m 带宽的带式压滤机脱水，两台同时连续工作 24h，处理能力不超过 $3m^3/(m \cdot h)$，试通过计算确定以下关于污泥浓缩，正确的是哪几项？

(A) 重力浓缩，2 座，固体负荷为 $50kg/(m^3 \cdot d)$，则每座浓缩池面积为 $162m^2$；

(B) 气浮浓缩，2 座，固体表面负荷为 $60kg/(m^3 \cdot d)$，则每座气浮池面积为 $113m^2$；

(C) 采用带式浓缩机，3 台（一台备用），处理量 $30m^3/h$，浓缩后污泥含固率 2%；

(D) 采用带式浓缩机，3 台（一台备用），处理量 $25m^3/h$，浓缩后污泥含固率 4%。

15. 某含酚废水拟采用臭氧氧化法处理，废水设计流量为 $2000m^3/d$，废水进水 COD 为 120mg/L，经臭氧处理后出水 COD≤20mg/L，已知去除 1mg/L COD 消耗的臭氧量为 4mg/L，氧化废水中的酚需要另投加 18mg/L 臭氧。为保证出水效果，要求臭氧接触池的停留时间不小于 30min，臭氧化空气中臭氧的浓度为 $14g/m^3$，求臭氧需要量（kg/h）、臭氧接触池容积及臭氧化空气量（m^3/h）。

(A) 34.83kg/h，$41.7m^3$，$2487.9m^3/h$

(B) 36.92kg/h，$41.7m^3$，$2637.1m^3/h$

(C) 36.92kg/h，$41.7m^3$，$2211.4m^3/h$

(D) 30.96kg/h，$41.7m^3$，$2211.4m^3/h$

16. 普通综合楼，一～三层由市政管网直接供水，四～十三层由低位贮水箱加变频调速泵组供水，减压阀分区。一层为展览中心，二、三层为图书馆，四～十三层均为坐班制办公楼层，每层办公人数 80 人，每天一班，工作时间 8h，每层均设男、女卫生间各一个，男卫生间设置感应水嘴洗手盆 3 个，自动自闭式冲洗阀小便器 4 个，延时自闭式冲洗阀大便器 4 个，女卫生间设置感应水嘴洗手盆 3 个，延时自闭式冲洗阀大便器 6 个。生活泵房、消防水池均设于地下设备层，消防水池补水管设计流量为 3L/s；计算建筑物引入管设计流量（L/s）不应小于下列哪一项？（计算结果取小数点后两位）

　　(A) 4.30　　　　　　(B) 4.46　　　　　　(C) 7.30　　　　　　(D) 7.46

　　17. 某艺术中心，一～二层是美术馆，三～四层是音乐厅。美术馆每层展厅为 1600m²，员工共有 40 人；音乐厅每天安排 15 场演出，每场观众 200 人，每场演职员 20 人。求艺术中心最高日高时用水量的最小值。

　　(A) 10.52m³/h　　　(B) 14.49m³/h　　　(C) 8.41m³/h　　　(D) 4.32m³/h

　　18. 某健身中心，卫生间配置 8 个感应式洗手盆、6 个有间隔淋浴器、2 个冲洗水箱坐便器、2 个自闭式冲洗阀蹲便器、2 个自闭式冲洗阀小便器，生活热水由设于卫生间内的电热水器提供，该卫生间给水引入管的设计流量最小是多少？

　　(A) 2.58L/s　　　　(B) 2.2L/s　　　　　(C) 1.39L/s　　　　(D) 1.01L/s

　　19. 一厂区内有 AB 两组厂房，AB 两组构成相同，其中包含单层 1000m² 的丙类厂房（建筑高度为 6.5m）一座，单层 2000m² 的戊类厂房（建筑高度为 5.8m）一座，单层 2000m² 的丁类厂房（建筑高度为 7.5m）一座，该厂区室外消火栓设计流量为多少 L/s？

　　(A) 15L/s　　　　　(B) 20L/s　　　　　(C) 25L/s　　　　　(D) 30L/s

　　20. 某高层建筑，总高度为 60m，室内外高差为 0.3m，下面为 5 层（层高为 4.5m）总建筑面积为 10000 m² 的标准层商业，上部为塔式普通民用住宅楼，地下二层为设备机房和车库。其室内消火栓系统由一组消防加压泵供水，经设计师精确计算后，满足住宅、裙房商业最不利消火栓压力所需要的设计压力分别为 1.1MPa 和 0.80MPa，以下关于该建筑的消防设计合理的是哪几项？并阐述理由。

　　(1) 按最大设计流量 40L/s 和最大设计扬程 1.1MPa 作为额定流量和额定压力来选泵；

　　(2) 按最大设计流量 40L/s 和最大设计扬程 0.80MPa 作为额定流量和额定压力来选泵；

　　(3) 按最大设计流量 20L/s 和最大设计扬程 1.1MPa 作为额定流量和额定压力来选泵；

　　(4) 按最大设计流量 20L/s 和最大设计扬程 0.80MPa 作为额定流量和额定压力来选泵；

　　(5) 当消防水泵出口压力为 52m 时，此时水泵的出流量为 60L/s；

　　(6) 当消防水泵出口压力为 71.5m 时，此时水泵的出流量为 30L/s。

　　(A) 2 项　　　　　　(B) 3 项　　　　　　(C) 4 项　　　　　　(D) 5 项

　　21. 某 7 层高级宾馆，一层及二层为大堂餐厅等公共用房，三～七层为标准层客房。标准层每层均设有双人间客房 15 间和单人间 5 间，每间客房卫生间均设坐便器、洗脸盆（配混合水嘴）、淋浴器（配混合水嘴）各一套，客房热水用水定额按 150L/（床·d）计（$K_h = 3.31$），客房采用半即热式水加热器全日制热水供应系统，采用低位热水箱与水泵联合供水方式，热水供水泵与循环泵共用，最不利用水点处与热水箱最低水位高差为 28m，配水管网水头损失为 12m，回水管网水头损失为 10m，水加热器内水头损失为 8m，其他水头损失忽略不计，试求该热水系统水泵的设计流量和扬程至少分别是多少？

　　(A) 543L/h；30m　　　　　　　　(B) 22032L/h；30m

　　(C) 543L/h；50m　　　　　　　　(D) 22032L/h；50m

　　22. 某学生宿舍设有公共盥洗间，每天集中供应 2h 的热水（60℃），学生人数为 500

人，浴室中设 30 个有间隔淋浴器，学生每次使用 IC 卡刷卡使用，10 个盥洗槽水嘴，冷水温度为 10℃，热水密度统一用 $\rho_r = 1kg/L$，试求该宿舍热水设计小时耗热量至少为多少（kJ/h）？

    （A）12095.72　　　　　　　　　　（B）202742.91

    （C）672800.66　　　　　　　　　　（D）829486.57

23. 某健身中心，卫生间配置 8 个感应式洗手盆、6 个有间隔淋浴器、2 个冲洗水箱坐便器、2 个自闭式冲洗阀蹲便器、2 个自闭式冲洗阀小便器，该卫生间排水干管的设计秒流量最小是多少？

    （A）0.99 L/s　　　　　　　　　　（B）1.5L/s

    （C）1.01 L/s　　　　　　　　　　（D）2.62 L/s

24. 某大学教学楼，设计使用总人数为 1000 人，生活排水设计采用污废分流，现需在室外修建一座化粪池，处理其生活污水。若化粪池清掏周期为 180d，则该化粪池的最小有效容积（V_{min}）应不小于下列哪一项？

    （A）$V_{min} = 17.17m^3$　　　　　　　（B）$V_{min} = 10.37m^3$

    （C）$V_{min} = 9.92m^3$　　　　　　　　（D）$V_{min} = 6.92m^3$

25. 某住宅建住宅小区总人数为 1000 人，最高日用水定额为 250L/（人·d），平均日用水定额为 180L/（人·d）。拟采用中水作为冲厕用水及绿地与景观用水；绿地与景观用水最高日设计用水量为 20m³/d。中水处理设备间歇运行，每天运行累计 6h（最大连续运行时间按 4h 考虑），则中水储水池的最小有效容积应为何值？

    （A）46.4m³　　　　　　　　　　　（B）49.6m³

    （C）43.5m³　　　　　　　　　　　（D）12.80m³

专业案例模拟题（下午）

1. 雄安新区建筑给水排水中，改造了原有城市供水厂，保留原有老城区的供水管网 A 区，新增 B、C 两区，A 区部分企业搬迁至 B 区，B 区通过增压泵站从 A 区管网中抽水向企业均匀增压供水 100m³/h；C 区是新建的开发区，最高日用水量为 2 万 m³/d，AB 区之间设有调蓄水库泵站一座，B 区管网中部设水塔一座，改造后的供水厂每天二级泵站向管网供水 23h，最高日最高时二级泵站供水 1970m³/h；水塔供水 400m³/h；调蓄水库泵站供水 600m³/h；改造后供水厂设计规模为 6.48 万 m³/d，试求改造后：整个城区及 C 区供（用）水的小时变化系数分别是多少？

(A) 1.1，1.1
(B) 1.1，1.2
(C) 1.14，1.14
(D) 1.14，1.2

2. 一环状管网水力计算简图如图 1 所示，水力平差计算时公共管段校正后的流量为 $Q_{25}=15L/s$，环 I 平差校正流量 $\Delta q_{I}=-3L/s$、环 II 平差校正 $\Delta q_{II}=2L/s$，求水力平差计算前公共管段 q_{25} 的分配流量是多少（L/s）？

(A) 10
(B) 14
(C) 16
(D) 20

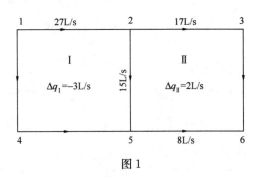

图 1

3. 一台配有变频调速装置的高扬程水泵，额定流量为 1700m³/h，扬程为 80m，水泵效率 $\eta_1=0.88$，电机效率 $\eta_2=0.95$。水泵配用电机安全系数 $k=1.08$，切削水泵叶轮后水泵、电机效率不变，则切削叶轮 5% 后配用的电机功率是多少（kW）？

(A) 361
(B) 380
(C) 410
(D) 412

4. 松花江流域东北某城市取水工程，从临近江河中取水，取水量较大，设置岸边式合建阶梯式取水构筑物，江河水质较为浑浊，江河浪高 0.50m，最大冰层厚度为 0.40m，该城市防洪标准为 150 年一遇（洪水位 100.70m），设计枯水位保证率为 99%，设计枯水位为 92.60m；如图 2 所示，指出该取水泵房设计不合理有几处？并说明理由。

(A) 2 处
(B) 3 处
(C) 4 处
(D) 5 处

5. 设天然河水中细小黏土颗粒的个数浓度为 3×10^6 个/cm³，在布朗运动作用下发生异向絮凝，有效碰撞系数 $\eta=0.5$，取水的密度 $\rho=1.0g/cm^3$，20℃时水的运动黏度 $v=$

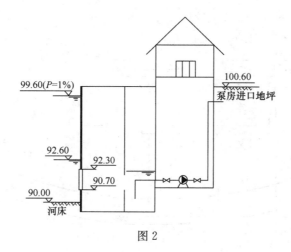

图 2

$0.01cm^2/s$，波兹曼常数 $K=1.38\times10^{-16}g \cdot cm^2/(S^2 \cdot K)$，求在水温 20℃条件下水中胶体颗粒个数减少一半的时间。

　　(A) 33.2h 　　　　　(B) 34.4h 　　　　　(C) 36.9h 　　　　　(D) 33.2h

　　6. 一座虹吸滤池分为 8 格，当其中一格反冲洗时，强制滤速为 11m/h，且继续保持向清水池供应 30% 的设计流量。反冲洗时水流通过配水系统的水头损失为 0.133m，则滤池过滤面积是配水系统孔口总面积的几倍？（孔口流量系数 μ 以 0.62 计，g 取 9.81）

　　(A) 41 　　　　　(B) 47 　　　　　(C) 49 　　　　　(D) 67

　　7. 某供水厂净水流程为：原水井提升→折板絮凝池→平流沉淀池→V 型滤池→中间提升→臭氧活性炭→清水池→吸水井→二级泵站。假设原水井和吸水井的最低水位分别为 12.8m 和 16.8m。V 型滤池至清水池重力流超越管水头损失取 0.6m。清水池有效水深取 4.5m，不计清水池内的水头损失。一泵房静扬程为 13.3m，在其余相关构筑物及其连接管水头损失均取最大估值时，V 型滤池的水头损失为多少（m）？

　　(A) 2.0m 　　　　　(B) 2.5m 　　　　　(C) 2.6m 　　　　　(D) 3.1m

　　8. A 市经济技术开发区有一市政道路，道路全长约 1.7km，宽度为 34m（不含道路两侧绿地），由于该市政道路周围无建设项目，地下市政雨水排水管线不承担客水转输任务，此道路地下无市政雨水管线，拟采用道路生物滞留带对该道路的雨水进行调蓄，年径流总量控制率目标为 85%，对应降雨量为 33.6 mm，该道路的综合雨量径流系数为 0.66，计算生物滞留带的调蓄容积。

　　(A) 1281.7m³ 　　　(B) 8673.5m³ 　　　(C) 1695.7m³ 　　　(D) 2650.1m³

　　9. 某地区拟新建一座污水处理厂，污水来自两个小区，人口密度为 300 人/ha，生活污水排放量为 150L/(人·d)，小区 A、B 污水总变化系数均为 1.5，其排水体制为截留式合流制。A、B 为截流井，截留倍数分别为 3、2。管段 1 和管段 2 号为合流管，其雨水量分别为 600L/s 和 800L/s，3 号、4 号管段为截流管，沿线无流量汇入，排水管网布置如图 3 所示，分别计算：管段 5 的设计流量，管段 6 的设计流量及该合流污水处理厂的设计水量。

　　(A) 174.5 L/s，590.3L/s，782 L/s；

　　(B) 287.5L/s，610.5L/s，782L/s；

(C) 287.5L/s，610.5L/s, 1121 L/s;

(D) 287.5L/s，591.7L/s，782L/s。

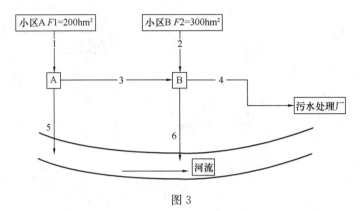

图 3

10. 某合流制排水系统，原截流倍数为 2，截流井前、后旱流污水量为 0.5m/s、0.1m/s，现将截流井改造为调蓄池，调蓄池建成后系统的截留倍数为 4，安全系数取 1.5，调蓄池汇水面积为 240hm²，调蓄池调蓄时间为 1.5h，则该调蓄池调蓄量为多少？（已知雨量径流系数为 0.25，流量径流系数为 0.6）

(A) 3mm   (B) 4mm   (C) 7mm   (D) 9mm

11. 某污水泵站矩形集水池尺寸为 $10 \times 5m$，进水管管径为 $DN600$（管内顶标高为 130m），设计充满度为 0.6，设计流量为 0.4m³/s，设计采用三台（2用1备）同型号的潜污泵，则该集水池设计最高、最低水位下列哪项最合适？

(A) 最高水位 128.56m，最低水位 127.36m;

(B) 最高水位 125.76m，最低水位 123.76m;

(C) 最高水位 129.76m，最低水位 127.76m;

(D) 最高水位 129.76m，最低水位 128.56m。

12. 某城镇污水处理厂设计规模为 40000m³/d，采用 2 格曝气沉砂池，停留时间为 7min，水平流速为 0.05m/s，有效水深为 1.8m，则下列说法错误的是哪一项？

(A) 单格沉砂池池长为 21m;

(B) 沉砂池的沉斗总容积至多为 2.4m³;

(C) 2 格沉砂池曝气量至少为 378m³/h;

(D) 沉砂池总有效容积为 315m³。

13. 某生活污水处理站采用生物除磷工艺，生化池进水 BOD 为 220mg/L，进水 PO_4^{3-}-P 为 6mg/L，二沉池出水 BOD 为 10mg/L，污泥龄为 3.5d，污泥回流比 $R = 100\%$，每日排放污泥混合液 200m³，活性污泥产率系数 Y 为 0.24gVSS/gBOD，内源代谢系数 K_d 为 0.07gVSS/（gVSS·d），活性污泥的 P 含量为 0.09gP/gVSS，求：

① 生化池反应器容积；

② 若生物反应池设计流量为 5000m³/d 时，求出水 P 的浓度。

(A) 1400m³，0.6mg/L   (B) 2000m³，0.6mg/L

(C) 1400m³，2.36mg/L   (D) 2000m³，2.36mg/L

14. 初次沉淀污泥和剩余活性污泥的混合污泥进入重力浓缩池，其中，初次沉淀污泥量为 500m³/d，含水率为 97.5％，每天排泥两次，每次 1h（250m³/h），剩余活性污泥量为 1000m³/d，含水率为 99.4％，24h 连续排泥，混合污泥固体通量取 60kg/（m² · d）。污泥密度按 1000kg/m³ 计。则该重力浓缩池浓缩时间（h）和有效水深（m）为多少？

(A) 浓缩时间 12h，有效水深 2.43m；

(B) 浓缩时间 15h，有效水深 3.94m；

(C) 浓缩时间 12h，有效水深 3.67m；

(D) 浓缩时间 11h，有效水深 2.23m。

15. 某炼油厂产生含油废水 2500m³/d，水温为 30℃，含油量为 100mg/L，采用加压溶气气浮除油，气浮分离室表面负荷为 4.5m³/（m² · h），气固比为 0.05，回流水的回流比为 25％，由于该厂废水含油浓度升高至 178mg/L，为了使处理后的水质达标，需要加大废水回流比，在气固比不变的情况下，计算气浮池分离区面积（m²）与加大回流比后加压溶气废水量（m³/d）。

(A) 30.86m²，1233m³/d

(B) 28.94m²，200m³/d

(C) 28.94m²，720m³/d

(D) 28.94m²，1112.5m³/d

16. 北京某居住小区共 3500 户，每户 3 人，小区设有集中生活热水系统，每户设有两卫一厨，厨房洗涤盆（$N_g=1.0$），每个卫生间配备一个洗脸盆、一个坐式大便器、一个淋浴器和一台家用洗衣机。住宅最高日用水定额为 300L/（人 · d），时变系数为 2.0，采用市政直接供水方式；该小区室外给水管段的设计流量为下列选项中的哪项？

(A) 131.25m³/h

(B) 144m³/h

(C) 226.8m³/h

(D) 262.5m³/h

17. 某居住小区，设有 8 栋卫生器具配置相同的住宅。该小区有两条市政引入管，每栋住宅引入管水表的常用流量为 19.8m³/h，小区每条引入管水表的常用流量为 54m³/h，室外消火栓用水量取 25L/s，则预估每栋住宅引入管的设计秒流量为多少（L/s），居住小区最大时流量为多少（m³/h）。

(A) 6.88L/s、108m³/h

(B) 6.88L/s、144m³/h

(C) 5.5L/s、108m³/h

(D) 5.5L/s、54m³/h

18. 某商业园区，共有建筑 20 座，共用地下车库。园区内最高建筑体积为 8 万 m³，在消防设计时，室外消火栓系统采用临时加压给水系统，室外消防专用水池最低有效水位距室外最不利消火栓处地面高差为 5.8m，室外消火栓环状管网管径为 DN200，水泵出口至最不利消火栓的距离为 1000m，沿程水头损失 i（m/1000m）=14.8，试求室外消火栓水泵扬程至少应为多少（m）？

(A) 33.56　　　(B) 35.34　　　(C) 36.52　　　(D) 38.6

19. 某废旧饮料瓶及泡沫塑料回收加工车间，高度为 12m，该建筑消防采用自动喷水灭火系统设计，采用直立型标准覆盖面积洒水喷头布置，喷头间距 3.0m×3.0m 布置，该系统任意作用面积内的平均喷水强度满足规范要求，求该系统最不利喷头处的压力为多少（MPa）？

(A) 0.1　　　(B) 0.15　　　(C) 0.20　　　(D) 0.25

20. 某综合楼层高为 3m，共 20 层，采用临时高压消防给水系统，地下一层设有消防水池及消防水泵房，最低有效水位标高是−4.00m，水泵吸水管路和压水管路沿程水头损失分别为 2.0m 和 8.0m，整个最不利供水管道的局部水损按沿程水头损失的上限设置（忽略阀门等附件的局部水损），则该消防水泵的扬程最小为下列哪一项？

(A) 92.70m (B) 95.90m (C) 108.62m (D) 111.5m

21. 南方某高校硕士研究生宿舍楼共有房间 600 间（每间 2 人），每个房间均设一个卫生间，内有洗脸盆、淋浴器、坐式大便器各 1 套，全天供应热水，热水用水定额为 100L/(人·d)，由水源热泵制备 60℃热水，则水源热泵的水源取水量至少应为多少 kg/h？

（注：冷水温度为 10℃，冷、热水密度均以 1kg/L 计，T_5 取 16℃。）

(A) 100000kg/h (B) 88889kg/h (C) 75000L/h (D) 34375L/h

22. 某招待所设计使用人数为 600 人，客房内设独立卫浴，全日制供应热水，热媒供应能力为 1658052kJ/h，热水温度为（$\rho r=1$kg/L）60℃，冷水温度为 5℃，热水小时变化系数 $K_h=3.48$，下列关于该招待所设计方案不合理的是？（注：简要说明不合理的原因）

(1) 水加热设备选用导流型容积式水加热器；

(2) 水加热设备选用半容积式水加热器；

(3) 水加热设备选用半即热式水加热器；

(4) 当采用定时集中热水供应系统时，所需最小设计小时耗热量与全日制相同。

(A) 4 项 (B) 3 项 (C) 2 项 (D) 1 项

23. 某居住小区由 10 栋高层住宅楼，2 栋配套公建，地下车库及商业网点组成，上述建筑用水资料见表 1，则该小区地势较低，需用小区污水泵提升出流，求小区污水泵的最小设计流量是下列哪项？

表 1

序号	用水建筑	最高日用水量（m³/d）	用水时间（h）	小时变化系数（K_h）
1	10 栋高层住宅楼	120	24	2.5
2	2 栋配套公建	60	10	2.0
3	地下车库	80	8	1.0
4	商业网点	40	12	1.5
5	小区绿化	10	2	1.0

(A) 44.50m³/h (B) 37.83m³/h

(C) 37.53 m³/h (D) 33.58m³/h

24. 某普通建筑多层办公楼，屋面雨水排水采用重力流单斗排水系统。屋面设计坡度为 1.5%，屋面为金属屋面，采用金属长天沟集水；屋面的雨水汇水面积为 1500m²，雨水径流系数为 1.00；不同设计重现期的 5min 暴雨强度分别为：$P=5$ 年，$q_5=110$L/(s·hm²)；$P=10$ 年，$q_{10}=200$L/(s·hm²)；$P=50$ 年，$q_{50}=300$L/(s·hm²)；$P=100$ 年，$q_{100}=340$L/(s·hm²)；排水管材采用铸铁管，溢流设施采用金属天沟溢流孔，溢流水位高度为 100mm，求溢流孔的最小宽度是多少(mm)？

(A) 100mm (B) 250mm (C) 270mm (D) 380mm

25. 某建设项目场地总建筑面积为 15.22 万 m^2；综合雨量径流系数为 0.56，日降雨量为 209mm，建有 5200m^3 的雨水调蓄池，用于雨后错峰排至市政雨水管网，不回用，求改造场地日降雨控制及利用率是多少？

　　(A) 16.3%　　　　(B) 29.2%　　　　(C) 39.6%　　　　(D) 60.4%

专业知识模拟题（上午）参考答案与解析

一、单项选择题

1. 答案：【D】。

解析：

(1) 在缺水地区，既要限制建设耗水量大的工业项目，也要限制农业发展，因为农业种植也是耗水量较大的项目，A 选项错误；

(2) 城市生活饮用水管网严禁与工矿企业自备水源给水系统直接连接，B 选项错误；

(3) 给水工程设计应采用新技术提高水质，节约用水，而不是提高用水定额，C 选项错误；

(4) 因地下水受污染较少，处理简单，当允许开采地下水时，应优先作为饮用水水源考虑，D 选项正确。

2. 答案：【A】。

解析：

(1) 设置网后水塔（或高位水池）不影响管网末端供水流量，所以不会减小管网末端管径，A 选项错误；

(2) 与不设置网中、网后水塔（或高位水池）相比较，高峰供水时由水塔（或高位水池）和二级泵房同时向管网供水，因此具有减小二级泵房最高时供水流量的作用，也相应减小出厂水管的管径，B、C 选项正确；

(3) 根据《给水工程》教材表 1-9 "网后水塔管网" 可知：设置了网后水塔（或高位水池），晚上需要同时向管网和水塔（或高位水池）供水，当二级泵房供水流量小于不设水塔（或高位水池）时流量，供水压力会小于最高日最高时情况下的扬程，D 选项正确。

3. 答案：【C】。

解析：

(1) 输水管分叉连接高位水池处应设置阻断阀门，以免管网检修时高位水池中的水漏入管网，A 选项正确；

(2) 输水管穿越河道、铁路处容易损坏，需要检修，应设置阻断阀门，B 选项正确；

(3) 安装通气阀的干管上不设置阻断隔离阀门，而是应在连接通气阀的支管上安装阻断隔离阀门，以便检修更换通气阀，C 选项错误；

(4) 独立管道上的消火栓间距不应超过 120m，两阻断阀门间消火栓数量不宜超过 5 个，则两阻断阀门间距不宜超过 600m，D 选项正确。

4. 答案：【A】。

解析：

(1) 不同水源到达分界线节点的距离不同，所选管段管径不同，水源水压不一定相同，不能认为流向分界线节点的管段水头损失必然相同，A 选项错误；

（2）根据管段水流"正"或"负"方向，流向分界线节点的多处水源各管段流量相加或相减计算后的流量就是分界线节点的流量，B选项正确；

（3）因为是压力分界线，分界线节点处的水压只有一个，不同水源到达分界线节点处的水压必须相同，C选项正确；

（4）不同水源供水流量比例发生变化时，流向分界线节点的管路水头损失发生变化，则分界线节点的位置发生变化，D选项正确。

5. **答案：【C】。**
解析：

（1）渗渠适宜取用河床渗透水，也可用于取用浅层地下水，A选项错误；

（2）大口井既适用于取用潜水，也适用于取用承压和无压含水层的水，B选项错误；

（3）管井既适用于取用承压和无压含水层的水，也适用于取用潜水，C选项正确；

（4）泉室既适用于取用覆盖层厚度小于5.0m的潜水，也适用于取用覆盖层厚度小于5.0m的承压水，D选项错误。

6. **答案：【B】。**
解析：

（1）河流水中推移质不多时宜采用低坝式取水构筑物，大颗粒推移质较多时宜采用底栏栅式取水构筑物，符合低坝式取水构筑物和底栏栅式取水构筑物的适用条件，A选项正确；

（2）河床为基岩的平坦地段没有一定深度的含水层，不能采用渗渠集取河床渗流水，B选项错误；

（3）底栏栅式取水构筑物宜建在山溪河流出口处或出口以上的峡谷河段，C选项正确；

（4）低坝式取水构筑物取水量可大可小，既适用于小型取水工程，也适用于取水量超过百万立方米每天的大型取水工程，底栏栅式取水构筑物取水量一般稍小些，D选项正确。

7. **答案：【D】。**
解析：

（1）离心泵按照进水方式（即相对旋转叶轮是单边进水还是两边进水）分为单吸离心泵和双吸离心泵，不是按照叶轮叶片弯度方式来划分的，A选项错误；

（2）从对离心泵特性曲线的理论分析中可以看出，每一台水泵都有它固定的特性曲线，这种曲线反映了该水泵本身的潜在工作能力，不是基本工作原理，B选项错误；

（3）离心泵特性方程$H_p=H_b-S_iq_i^n$表示水泵流量和扬程关系，不包含输水管道水头损失，C选项错误；

（4）反映流量与输水管路中水头损失之间关系的曲线方程，称为输水管路特性曲线方程，或称为流量与管路阻力方程，或流量与管路水头损失方程。管路水头损失不仅是管道沿程阻力，还包括管道局部阻力，D选项正确。

8. **答案：【D】。**
解析：

（1）循环冷却水送入冷冻机，冷却热流体，不属于直接冷却形式，冷却水冷却热流体后流入湿式冷却塔冷却，不属于闭式系统，A选项错误；

（2）循环冷却水送入冷冻机，冷却热流体，不属于直接冷却形式，B 选项错误；

（3）冷却水冷却热流体后流入湿式冷却塔冷却，不属于闭式系统，C 选项错误；

（4）循环水泵从冷却塔水泡中抽水送入冷冻机，和冷冻机的热流体间接接触，称为间冷形式，冷却热流体后热水压力流入湿式冷却塔，直接暴露于进入的冷空气中，属于敞开式冷却系统，称为开式系统，故该系统为间冷开式系统，D 选项正确。

9. **答案：【A】。**

解析：

根据《给水工程》教材 6.2 节：细小颗粒之间发生布朗运动，碰撞聚集，A 选项正确；投加混凝剂，颗粒脱稳后细小颗粒容易聚集成较大颗粒，减弱布朗运动，影响异向絮凝速度，B 选项错误；同向絮凝速度与 G 有关，G 值计算中黏度取值与温度有关，C 选项错误；异向絮凝的速度与外界对水体搅拌速度梯度 G 值大小无关，D 选项错误。

10. **答案：【B】。**

解析：

（1）普通快滤池通常采用大阻力配水系统，等水头变速过滤，A 选项错误；

（2）V 型滤池通常是四阀控制、小阻力配水系统、气水反冲洗滤池，有的设计为等水头等速过滤，有的改为等水头变速过滤，B 选项正确；

（3）虹吸滤池是小阻力配水系统、变水头等速过滤滤池，一般采用单水冲洗，在不改变滤池结构条件下不能采用气水同时反冲洗，否则虹吸管进入空气，中断进水或排水，不能正常运行，C 选项错误；

（4）无阀滤池和虹吸滤池分格要求不同，一般采用单水冲洗，同样，在不改变滤池结构条件下也不能采用气水同时反冲洗，D 选项错误。

11. **答案：【C】。**

解析：

由《室外给水标准》9.6.19 条可知，A 选项正确；由《室外给水标准》9.6.13 条可知，B 选项正确；由《室外给水标准》9.6.3 条可知，C 选项错误；由《室外给水标准》9.6.16 条可知，D 选项正确。

12. **答案：【C】。**

解析：

R-Na 离子交换器不能去除碱度，A 选项错误；R-H 离子交换器交换前期出水呈酸性，后期呈碱性，B 选项错误；R-COOH 树脂的交换容量大，D 选项错误。

13. **答案：【A】。**

解析：

城镇污水处理厂是城市排水系统的组成部分。根据《室外排水标准》6.3.1 条，雨水泵房的集水池容积，不应小于最大一台水泵 30s 的出水量；污水管道为重力流管道，但有时受到地形的限制，需要在管道系统中设置污水提升泵站，这时排水系统中有压力管道。A 选项错误。

14. **答案：【B】。**

解析：

污水支管常见的布置形式有低边式、周边式、穿坊式，B 选项错误。

15. **答案：【D】。**

解析：

（1）A 选项正确；

（2）根据《室外排水标准》3.2.7 条，B 选项正确；

（3）根据《室外排水标准》4.1.8 条及 4.1.3 条，C 选项正确，D 选项错误。

16. **答案：【D】。**

解析：

根据《室外排水标准》5.3.5 条，当矩形钢筋混凝土箱涵敷设在软土地基或不均匀地层上时，宜采用钢带橡胶止水圈结合上下企口式接口形式，D 选项正确。

17. **答案：【C】。**

解析：

（1）根据《室外排水标准》7.3.7 条条文解释，输送距离大于 8m，宜用带式输送机，A 选项错误；

（2）根据《室外排水标准》7.5.3 条条文解释，沉淀池水池过浅，因水流会引起污泥的扰动，使污泥上浮，影响沉淀效率，B 选项错误；

（3）根据《室外排水标准》7.4.3 条，C 选项正确；

（4）根据《室外排水标准》表 7.5.1，D 选项错误。

18. **答案：【D】。**

解析：

MBR 可以实现脱氮除磷功能，D 错误。

19. **答案：【D】。**

解析：

氨氮去除效率低是硝化阶段出现了问题，A、B、C 选项均会导致硝化效率低，D 选项，C/N 比较低，硝化阶段 C/N 较低会提高硝化效果，D 选项错误。

20. **答案：【D】。**

解析：

（1）根据《排水工程》教材第 13 章，生物转盘可采用鼓风曝气，A 选项正确；

（2）根据《排水工程》教材第 13 章，MBBR 采用污泥回流时，MBBR 工艺具有生物膜法和活性污泥法特性，B 选项正确；

（3）根据《排水工程》教材第 13 章，生物流化床工艺布水不均时会造成局部上升流速较低，部分载体沉积而不形成硫化，容易导致流化失败，C 选项正确；

（4）根据《室外排水标准》表 7.8.21，前置反硝化生物滤池的反硝化负荷低于后置，D 选项错误。

21. **答案：【D】。**

解析：

（1）根据《排水工程》17.6 节，A 选项错误，有机污泥不易脱水；

（2）腐殖污泥是生污泥，B 选项错误；

（3）根据《排水工程》17.6 节，C 选项错误；

（4）大于 1×10^{13} m/kg 的污泥难以脱水，D 选项正确。

22. 答案:【C】。

解析:

(1) 气浮浓缩表面水力负荷有回流时为 $1.0 \sim 3.6 \mathrm{m}^3/(\mathrm{m}^2 \cdot \mathrm{h})$,无回流时为 $0.5 \sim 1.8 \mathrm{m}^3/(\mathrm{m}^2 \cdot \mathrm{h})$,重力浓缩剩余污泥表面水力负荷有回流时为 $0.2 \sim 0.4 \mathrm{m}^3/(\mathrm{m}^2 \cdot \mathrm{h})$,B 选项正确;另外,通过面积大小也可以反推得到水力负荷的大小;

(2) 重力浓缩占地面积大,气浮浓缩占地面积小,C 选项错误。

23. 答案:【B】。

解析:

(1) 根据《室外排水标准》7.13.11 条,A 选项正确;

(2) 根据《室外排水标准》8.5.6 条,B 选项错误;

(3) 根据《室外排水标准》8.11.16 条,C 选项正确;

(4) 根据《室外排水标准》9.3.2 条,D 选项正确。

24. 答案:【D】。

解析:

本题要求脱色效果好,根据这一条就能很快确定选 D。其他选项无脱色功能。

25. 答案:【D】。

解析:

根据《建水标准》3.4.1 条第 1 款,建筑物内的给水系统应充分利用市政水压,A、B、C 选项没有充分利用市政压力供水,故 A、B、C 选项错误,D 选项正确。

26. 答案:【A】。

解析: 根据《建水标准》3.5.19 条及条文说明,以及《建水工程》教材 1.5.2 节水表的水头损失:

(1) 根据《建水标准》3.5.19 条及条文说明,体育场馆为用水密集型的场所,其用水量均匀,应以给水设计流量选定水表的常用,A 选项正确;

(2) 根据《建水标准》3.5.19 条及条文说明,医院为用水分散型的场所,其用水量不均匀,应以给水设计流量选定水表的过载流量,B 选项错误;

(3) 根据《建水标准》3.5.19 条及条文说明,在消防时除生活用水外,尚需通过消防流量的水表,应以生活用水的设计流量叠加消防流量进行校核,C 选项错误;

(4) 根据《建水工程》教材 1.5.2 节水表的水头损失,水表分为 A、B 两个计量等级,B 级精度高于 A 级精度,D 选项错误。

27. 答案:【C】。

解析:

根据《节水标准》4.1.3 条、6.1.2 条、6.1.4 条、6.1.5 条、6.1.6 条、6.1.9 条及条文说明:

题中采用的节水措施有"采用感应式洗手盆""脚踏式蹲便器""设陶瓷片水嘴洗脸盆""分档坐便器""办公和公寓分设水表""市政给水直供二层及以下""设置减压阀使用水点处压力不大于 0.20MPa"共计 7 项。C 选项正确。

28. **答案：【C】。**

解析：

根据《建水标准》3.9.5 条条文说明、3.9.1 条条文说明、3.9.6 条条文说明：

（1）根据《建水标准》3.9.5 条条文说明，生活低位水池（箱）的启泵水位，宜取 1/3 贮水池总水深，A 选项正确；

（2）根据《建水标准》3.9.1 条条文说明，生活低位水池（箱）的启泵水位，宜取 1/3 贮水池总水深，B 选项正确；

（3）根据《建水标准》3.9.1 条条文说明，居住建筑生活给水加压泵的噪声和振动应达到 B 级要求，C 选项错误；

（4）根据《建水标准》3.9.6 条条文说明，水泵吸水总管管顶应低于水池启动水位，且吸水喇叭口的最小淹没水深为 0.3m，D 选项正确。

29. **答案：【D】。**

解析：

（1）根据《建规》8.2.1 条第 3 款，A 选项正确；

（2）根据《自喷规范》12.0.1 条，B 选项正确；

（3）根据《建规》8.2.4 条；C 选项正确；

（4）根据《建规》8.3.4 条第 5 款及条文说明；大中型的幼儿园是按"班的个数"分类的，不是按体积，D 选项错误。

30. **答案：【B】。**

解析：

根据《消水规》8.2.3 条第 3 款可知系统工作压力的计算方法；根据《消水规》5.1.6 条第 4 款可知，零流量时压力不应大于设计工作压力的 140%，且宜大于设计工作压力的 120%；再结合《消水规》6.2.1 条第 1 款可知：（1.2～1.4）P＝2.4，可求得 $P \approx 1.7$MPa。

31. **答案：【D】。**

解析：

（1）根据《自喷规范》5.0.15 条和 6.2.1 条可知，水幕不是"独立"的，A 选项错误；

（2）根据《自喷规范》7.1.16 条、5.0.15 条和 6.1.6 条可知，B 选项错误；

（3）根据《自喷规范》7.1.16 条可知，C 选项错误；

（4）根据《自喷规范》7.1.16 条和 7.1.17 条可知，D 选项正确。

32. **答案：【D】。**

解析：

（1）根据《自喷规范》附录 A 可知，A、B 选项正确；

（2）根据《自喷规范》5.0.3 条可知，C 选项正确；

（3）根据《自喷规范》5.0.3 条条文说明可知：超级市场应根据室内净高、储存方式以及储存物品的种类与高度等因素按本规范 5.0.4 条和 5.0.5 条的规定确定设计基本参数，D 选项错误。

33. **答案：【D】。**

解析：

根据《建水标准》6.3.6 条第 1 款及条文说明、6.3.13 条第 2 款、6.3.7 条第 1 款 1）、5.2.3 条：

（1）根据《建水标准》6.3.6 条第 1 款及条文说明，集中热水看是否有需求，A 选项错误；

（2）根据《建水标准》6.3.13 条第 2 款，支管是否循环主要取决于 6.3.10 条第 1 款，B 选项错误；

（3）根据《建水标准》6.3.7 条第 1 款 1），这里强调的是"闭式"，C 选项错误；

（4）根据《建水标准》6.3.14 条及条文说明，集中热水供应系统无论是小区还是单栋建筑，热水循环效果的技术措施相同，D 选项正确。

34. **答案：【C】。**

解析：

根据《建水标准》6.7.10 条第 5 款、6.7.11 条第 1 款、6.3.14 条第 5 款、6.7.12 条第 1 款、6.8.14 条：

（1）根据《建水标准》6.7.10 条第 5 款，全日集中热水供应系统的循环水泵在泵前回水总管上应设温度传感器，不是定时热水供应系统，A 选项错误；

（2）根据《建水标准》6.7.11 条第 1 款，热水供水泵与循环水泵宜合并设置热水泵，不是分开设置，B 选项错误；

（3）根据《建水标准》6.3.14 条第 5 款、6.7.12 条第 1 款，别墅局部热水供应系统，设 1 台循环水泵，C 选项正确；

（4）根据《建水标准》6.8.14 条，回水管需要做保温，D 选项错误。

35. **答案：【C】。**

解析：

根据《建水标准》6.2.6 条、6.2.4 条：

（1）根据《建水标准》6.2.6 条，水加热设备（设施）的供水温度应根据水质、使用要求、是否设置灭菌消毒措施确定，A 选项正确；

（2）根据《建水标准》6.2.6 条第 1 款，水加热设备最高出水温度应≤70℃，B 选项正确；

（3）根据《建水标准》6.2.6 条第 2 款，宾馆的水加热设备出水温度应为 50～55℃，C 选项错误；

（4）根据《建水标准》6.2.4 条条文说明，可采取系统内热水定期升温方式灭菌，D 选项正确。

36. **答案：【D】。**

解析：

根据《建水标准》6.3.6 条第 5 款、6.3.6 条第 1 款、6.3.6 条第 3 款、6.3.6 条第 2 款：

（1）根据《建水标准》6.3.6 条第 5 款，宜分开设置加热设备和管道系统，A 选项正确；

（2）根据《建水标准》6.3.6 条第 1 款、6.3.6 条第 5 款，酒店、医院等建筑设集中热水系统时，其中用水时段固定的用水部位宜设单独热水管网，定时循环供热水，B 选项正确；

（3）根据《建水标准》6.3.6 条第 3 款，办公建筑宜采用局部热水供应系统，C 选项正确；

（4）根据《建水标准》6.3.6 条第 2 款，服务半径不应超过 500m，且管网串联，系统变复杂，布置困难，投资大，热损失大，不利于节能，增加运行成本，D 选项错误。

37. **答案：【A】。**

解析：

根据《建水标准》及《建水工程》教材：

（1）根据《建水工程》教材 3.1.2 节，属于建筑合流制的一种形式；A 选项错误；

（2）根据《建水标准》4.2.4 条条文说明，含油污水应与其他排水分流设计，B 选项正确；

（3）根据《建水工程》教材 3.1.2 节，当建筑物或小区设有中水系统，生活废水需回收利用时应分流排水，生活废水单独收集作为中水水源，C 选项正确；

（4）根据《建水标准》4.4.12 条第 3 款，医疗灭菌消毒设备的排水与生活排水管道系统应采取间接排水方式，D 选项正确。

38. **答案：【A】。**

解析：

根据《建水标准》4.4.3 条条文说明、4.4.9 条、4.4.7 条第 4 款、4.4.2 条条文说明、4.6.4 条：

（1）根据《建水标准》4.4.3 条条文说明，住宅厨房间的废水可以与卫生间的排出管相连接，A 选项正确；

（2）根据《建水标准》4.4.9 条、4.4.7 条第 4 款，埋地塑料管道在埋层中可不设伸缩节，B 选项错误；

（3）根据《建水标准》4.4.2 条条文说明，客房的吊顶内不可以敷设排水管道，C 选项错误；

（4）根据《建水标准》4.6.4 条，需要看排水管道的管材，铸铁排水管上的清扫口材质应为铜质，D 选项错误。

39. **答案：【A】。**

解析：

根据《建水标准》4.1.5 条，小区生活排水与雨水排水系统应采用分流制。

40. **答案：【C】。**

解析：

根据《中水标准》5.2.5 条、5.2.2 条条文说明、5.2.6 条条文说明、5.2.3 条：

（1）根据《中水标准》5.2.5 条，职工食堂和营业餐厅的含油脂污水进入原水收集系统时，应经除油装置处理后，方可进入原水收集系统，A 选项正确；

（2）根据《中水标准》5.2.2 条条文说明，中水原水管道既不能污染建筑给水，又不能被不符合原水水质要求的污水污染，B 选项正确；

（3）根据《中水标准》5.2.6 条条文说明，超声波流量计和沟槽流量计可满足此要求，因为原水中含杂质较多，采用水表会导致堵塞，故不能用水表计量原水水量，C 选项错误；

（4）根据《中水标准》5.2.3 条，原水系统应计算原水收集率，收集率不应低于回收排水项目给水量的 75%，D 选项正确。

二、多项选择题

41. 答案：【AD】。

解析：

（1）无论设置网前水塔或网后水塔，高峰供水时都可以和二级泵房一起向管网供水，所以认为都可以减小二级泵房设计流量，A 选项正确；

（2）无论设置网前水塔或网后水塔，水塔水柜底的水压标高必须大于最不利点最小服务水压标高。在地面标高较高处设置水塔向地面标高较低处供水，水塔内水压标高很大，高出地面的高度可能很小，会低于最不利点最小服务水头，B 选项错误；

（3）不能认为无论设置何种水塔，减小二级泵房设计流量后一定会降低二级泵房扬程，对于网前水塔，二级泵房间接运行时，与不设水塔时的扬程是相同的，所输送水量的水压标高都必须满足最不利点最小服务水压标高。设置网后水塔有时比不设水塔会增加二级泵房扬程，C 选项错误；

（4）无论设置何种水塔，供水厂处理构筑物出水量和管网用水量的差值就是管网中水塔、供水厂清水池的调节容积，建造了管网水塔自然可以减小清水池的调节容积，D 选项正确。

42. 答案：【BCD】。

解析：

（1）根据时变化系数的定义和有关规范规定，无论每天供水多长时间，管网最高日平均时供水量都等于最高日供水量除以 24h，这样就能显现出时变化系数大小区别，A 选项正确；

（2）从水源地到供水厂输水管的输水和供水厂处理构筑物（或取水泵房）同步运行，其输水流量应按照最高日供水量（设计规模）除以取水泵房实际工作时间计算，并计入浑水输水管漏损水量和供水厂自用水量，B 选项错误；

（3）后水塔的管网，从管网到水塔的输水管管径应按照二级泵房向水塔充水流量和水塔向管网输水流量的最大值计算，C 选项错误；

（4）配水管网上安装消火栓和阻断阀门时，两个阀门间独立管段上的消火栓数量不宜超过 5 个，消火栓间距不应超过 120m，则两个阀门之间的间距应不超过 600m，D 选项错误。

43. 答案：【BD】。

解析：

（1）球墨铸铁管机械强度高、耐腐蚀，可采用承插接口或法兰接口，A 选项正确；

（2）预应力钢套筒混凝土管接口为承插式，采用钢管焊接接口内外用混凝土涂平，易生锈损坏，且增加施工难度，B 选项错误；

（3）埋设在天然地基上的承插式预应力钢筋混凝土管可不设管道基础，一般不发生不均匀沉降，C 选项正确；

（4）玻璃钢管、塑料管内壁光滑，具备防腐能力，不再进行防腐处理，D 选项错误。

44. 答案：【AC】。

解析：

（1）当含水层厚度为 10m 左右时，应尽量建成非完整式大口井。井壁进水的完整式大口井堵塞严重，而井底进水的非完整式大口井不易堵塞，应尽可能采用，A 选项错误；

（2）为防止地表污水流入井内，井口应高出地面 0.50m 以上，同时设不透水散水坡，并在井口周围填入优质黏土或水泥砂浆等不透水材料封闭，B 选项正确；

（3）井壁进水斜孔由井内向井壁外倾斜，防止泥沙顺流进入井内，C 选项错误；

（4）井底为裂隙含水层或大颗粒岩层时，可不铺设反滤层，D 选项正确。

45. 答案：【CD】。

解析：

（1）根据《给水工程》教材式（14-11），$N' = \dfrac{\beta_{xv} V}{Q}$ 可知：在一定淋水填料和冷却塔构造型式下，冷却塔具有的冷却能力；它与淋水填料的特性、构造、几何尺寸、散热性能以及气、水流量有关，成冷却塔的特性数，特性数越大，则塔的冷却性能越好；

（2）根据《给水工程》教材式（14-13），$\beta_{xv} = A \cdot g^m \cdot q^n$ 可知：β_{xv} 反映了填料的散热能力，g 代表的是空气流量密度 kg/($m^2 \cdot s$)，q 代表的是淋水密度 kg/($m^2 \cdot h$)；

（3）根据《给水工程》教材式（14-16），$N' = A' \cdot \lambda^m$ 可知：λ 是气水比，等于进入塔的空气流量 G(kg/h) 和进入塔的热水流量 Q(kg/h) 比值；

（4）A 选项错误，还应考虑风量、水量和水温条件，仅考虑构造相同不能确定特性数相同；B 选项错误，因未说明风量、水量，仅考虑淋水面积相同，则特性数不一定相同；C 选项正确，因设计的排风量不同，指的是气水比不相同，则特性数不一定相同；D 选项正确，因设计的水流量不同，淋水密度不同，也即是气水比不一定相同，则特性数不一定相同。

46. 答案：【AD】。

解析：

（1）根据《给水工程》教材 5.1 节：由良性循环、非良性循环的定义可知，A 选项正确；

（2）湿地影响降水径流以及水分蒸发，属于自然循环的一项，B 选项错误；

（3）根据水循环定义可知，海水或降水与水汽的成分不同，即水质不同，C 选项错误；

（4）根据《给水工程》教材 5.2 节，天然水中悬浮物和胶体颗粒的来源描述可知，D 选项正确。

47. 答案：【AB】。

解析：

（1）根据《给水工程》教材 6.1 节，胶体的结构形式描述可知，A、B 选项正确；

（2）胶体颗粒表现出来的电位是动电位，C 选项错误；总电位无法通过仪器测量，D 选项错误。

48. 答案：【ABD】。

解析：

(1) 根据《给水工程》教材 8.3 节：由大阻力配水系统配水原理描述可知，A 选项错误；

(2) 由《给水工程》教材式（8-23）可知，开孔比越小，冲洗时水头损失越大，B 选项错误；

(3) 由《给水工程》教材式（8-21）、式（8-23）可知，配水系统孔口面积和配水干管、支管过水断面面积影响干管、支管内水流平均流速及平均压力水头，即影响冲洗是否均匀，C 选项正确；

(4) 由小阻力配水系统描述可知，冲洗水压力较低，D 选项错误。

49. 答案：【AC】。

解析：

(1) 根据《给水工程》教材 10.1 节中关于地表水及地下水中二价铁锰的描述可知，A 选项正确；

(2) 根据《给水工程》教材 10.2 节中接触催化氧化除铁工艺，对原水曝气是为了充氧，二价铁离子氧化反应发生在滤池中，B 选项错误；

(3) 根据《给水工程》教材 10.3 节中关于催化氧化除锰滤池滤料的描述可知，C 选项正确；

(4) 根据《给水工程》教材 10.4 节活性氧化铝法可知，对水中 F^- 的吸附容量与水的 pH 有关，不是和再生硫酸铝的 pH 有关，D 选项错误。

50. 答案：【BCD】。

解析：

根据《室外排水标准》1.0.5 条条文说明，在扩建和改建排水工程时，对原有排水工程设施利用与否应通过调查作出决定，A 选项错误。

51. 答案：【BD】。

解析：

(1) 根据《排水工程》教材 3.4.5 节，污水管道系统在进行水力计算时，直线检查井可不考虑局部水头损失，A 选项正确；

(2) 根据《排水工程》教材 3.3.4 节，污水出户管的最小埋深一般采用 0.5~0.7m，所以街坊污水管道起点最小埋深不应小于 0.7m，B 选项错误；

(3) 城镇污水是综合生活污水、工业废水和入渗地下水的总称。包括：综合生活污水、工业企业生活污水和工业废水设计流量三部分之和，D 选项错误。

52. 答案：【AB】。

解析： 依据极限强度理论 C、D 选项错误。

53. 答案：【ABD】。

解析：

(1) 曝气生物滤池后可不设二沉池，A 选项错误；

(2) 进水悬浮固体浓度不宜大于 60mg/L，否则应设预处理工艺，B 选项错误；

(3) 生物转盘的工艺流程的描述，C 选项正确；

(4) 盘片浸没深度不应小于盘片直径的 35%，且转轴中心高度应高于水位 150mm 以上，D 选项错误。

54. **答案：【ABC】。**

解析：

（1）根据《室外排水标准》7.6.16 条条文说明，A 选项正确；

（2）根据《室外排水标准》7.6.17 条条文说明，B 选项正确；

（3）根据《排水工程》教材 15.1.4 节，C 选项正确；

（4）根据《排水工程》教材 15.1.4 节，好氧池溶解氧浓度高，磷易释放。另一方面，生物除磷时厌氧（池）段对 BOD_5 有要求，厌氧段 BOD_5 高，除磷效果好，综上分析，D 选项错误。

55. **答案：【BD】。**

解析：

（1）氧化沟活性污泥法在流态上属于完全混合式，A 选项错误；

（2）AB 法活性污泥工艺的 A 段负荷高，对进水水质和环境条件变化有较强的适应性。C 选项错误。

56. **答案：【ABC】。**

解析：

（1）根据《排水工程》教材 17.7.3 节，采用污泥发酵的污泥含水率不宜高于 80%，有机物含量不宜低于 40%，A 选项错误；

（2）根据《排水工程》教材 17.7.3 节，温度过高（高于 70℃），对嗜高温微生物有抑制作用，导致其休眠或死亡，B 选项错误；

（3）根据《室外排水标准》8.4.12 条，一次发酵阶段堆体氧气浓度不应低于 5%（按体积计），温度达到 55～65℃时持续时间应大于 3d，总发酵时间不应小 7d，C 选项错误；

（4）根据《室外排水标准》8.6.1 条，石灰稳定的污泥含水率宜为 60%～80%，且不应含有粒径大于 50mm 的杂质，D 选项正确。

57. **答案：【BD】。**

解析：

（1）根据《城市排水规范》4.4.4 条，设计规模 10 万 m³ 污水处理厂的防护距离为 300m，A 选项错误；

（2）根据《室外排水标准》7.2.5 条条文解释，可知办公室、化验室和食堂等的位置应处于夏季主导风向的上风侧，东南朝向，B 选项正确；

（3）根据《室外排水标准》7.2.12 条条文解释，堆放场地，宜设置在较隐蔽处，不宜设置在主干道两侧，C 选项错误；

（4）根据《城市排水规范》4.4.2 条第 2 款，污水处理厂应在城市夏季最小频率风向的上风侧，D 选项正确。

58. **答案：【BD】。**

解析：

（1）根据《排水工程》教材 20.2.2 节，平流式隔油池可按表面负荷或停留时间来进行设计，A 选项正确；

（2）根据《排水工程》教材 20.2.2 节，隔油池中刮油刮泥机的刮板移动速度一般应不大于2m/min，B选项错误；

（3）根据《排水工程》教材20.2.2节，C选项正确；

（4）根据《排水工程》教材20.2.2节，斜板式隔油池能够去除的最小粒径是$80\mu m$，乳化油油珠粒径小于$10\mu m$，D选项错误。

59. **答案：【CD】。**

解析：

根据《建水标准》3.13.1条、3.13.7条、3.13.6条第2款、3.13.6条第3款条文说明、3.13.15条：

（1）根据《建水标准》3.13.1条、3.13.7条及条文说明，A、B选项正确；

（2）根据《建水标准》3.13.6条第2款、3.13.6条第3款条文说明，枝状网的引入管管径不宜小于室外给水干管的管径，不是环状网，C选项错误；

（3）根据《建水标准》3.13.15条，引入管不应少于2条，D选项错误。

60. **答案：【ABC】。**

解析：

根据《建水标准》3.13.1条第5款、3.11.3条第2款、3.11.6条第3款、3.11.7条：

（1）根据《建水标准》3.11.1条第5款，热量宜回收利用，A选项不合理；

（2）根据《建水标准》3.11.3条第2款，是"不宜"，B选项不合理；

（3）根据《建水标准》3.11.6条第3款，是"高度"，C选项不合理；

（4）根据《建水标准》3.11.7条，D选项合理。

61. **答案：【ABD】。**

解析：

根据《直饮水规程》5.0.15条第1款、5.0.15条第2款、5.0.15条第4款、5.0.16条及条文说明：

（1）根据《直饮水规程》5.0.15条第1款，管材选用不锈钢管、铜管等符合食品级要求的优质管材，A选项正确；

（2）根据《直饮水规程》5.0.15条第2款，计量宜采用IC卡式、远传式等类型的直饮水水表，B选项正确；

（3）根据《直饮水规程》5.0.15条第4款，系统中宜采用与管道同种材质的管件及附配件，不是必须采用优质全铜阀门及配件，C选项错误；

（4）根据《直饮水规程》5.0.16条及条文说明，为三个及以上水嘴串联供水时，饮用水供水系统宜采用局部环状管路，双向供水或专用循环管配件，D选项正确。

62. **答案：【BC】。**

解析：

（1）根据《消水规》11.0.5条和11.0.3条"自动启动时间不应大于2min"可知，A选项错误；

（2）根据《消水规》11.0.6条和11.0.8条可知，B选项正确；

（3）根据《消水规》11.0.4条及条文说明可知，C选项正确；

（4）根据《消水规》11.0.5条，11.0.8条和11.0.2条可知是独立的，D选项错误。

63. **答案：**【ABC】。

解析：

(1) 根据《消水规》5.2.1 条可知，A 选项正确；

(2) 由 $12m^3/8h = 1.5m^3/h$ 知，B 选项正确；

(3) 根据《消水规》6.1.13 条可知，C 选项正确；

(4) 根据《消水规》5.2.6 条第 10 款可知，应位于最低水位以下，但无具体量化，D 选项错误。根据《消水规》5.2.6 条第 2 款，150mm 是指旋流防止器的淹没深度（即最低水位应高于它顶面 150mm）。

64. **答案：**【ACD】。

解析：

(1) 根据《消水规》3.3.2 条，4.3.1 条第 2 款，6.1.3 条第 1 款，7.2.8 条，8.1.5 条可知，A、C、D 选项不需要设置。

(2) B 选项的面积超过了 50 万 m^2，室外消防用水量加倍，故应该设置。

65. **答案：**【AC】。

解析：

(1) 根据《气体规范》3.1.10 条，同一防护区，当设计两套或三套管网时，集流管可分别设置，系统启动装置必须共用。各管网上喷头流量均应按同一灭火设计浓度、同一喷放时间进行设计，A 选项正确，D 选项错误。

(2) 根据《气体规范》3.2.7 条，防护区应设置泄压口，泄压口应位于防护区净高的 2/3 以上，设置一个就够用了，B 选项错误。

(3) 根据《气体规范》3.1.9 条条文说明，必要时，IG541 混合气体灭火系统的储存容器的大小（容量）允许有差别，但充装压力应相同，C 选项正确。

66. **答案：**【ABD】。

解析：

根据《建水标准》6.3.14 条条文说明、6.3.7 条：

(1) 根据《建水标准》6.3.14 条条文说明图 5-(b)，各区可分别设置水加热器及循环水泵，循环回水管网，A 选项错误；

(2) 根据《建水标准》6.3.14 条条文说明图 5-(c)，各区可合用水加热器及循环水泵，B 选项错误；

(3) 根据《建水标准》6.3.7 条，集中热水供应系统的分区及供水压力的稳定、平衡，应遵循下列原则。6.3.7 条制定的目的是各区应保证系统冷、热水压力平衡，C 选项正确；

(4) 根据《建水标准》6.3.14 条条文说明图 5-(b)，可统一由屋顶高位水箱供水，在低区水加热器进水管设减压阀减压，D 选项错误。

67. **答案：**【BD】。

解析：

根据《建水标准》6.8.11 条、6.3.13 条、6.3.10 条第 3 款、6.3.14 条第 5 款及条文说明：

(1) 根据《建水标准》6.8.11 条，设有回水管时应在回水管上装热水水表，A 选项错误；

（2）根据《建水标准》6.3.13 条，住宅、别墅及酒店或公寓，不宜设支管循环，支管设自调控电伴热保温即可满足使用要求，B 选项正确；

（3）根据《建水标准》6.3.10 条第 3 款，对使用水温要求不高且不多于 3 个的非沐浴用水点，当其热水供水管长度大于 15m 时，可不设热水回水管，C 选项错误；

（4）根据《建水标准》6.3.14 条第 5 款及条文说明，酒店式公寓内设有 3 个以上卫生间时，共用局部热水供应系统时，支管可不设循环，可采用自调控定时电伴热措施，D 选项正确。

68. **答案：**【ABC】。

解析：

根据《建水标准》4.2.3 条可知，消防排水、生活水池（箱）排水、游泳池放空排水、空调冷凝排水、室内水景排水、无洗车的车库和无机修的机房地面排水等宜与生活废水分流，单独设置废水管道排入室外雨水管道。

69. **答案：**【BC】。

解析：

根据《建水标准》4.7.8 条、4.7.7 条、4.7.11 条、4.7.1 条：

（1）根据《建水标准》4.7.8 条，在建筑物内，吸气阀不能代替器具通气管和环形通气管，A 选项正确；

（2）根据《建水标准》4.7.7 条，当采用 H 管件替代结合通气管时，其下端宜在排水横支管以上与排水立管连接，B 选项错误；

（3）根据《建水标准》4.7.11 条，当建筑物排水立管顶部设置吸气阀或排水立管为自循环通气的排水系统时，宜在其室外接户管的起始检查井上设置管径不小于 100mm 的通气管，C 选项错误；

（4）根据《建水标准》4.7.1 条，当底层生活排水管道单独排出且符合下列条件时，可不设通气管：1 住宅排水管以户排出时，D 选项正确。

70. **答案：**【CD】。

解析：

根据《建水标准》4.8.6 条、4.8.2 条、4.8.7 条及条文说明：

（1）根据《建水标准》4.8.6 条及条文说明，由于地下室地面排水可能有多个集水池和排水泵，当在同一防火分区有排水沟连通，已起到相互备用的作用时，故不必在每个集水池中再设置备用泵，A 选项错误；

（2）根据《建水标准》4.8.2 条，地下车库内如设有洗车站时应单独设集水井和污水泵，洗车水应排入小区生活污水系统，B 选项错误；

（3）根据《建水标准》4.8.7 条，水泵扬程应按提升高度、管路系统水头损失，另附加 2～3m 流出水头计算，C 选项正确；

（4）根据《建水标准》4.8.7 条及条文说明，设于地下室的水箱（池）的溢流量视进水阀控制的可靠程度确定，如在液位水力控制阀前装电动阀等双阀串联控制，一旦液位水力控制阀失灵，水箱（池）中水位上升至报警水位时，电动阀自动关闭，水箱（池）的溢流量可不予考虑，D 选项正确。

专业知识模拟题（下午）参考答案与解析

一、单选题

1. 答案：【C】。

解析：

（1）应用伯努利方程，选择研究断面，根据能量守恒的方法求解，是解决或改善负压类问题的捷径。若要消除或者降低负压点的负压，即提高负压点的压力水头，由负值变为正值。根据能量守恒原理，在不增加源端输入能量的条件下，必须使负压点的流速水头、位置水头和水头损失任一项或几项之和降低；

（2）加大埋深即降低位置水头，提高压力水头，A 选项正确；

（3）在输水管道出口（驼峰后）增设蓄水池，管道出口为淹没流，以及在驼峰管段设置增设无压调节池都会使负压点的压力水头提高，则必然使源端水泵的扬程随之提高，B、D 选项正确；

（4）驼峰后管段管径增加，流速降低，流速水头降低，驼峰后管段的水头损失降低，在出口总水头不变的前提下，会导致驼峰处负压点的总水头降低，必然带来此点的压力水头进一步降低，负压反而更明显，C 选项错误。

2. 答案：【D】。

解析：

（1）水管覆土厚度应根据外部荷载、管材性能及冰冻情况加以确定。同时考虑地下水位高低直接影响到是否设置基础和抗浮问题，A 选项错误；

（2）为保障露天敷设的管道整体稳定，管段允许伸缩、不允许移动。管道伸缩调节措施可以伸缩不能保障露天敷设的管道整体稳定而不移动，B 选项错误；

（3）通入直流电阴极保护方法是：通入的直流电源阳极与辅助极块连接，阴极与管道连接，C 选项错误；

（4）高 pH 的水容易生成氢氧化物保护膜，减缓腐蚀，D 选项正确。

3. 答案：【D】。

解析：

（1）在市区范围河道转弯段的凹岸处，上游有散装货物码头和作业区将会影响取水水质，虽无定量要求，但通常认为阻滞水流、引起淤积、污染水源，A 选项错误；

（2）在城市上游河道平直段处，对岸 150m 处有一支流河道汇入，下游 500m 处有一沙洲，不能满足对岸大于 150m 处有支流河道汇入，下游大于 500m 处有沙洲要求，B 选项错误；

（3）在城市上游河道平直段处，取水位置距上游桥梁 800m，不能满足大于 1000m 以外的距离，C 选项错误；

（4）在河道转弯段的凹岸下游 1500m 有深槽处，深槽主流近岸，需要设置凹岸下移防冲措施，D选项正确。

4. 答案：【C】。

解析：

(1) 当水源水位变幅大，水位涨落速度小于 2.0m/h，且水流不急、要求施工周期短和建造固定式取水构筑物有困难时，可考虑采用缆车式取水构筑物或浮船等活动式取水构筑物，A选项正确；

(2) 浮船式取水构筑物的位置，应选择在河岸较陡和停泊条件良好的地段，浮船应有可靠的锚固设施，B选项正确；

(3) 山区浅水河流的取水构筑物可采用低坝式或底栏栅式。低坝式取水构筑物一般适用于推移质不多的山区浅水河流；底栏栅式取水构筑物一般适用于大颗粒推移质较多的山区浅水河流，C选项错误；

(4) 海水取水构筑物主要分为引水管取水、岸边式取水和潮汐式取水三种形式，D选项正确。

5. 答案：【B】。

解析：

(1) 潮汐式取水构筑物是涨潮时水流进入蓄水池，同时开泵取水，落潮时继续取用蓄水池中的水，不是停泵不取水，A选项错误；

(2) 根据取水泵房水泵允许吸上高度要求，海洋岸边式取水构筑物和河流岸边式取水构筑物都要求深水近岸，高低水位相差不能太大，B选项正确；

(3) 海水取水口处的水深一般不超过 10m，不符合分层取水要求，C选项错误；

(4) 在潮汐水位变化较大的海岸，潮起潮落水位变化幅度一般为 2~3m，很少超过 5.0m，且变化速度大于 2.0m/h，而移动式取水构筑物适用条件是水位变化幅度 10.0~35.0m，变化速度不大于 2.0m/h，D选项错误。

6. 答案：【C】。

解析：

(1) 设计泵房安装配电设备、控制设备的地坪就是进门后的泵房地坪，一般高出室外地面 0.30m，以防室外积水流入泵房，该标高与取水水源最低水位标高无关，A选项错误；

(2) 水泵变频调速设备只能减速不能增速，可以使水泵的流量减小、扬程降低，不能任意变化，B选项错误；

(3) 泵房起吊设备按照可抽出部件最大重量计算确定，C选项正确；

(4) 大型轴流泵启动时吸水井内水位必须淹没叶轮。由于吸水井和河水或水池水相通，小型离心泵向轴流泵叶轮室充水不能达到淹没叶轮的水位，D选项错误。

7. 答案：【A】。

解析：

(1) 循环冷却水处理的任务是阻垢、缓蚀、控制微生物，不是杜绝结垢、避免一切腐蚀、杀灭全部微生物，而是只要不影响使用即可，A选项错误；水中的污垢、水垢、黏垢都会影响热交换器的散热效果，B选项正确；

(2) 热交换器金属表面每年腐蚀深度即为腐蚀速率，C选项正确；循环冷却水的腐蚀和结垢取决于水-碳酸盐系统的平衡，水中 CO_2 增多，常引起酸性腐蚀，CO_2 减少，引起碱性沉淀，D 选项正确。

8. 答案：【C】。

解析：

（1）根据《给水工程》教材 5.1 节可知：社会循环量的多少、排放的水质水量，都可以进行控制，A 选项错误；

（2）参见社会循环的定义，B 选项错误；

（3）污（废）水处理是影响着水的社会循环良性与否的决定因素，C 选项正确；

（4）天然水体本身有一定的自净能力，D 选项错误。

9. 答案：【D】。

解析：

（1）雷诺数 Re 较大的水流可以促使絮凝体颗粒相互碰撞聚结，但沉淀池不是以絮凝聚结为主的构筑物，由于水流紊动，扰动沉泥，干扰絮凝体颗粒沉淀，A 选项错误；

（2）弗劳德数 Fr 较小的水流流速较慢时，有时沉淀时间增长，但是水流不稳定，容易受风吹、温差变化、密度变化、异重流影响，B 选项错误；

（3）增大过水断面湿周，可以减小水力半径 R 值，同时减小雷诺数、增大弗劳德数，提高杂质沉淀效果。而不是增大雷诺数、减小弗劳德数来提高杂质沉淀效果，C 选项错误；

（4）适当增大水平流速，增大水流惯性力，虽增大雷诺数，但影响有限。增加弗劳德数，减小温差、密度差异重流的影响作用较大，D 选项正确。

10. 答案：【D】。

解析：

（1）翻板阀滤池的翻板阀用于分段缓时排出反冲洗废水，过滤进水另由进水阀门控制，A 选项错误；

（2）每格进水相同时属于等速过滤，如果不控制过滤水头，属于变水头等速过滤，不是等水头变速过滤，B 选项错误；

（3）翻板阀滤池气水同时冲洗时采用低速水流冲洗，不宜采用高速水流全部冲起滤层流态化而削弱气冲作用。后单水冲洗时，采用高速水流冲洗，翻板阀控制分段变化阀门开启度，迅速排出废水，C 选项错误；

（4）翻板阀滤池在我国南方地区多用于活性炭吸附滤池，也有用于煤砂双层滤料滤池，在其他地区，有用于水库水或低浊度水过滤的滤池，D 选项正确。

11. 答案：【D】。

解析：

根据《给水工程》教材 11.1 节"受污染水源水处理基本方法"可知，D 选项正确。

12. 答案：【B】。

解析：

（1）多台弱碱离子交换器串联在强酸离子交换器之后，虽是酸性条件，但只能和硫酸根、氯酸根发生交换反应，不能和 HCO_3^- 发生交换反应，不可以代替强碱离子交换器，A 选项错误；

（2）弱碱性离子交换树脂上的活性基团离解能力较低，在碱性条件下容易再生，串联在强碱性树脂之后，氢氧化钠先再生强碱性树脂，后再生弱碱性树脂，仍有很好效果，B 选项正确；

（3）弱碱性离子交换树脂在碱性条件下不发生电离，氨基不和 HCO_3^- 发生交换反应，C 选项错误；

（4）弱酸性离子交换树脂主要和碳酸盐硬度发生交换反应，生成的碳酸变为 CO_2 和 H_2O，溶液不呈现酸性，弱碱性离子交换树脂不能发挥作用，故弱酸、弱碱树脂不联合使用，D 选项错误。

13. 答案：【D】。

解析：

（1）根据《室外排水标准》3.1.2 条第 2 款，除降雨量少的干旱地区外，新建地区的排水系统应采用分流制，A 选项错误；

（2）根据《排水工程》教材 2.2 节，从环境保护方面看，分流制系统和截流式合流制系统的优劣取决于当地初期雨水径流污染效应及截流式合流制的系统构成和截流倍数设置等情况，B 选项错误；

（3）根据《排水工程》教材 2.2 节，在一座城镇中，可采用混合制排水系统，即既有分流制也有合流制的排水系统，C 选项错误；

（4）根据《排水工程》教材 2.2 节，在工业企业中，一般采用分流制排水系统。然而，往往由于工业废水具有很复杂的成分和性质，不但与生活污水不宜混合，而且彼此之间也不宜混合，否则将造成污水与污泥处理复杂化，以及给废水重复利用和回收有用物质造成很大困难。所以，在多数情况下，采用分质分流、清污分流的几种管道系统分别排除，D 选项正确。

14. 答案：【D】。

解析：

根据《排水工程》教材 3.3.3 节及表 3-10 可知 A、B、C 选项错误，D 选项正确。

15. 答案：【C】。

解析：

（1）积水深度和最大允许退水时间均超过标准规定之时，视作内涝，A 选项错误；

（2）根据《室外排水标准》4.1.8 条第 2 款，B 选项错误；

（3）根据《室外排水标准》5.14.2 条，排涝除险调蓄设施主要用于内涝设计重现期下削减峰值流量，D 选项错误。

16. 答案：【A】。

解析：

根据《室外排水标准》4.1.22 条条文说明，设计综合生活污水量 Q_d 和设计工业废水量 Q_m 均以平均日流量计，A 选项正确。

17. 答案：【C】。

解析：

（1）根据《室外排水标准》6.4.1 条条文说明，当流量变化大时，可配置不同规格的水泵，大小泵搭配，A 选项正确；

（2）根据《室外排水标准》6.5.5条，B选项正确；

（3）根据《室外排水标准》9.2.2条，C选项错误；

（4）根据《室外排水标准》9.2.3条，D选项正确。

18. **答案：【D】。**

解析：

生活污水SVI一般在70～100之间，题目条件SVI为200，过高说明污泥沉降性能不好。

19. **答案：【C】。**

解析：

MBBR是生物膜工艺，MBR是活性污泥法工艺。它采用超滤、微滤膜组件代替传统二沉池实现泥水分离。C选项错误。

20. **答案：【C】。**

解析：

（1）BOD/TN>5可认为碳源充足，不是COD，A选项错误；

（2）参《排水工程》教材第14.1节，硝酸盐在厌氧阶段存在时，反硝化细菌与聚磷菌竞争优先利用底物中甲酸、乙酸、丙酸等低分子有机酸，聚磷菌处于劣势，抑制了聚磷菌的磷释放。只有在污水中聚磷菌所需的低分子脂肪酸量足够时，硝酸盐的存在才可能不会影响除磷效果，B选项错误；

（3）缩短污泥泥龄可以增加排泥量，有利于提高除磷效果，C选项正确；

（4）硝化反应适宜温度为20～30℃，反硝化反应的适宜温度为20～40℃，D选项错误。

21. **答案：【D】。**

解析：

（1）根据《排水工程》教材15.2节可知，A、B选项正确；

（2）回用于城市杂用水时对余氯是有要求的，紫外线无持续消毒能力，不应单独使用，C选项正确；

（3）二氧化氯不与氨产生作用，因此可用于高氨废水的杀菌，D选项错误。

22. **答案：【B】。**

解析：

（1）根据《室外排水标准》8.7.11条，A选项正确；

（2）根据《室外排水标准》8.5.6条，B选项错误；

（3）根据《室外排水标准》8.8.7条，C选项正确；

（4）根据《室外排水标准》8.8.6条，D选项正确。

23. **答案：【C】。**

解析：

根据《排水工程》教材12.14.1节，厌氧消化三阶段消化的第一阶段，是在水解和发酵细菌的作用下，使碳水化合物、蛋白质和脂肪水解与发酵转化成单糖、氨基酸、脂肪酸、甘油及二氧化碳、氢等；第二阶段，是在产氢、产乙酸菌的作用下，把第一阶段的产物转化成氢、二氧化碳和乙酸；第三阶段，是通过两组生理上不同的产甲烷菌的作用，一组把氢和二氧化碳转化成甲烷，另一组是对乙酸脱羧产生甲烷。

24. 答案：【B】。

解析：

六价铬浓度为80mg/L，宜投加硫酸亚铁作为还原剂，B选项错误。再用碱性药剂将pH调整到7～9，使Cr^{3+}生成$Cr(OH)_3$沉淀而去除。

25. 答案：【C】。

解析：

（1）根据《建水标准》3.13.6条，小区的给水引入管的设计流量应符合下列规定：1 小区给水引入管的设计流量应按本标准第3.13.4条、第3.13.5条的规定计算，并应考虑未预计水量和管网漏失量，A选项错误；

（2）根据《建水标准》3.7.10条，综合体建筑或同一建筑不同功能部分的生活给水干管的设计秒流量计算，应符合下列规定：2 当不同建筑或功能部分的用水高峰出现在不同时段时，生活给水干管的设计秒流量应采用高峰时用水量最大的主要建筑（或功能部分）的设计秒流量与其余部分的平均时给水流量的叠加值，B选项错误；

（3）根据《建水标准》3.7.4条及条文说明，叠压供水的给水引入管设计流量取生活用水设计秒流量，C选项正确；

（4）根据《建水标准》3.7.1条及条文说明，计算小区正常的给水设计用水量时，不计入消防用水量，D选项错误。

26. 答案：【C】。

解析：

（1）根据《建水标准》3.3.5条及条文说明，应采取进水管顶安装真空破坏器，或在进水管上设置倒流防止器等防虹吸回流措施，A选项错误；

（2）根据《建水标准》3.3.5条，不存在虹吸回流的低位生活饮用水池（箱），其进水管宜从最高水面以上进入水池，B选项错误；

（3）根据《建水标准》3.3.6条及条文说可知，C选项正确；

（4）根据《建水标准》3.3.6条及条文说可知，在向不设清水池（箱）的雨水回用水等系统的原水蓄水池补水时，可采用池外间接补水方式，D选项错误。

27. 答案：【B】。

解析：

根据《游泳池技术规程》4.6.6条第3款4）、5.3.1条第3款、5.5.4条第3款、8.3.2条第3款：

（1）根据《游泳池技术规程》4.6.6条第3款4），应设置专用防吸附装置，A选项错误；

（2）根据《游泳池技术规程》5.3.1条第3款，当循环水泵无备用泵时，毛发聚集器宜设置备用过滤筒（网框），B选项正确；

（3）根据《游泳池技术规程》5.5.4条第3款，吸水口宜配置过滤装置，C选项错误；

（4）根据《游泳池技术规程》8.3.2条第3款，其防护等级不应低于IP65，D选项错误。

28. 答案：【B】。

解析：

(1) 根据《自喷规范》附录 A 可知，本题商场为中危险级 Ⅱ 级，根据《自喷规范》6.1.3 条可知，湿式系统的洒水喷头选型应符合下列规定：3 顶板为水平面的轻危险级、中危险级 Ⅰ 级住宅建筑、宿舍、旅馆建筑客房、医疗建筑病房和办公室，可采用边墙型洒水喷头，D 选项错误；

(2) 根据《自喷规范》6.1.3 条第 7 款，不宜选用隐蔽式洒水喷头，确需采用时，应仅适用于轻危险级和中危险级 Ⅰ 级场所，A 选项错误；

(3) 根据《自喷规范》6.1.7 条，下列场所宜采用快速响应洒水喷头。当采用快速响应洒水喷头时，系统应为湿式系统。1 公共娱乐场所、中庭环廊；2 医院、疗养院的病房及治疗区域，老年、少儿、残疾人的集体活动场所；3 超出消防水泵接合器供水高度的楼层；4 地下商业场所。响应时间指数 $RTI \leqslant 50$（m·s）$^{0.5}$ 的闭式洒水喷头是快速响应喷头，B 选项正确；

(4) 根据《自喷规范》7.1.13 条，装设网格、栅板类通透性吊顶的场所，当通透面积占吊顶总面积的比例大于 70% 时，喷头应设置在吊顶上方，C 选项错误。

29. 答案：【C】。

解析：

(1) 根据《消水规》表 3.6.2 可知，高层建筑中的商业楼火灾延续时间按 3h 取，A 选项正确；

(2) 根据《消水规》表 3.6.2 可知，高层建筑中的综合性建筑（办公＋商业＋住宅，3 种功能属性），按照工程常规做法，火灾延续时间按 3h 取，B 选项正确；

(3) 根据《建规》5.1.1 条条文说明，"住宅＋其他公建"整体不能定性为"综合楼"，C 选项错误；

(4) 根据《消水规》表 3.6.2 可知，D 选项属于典型"商业楼"，按其他对待，火灾延续时间按 2h 取，D 选项正确。

30. 答案：【D】。

解析：

由《建规》8.3.4 条第 7 款中的"歌舞娱乐……"，具体包含内容，详见《建规》5.4.9 条。综上 A、B、C 选项宜采用自动喷水灭火。

31. 答案：【B】。

解析：

(1) 根据《自喷规范》4.3.1 条可知，A 选项正确；

(2) 根据《自喷规范》4.3.1 条和 6.2.1 条可知，B 选项错误；

(3) 根据《自喷规范》5.0.15 条可知，C 选项正确；

(4) 根据《自喷规范》12.0.4 条可知，D 选项正确。

32. 答案：【B】。

解析：

(1) 根据《消水规》5.2.1 条和 6.2.5 条第 3 款可知，A 选项错误；

(2) 根据《消水规》6.2.3 条第 1 款可知，虽然规范未提及减压水箱可以作为下区高位消防水箱，但在超高层设计中，增大其容积是可以充当的，B选项正确；

（3）根据《消水规》5.2.6条第5款～第7款，6.2.5条第1款，和6.2.5第4款～第6款可知，C选项错误；

（4）根据《消水规》5.2.6条第8款，6.2.3条第2款，6.2.5条第6款可知，D选项错误。

33. 答案：【B】。

解析：

根据《建水标准》6.6.7条第5款3）、6.3.1条第4款、6.6.7条第1款4）、6.6.7条第6款2）：

（1）根据《建水标准》6.6.7条第5款3），小于0℃，不宜采用，A选项错误；

（2）根据《建水标准》6.3.1条第4款，采用地下水源热泵时，当地热水不能满足用水点水压要求时，应采用水泵抽水提升，B选项正确；

（3）根据《建水标准》6.6.7条第1款4），预处理后还要处理，C选项错误；

（4）根据《建水标准》6.6.7条第6款2），空气源热泵机组布置控制面距墙宜大于1.2m，顶部出风机组上部净空不宜大于4.5m，D选项错误。

34. 答案：【D】。

解析：

根据《建水标准》6.3.7条第1款2）及6.3.7条第1款3）条文说明、6.3.7条第1款1）、6.3.7条第5款5）条文说明：

（1）根据《建水标准》6.3.7条第1款2）及6.3.7条第1款3）条文说明，采用集热、贮热水箱（如大型的太阳能）热水系统，宜采用热水箱和热水泵联合供水的系统，A选项正确；

（2）根据《建水标准》6.3.7条第1款1），生活热水闭式系统应保证冷热水分区一致，水加热器和贮水罐的进水应由同区的给水系统供应，B选项正确；

（3）根据《建水标准》6.3.7条第5款5）条文说明，单管热水供应系统出水温度不能随使用者的习惯自行调节，故不宜用于淋浴时间较长的公共浴室，C选项正确；

（4）根据《建水标准》6.3.7条第5款5）条文说明，桑拿间、健身房等公共浴室，一般使用者对水温要求差别大，用水时间较分散，宜采用带定温混合阀的双管热水供应系统，它比单管系统使用灵活、舒适，D选项错误。

35. 答案：【D】。

解析：

根据《建水工程》教材4.3.2节管道管材及布置敷设，（2）布置敷设，表4-5：

（1）当热水管道直线管段的长度较短且转向多时，可利用自然补偿，A选项正确；

（2）热水横干管与立管连接处，立管应加弯头以补偿立管的伸缩应力，B选项正确；

（3）当热水管道直线管段的长度较长时，应设置管道伸缩器进行补偿，C选项正确；

（4）应该为利用转弯自然补偿的管道转弯两侧的直线管段长度，金属管道大于塑料管道，D选项错误。

36. **答案：【C】。**

解析：

根据《建水标准》2.1.54 条、4.7.14 条、表 4.5.7、表 4.7.2：

（1）根据《建水标准》2.1.54 条，专用通气管是为排水立管内空气流通而设置的垂直通气管道，A 选项错误；

（2）根据《建水标准》4.7.14 条，存在通气立管管径与排水立管管径相同的情况，B 选项错误；

（3）根据《建水标准》表 4.5.7，每层设置结合通气管和隔层设置结合通气管会影响排水立管的通水能力，C 选项正确；

（4）根据《建水标准》4.7.2 条，公共建筑造型无条件设置伸顶、侧墙通气管和自循环通气系统，通气立管顶端设置了吸气阀，D 选项错误。

37. **答案：【C】。**

解析：

根据《建水标准》4.10.12 条及条文说明，有压高温废水一般指蒸汽锅炉排水，高温排水指水热交换器的排污水。这种热交换设备的排水一般水温高但排水量少且不定期，余热回收利用不合理，应采用降温措施。

38. **答案：【B】。**

解析：

根据《建水标准》4.8.1 条及条文说明、4.10.25 条：

（1）据《建水标准》4.8.1 条及条文说明，一些住宅楼地下室或半地下室生活排水虽能自流排出，但存在雨水倒灌可能时应设置污水提升装置，A 选项错误；

（2）根据《建水标准》4.8.1 条及条文说明，别墅地下室卫生间的成品污水提升装置流量满足便器排水流量即可，B 选项正确；

（3）根据《建水标准》4.10.25 条，小区污水水泵的流量应按小区最大小时生活排水流量选定，C 选项错误；

（4）根据《建水标准》4.8.1 条及条文说明，污水泵压出水管内呈有压流，不应排入室内生活排水重力管道内，应单独设置压力管道排至室外检查井，D 选项错误。

39. **答案：【B】。**

解析：

根据《建水标准》4.9.3 条第 2 款、4.9.3 条第 3 款、4.9.3 条第 7 款，当 t 取 10min 时，$V=Qt=10\times10\times60=6m^3$。此时，体积最小，$V_{min}=6m^3$。当深度取最小值时 $h_{min}=0.6m$，此时对应的过水断面面积为 $6\div0.6=10m^2$；当用流量 10L/s 与最大流速 0.005m/s 来计算时，最小过水断面面积为 $10\div0.005\times1000=2m^2$；可知，停留时间和流速卡死的情况下，最小容积取最小过水断面时，其池长为 3m。

40. **答案：【A】。**

解析：

根据《中水标准》8.1.3 条，室外中水管道与生活饮用水给水管道，其水平净距不得小于 0.5m，A 选项错误。

二、多项选择题

41. 答案：【BC】。

解析：

（1）由年供水量 Q_a、供水日变化系数 K_d 可以计算出最高日供水量（即设计规模），也就决定了一级取水泵房的设计取水流量 Q_1（m^3/h），时变化系数 K_h 是供水厂向管网用户供水流量变化的系数，不影响一级取水泵房的取水流量大小，A 选项正确；

（2）由年供水量 Q_a、供水日变化系数 K_d 可以计算出供水厂处理构筑物设计处理流量 Q'_1（m^3/h），与日变化系数 K_d 有关、与时变化系数 K_h 无关，B 选项错误；

（3）配水管网的设计供水流量 Q_2（m^3/h）与最高日供水量（即设计规模）有关，设计规模与日变化系数 K_d 有关；设计供水流量取最高日最高时供水量，与时变化系数 K_h 有关。高位水池是调节供水流量的构筑物，不影响管网供水量，C 选项错误；

（4）二级泵房设计供水流量 Q'_3（m^3/h）与最高日供水量（即设计规模）有关，设计规模与日变化系数 K_d 有关。设计供水流量取最高日最高时供水量，该流量有可能是最高日最高时管网供水量或者是向高位水池最大供水流量，与时变化系数 K_h 有关，与高位水池调节容积有关，D 选项正确。

42. 答案：【CD】。

解析：

（1）金属供水管道埋设在有流沙的土中，承载能力达不到设计要求时，应进行地基处理、加固基础，不需要阴极保护措施，A 选项错误；

（2）金属供水管道埋设在混有碎石干燥的土中，开沟埋管应填土密实，管底平整，受力均匀。不需要阴极保护措施，B 选项错误；

（3）金属供水管道埋设在电气化铁路附近，由于感应、电阻或接地装置作用，有一部分电流流入大地，形成杂散电流。该电流会引起金属结构中的自由电子定向移动，使金属阳离子脱离金属体而发生杂散电流腐蚀，应设置阴极保护措施，C 选项正确；

（4）金属供水管道埋设在潮湿的土中，其表面会形成腐蚀电池，阴极发生还原反应。需要采取阴极保护措施，D 选项正确。

43. 答案：【CD】。

解析：

（1）输水管道隆起点安装通气阀，排出管道中积存的或从水中析出的空气，A 选项正确；

（2）常用的通气阀既可以排出管道中积存的气体，又可以使空气进入管中，以免出现负压，B 选项正确；

（3）压力式输水渠道和管道一样，密封且满管流，应设通气设施，C 选项错误；

（4）重力流输水管的标高顺水流方向逐渐降低，同样，管中会积存气体或放空后进入气体，需要设通气设施，D 选项错误。

44. 答案：【BC】。

解析：

（1）为避免取用污染水源水，在一般的河道上的取水位置应设置在污水排放口上游100～150m 以外。受潮汐影响的河道上的取水位置相当于在污水排放口下游，保护范围相应扩大，另行研究确定，A 选项错误；

（2）为避免河床演变影响取水构筑物安全，在潮汐影响双向流动的河道上的取水口位置均按照设置在桥梁后 1000m 以外位置考虑，B 选项正确；

（3）在有沙洲的河道上的取水口位置应设置在沙洲起滩点前 500m 以外，C 选项正确；

（4）原水直接流入进水间的取水构筑物属于岸边式取水构筑物，在有丁坝的河道上取水，取水口与丁坝同岸时，岸边式取水构筑物的位置应设置在距丁坝前起滩点 150m 以外，不是 150m 左右，D 选项错误。

45. 答案：【CD】。

解析：

（1）采用非自灌式引水的离心泵，其引水时间一般不宜超过 5min，A 选项正确；

（2）当离心式潜水泵采用干式安装时，即可避免泵及电机设置于滤后清水中所导致的污染，当湿式安装在滤后投加过氯气的水中时，容易腐蚀水泵电机，污染水质，故认为在特别情况下，离心式潜水泵可用于供水泵房输送滤后水，B 选项正确；

（3）水射器水流在喉管处收缩，压力降低抽吸被抽提的液体，不是抽吸一定容积再压出，水射器作为射流泵，不是容积式水泵，C 选项错误；

（4）根据轴流泵的特点，启动时叶轮必须淹没在吸水室最低水位以下，在正水头下工作，不能仅保持与吸水室最低水位齐平。否则，有空气卷入，不能抽出水来，D 选项错误。

46. 答案：【ABD】。

解析：

（1）在敞开式冷却塔中，如果水温低于进入冷却塔的空气温度，即 $t_r < \theta$，只要蒸发散失的热量大于空气向水接触传回的热量，热水仍会冷却，A 选项错误；

（2）热水蒸发散热量多少和水温有关，提高进塔水温后，冷却前后水温差增大，直接影响冷却难度。要么冷却塔体积增大、要么气水比增大，都会影响正常使用，B 选项错误；

（3）在焓差方程式中，$dH = \beta_{xv} (I'' - i) \, dv$，冷却塔填料容积散质系数 β_{xv} 是单位淋水填料在单位平均焓差推动力作用下单位时间内蒸发传热和接触传热散失的热量之和，C 选项正确；

（4）在蒸发传热量计算式 $dQ_u = \beta_x (x'' - x) \, dF$ 中，β_x 是以含湿量为基准的蒸发传质系数，不是总散热系数，D 选项错误。

47. 答案：【AC】。

解析：

根据《给水工程》教材 8.1 节可知：每格截污量不同，过滤阻力系数不同，B 选项错误；变速过滤时，悬浮颗粒易附着或者不易脱落，减小杂质向下层迁移的穿透性，D 选项错误。

48. 答案：【BD】。

解析：

（1）空气和滤料之间摩擦是为了使滤料表面污泥脱落，以便冲出池外。空气和滤料之间的摩擦力，不能托起滤层处于完全膨胀状态，A选项错误；

（2）当一格滤池冲洗时，进入该格滤池的待滤水参与表面扫洗，不再全部分配给其他几格滤池，其他几格滤池滤速变化很小，B选项正确；

（3）为了排水均匀，普通快滤池砂面上的洗砂槽总面积不应大于过滤面积的25%，这是普通快滤池的设计要求，而V型滤池中间排水渠不占用过滤面积，不受此限制，C选项错误；

（4）V型滤池冲洗配气均匀的主要原因是配水配气滤头滤帽安置水平度较高。因为输气管道损失很小，冲洗滤池的空气出口标高基本一样，各出气点空气冲洗强度基本一样，D选项正确。

49. 答案：【AB】。

解析：

（1）投加粉末活性炭或经过活性炭滤池过滤的水，能够吸附部分腐殖酸和其他消毒副产物先驱物，可以减少后续加氯消毒中三氯甲烷生成量，A选项正确；

（2）采用臭氧+颗粒活性炭工艺时，投加臭氧的作用是将水中的大分子有机物氧化为易生物降解的小分子有机物，并提高水中溶解氧浓度，B选项正确；

（3）在进入生物活性炭滤池前的水中投加强氧化剂，会杀灭活性炭滤池中的生物，同时破坏活性炭的结构，减少吸附容量，C选项错误；

（4）生物活性炭滤池和砂滤池不可采用相同的冲洗方式，应先空气冲洗，再水冲洗。为防止冲洗时破碎活性炭，不宜经常采用气水同时冲洗，D选项错误。

50. 答案：【AB】。

解析：

沉淀池和浓缩池利用沉淀原理进行泥水分离和污泥浓缩，是物理过程，对碱度不需进行特别控制。厌氧消化池中首先产生有机酸，使污泥pH下降，而甲烷菌对pH非常敏感，因此为保证消化池的稳定运行，提高系统的缓冲能力和pH的稳定性，要控制消化液的碱度在2000mg/L以上（以$CaCO_3$计）。在脱氮除磷系统的好氧池中，亚硝化菌和硝化菌将污水中的氨氮转化为亚硝酸盐氮和硝酸盐氮过程中消耗碱度，因此好氧池中总碱度宜在70mg/L以上（以$CaCO_3$计）。所以A、B选项要进行碱度控制。

51. 答案：【AC】。

解析：

(1) 根据《排水工程》教材3.4.1节，A选项正确，B选项错误。

(2) 根据《排水工程》教材3.4.1节，C选项正确。

(3) D选项宜采用分区式，D选项错误。

52. 答案：【ABC】。

解析：

根据《排水工程》教材6.7节，各类低影响开发技术及设施，主要有：透水铺装、绿色屋顶、下沉式绿地、生物滞留设施、渗透塘、渗井、湿塘、雨水湿地、蓄水池、雨水罐、调节塘、调节池、植草沟、渗管/渠、植被缓冲带、初期雨水弃流设施、人工土壤渗滤等，A、B、C选项正确。

53. 答案：【BCD】。

解析：

（1）根据《室外排水标准》5.1.14 条第 1 款，雨水管渠系统和合流管道系统之间不得设置连通管，A 选项错误；

（2）根据《排水工程》教材 6.7 节，"海绵城市"遵循"渗、滞、蓄、净、用、排"的六字方针，通过低影响措施及其系统组合有效减少地表水径流量，减轻暴雨对城市运行的影响，B 选项正确；

（3）根据《排水工程》教材 6.1 节，从环境保护的角度出发，为使水体少受污染，应采用较大的截流倍数，C 选项正确；

（4）根据《排水工程》教材 6.4 节，（3）对溢流的混合污水进行适当处理，D 选项正确。

54.**答案：【ABC】。**

解析：

根据《排水工程》教材 15.1.2 节，厌氧氨氧化反应作为新型的脱氮工艺，利用氨氮作为电子供体还原亚硝酸盐，从而达到总氮去除的效果，D 选项错误。

55.**答案：【CD】。**

解析：

（1）根据《排水工程》教材 12.4.3 节，间歇式活性污泥处理系统也有连续进水、间歇排水的工艺，如 ICEAS 工艺、DAT-IAT 工艺，A 选项错误；

（2）根据《排水工程》教材 12.4.4 节，氧化沟需要污泥回流系统，B 选项错误；

（3）根据《排水工程》教材 12.4.5 节，图 12-22，有独立的污泥回流系统，C 选项正确；

（4）根据《排水工程》教材 12.4.6 节，有利于生物反应器中细菌种群多样性的培养和保持，使世代时间长的细菌也 能生长。主要是膜组件的污染与堵塞，理论上这是一个微生物的膜过滤过程，D 选项正确。

56.**答案：【ABC】。**

解析：

（1）根据《城镇污水再生规范》4.3.2 条，A 选项正确；

（2）根据《城镇污水再生规范》4.3.13 条，B 选项正确；

（3）根据《城镇污水再生规范》5.7.2 条，C 选项正确；

（4）根据《城镇污水再生规范》7.2.4 条，D 选项错误。

57.**答案：【AC】。**

解析：

（1）根据《排水工程》教材 18.4.2 节，1）水力计算时，应选择一条距离最长、水头损失最大的流程进行较准确的计算，A 选项正确；

（2）根据《室外排水标准》7.1.5 条，构筑物的设计流量有旱季设计流量或雨季设计流量，B 选项错误；

（3）根据《排水工程》教材 18.4.2 节，3）高程计算时，常以受纳水体的城镇防洪水位作为起点，逆污水处理流程向上倒推计算，以使处理后污水在洪水季节也能自流排出，C 选项正确；

（4）根据《排水工程》教材 18.4.2 节，排放水位一般不选取每年最高水位，因为其出现时间较短，易造成常年水头浪费，而应选取经常出现的高水位作为排放水位，D 选项错误。

58. 答案：【ABC】。

解析：

金属硫化物的溶度积远远小于金属氢氧化物的溶度积；用硫化物沉淀法处理含汞废水，应在 pH=9～10 的条件下进行；在含汞废水中投加石灰乳和过量的硫化钠，生成的硫化汞将以很细微的颗粒悬浮于水中。向废水中投加硫酸亚铁可生成 FeS 除去多余的 S^{2-}，同时还会生成 $Fe(OH)_2$ 沉淀，它可以与 HgS、FeS 共沉淀，加快沉淀速度。

59. 答案：【ABC】。

解析：

根据《建水标准》3.5.3 条条文说明、3.13.21 条、3.6.19 条：

（1）根据《建水标准》3.5.3 条，不能选用铁芯阀门，A 选项不合理；

（2）根据《建水标准》3.5.3 条条文说明，不锈钢管道不宜采用铜质阀门，B 选项不合理；

（3）根据《建水标准》3.13.21 条，是"不应"，C 选项不合理；

（4）根据《建水标准》3.6.19 条，室外明设的给水管道，在结冻地区应做绝热层，其外壳应密封防渗，D 选项正确。

60. 答案：【CD】。

解析：

根据《建水标准》3.3.5 条及条文说明、3.3.6 条及条文说明、3.3.11 条及条文说明、3.3.20 条及条文说明：

（1）根据《建水标准》3.3.5 条及条文说明，生活饮用水水池（箱）进水管采用淹没出流时，应采取进水管顶安装真空破坏器，或在进水管上设置倒流防止器等防虹吸回流措施，A 选项正确；

（2）根据《建水标准》3.3.6 条及条文说明，在向不设清水池（箱）的雨水回用水等系统的原水蓄水池补水时，可采用池外间接补水方式，B 选项正确；

（3）根据《建水标准》3.3.11 条及条文说明，防止虹吸回流型污染的倒流防止设施不能替代防止背压回流型污染的倒流防止设施，C 选项错误；

（4）根据《建水标准》3.3.20 条及条文说明，消毒装置一般可设置于终端直接供水的水池（箱），也可以在水池（箱）的出水管上设置消毒装置，不是在进水管上设置，D 选项错误。

61. 答案：【ACD】。

解析：

根据《建水标准》3.7.15 条及条文说明、3.7.8 条、3.13.4 条、3.7.10 条：

（1）根据《建水标准》3.7.15 条及条文说明，按百分数取值计算只适用于配水管，不适用于给水干管，A 选项错误；

（2）根据《建水标准》3.7.8 条，用水特点密集型的建筑，其设计秒流量均应按概率法计算，B 选项正确；

（3）根据《建水标准》3.13.4条，居住小区内社区管理中心的室外给水管道的设计流量应按平均时用水量计算，C选项错误；

（4）根据《建水标准》3.7.10条，需要判断用水高峰是否出现在同一时段，D选项错误。

62. 答案：【AC】。
解析：

（1）根据《消水规》7.1.6条和11.0.19条，A选项正确；

（2）根据《消水规》7.1.6条，B选项错误；

（3）根据《消水规》7.1.6条条文说明，C选项正确；

（4）根据《消水规》7.1.5条和7.1.1条，快速启闭阀仅负责充水；市政消火栓系统只能是湿式，D选项错误。

63. 答案：【BD】。
解析：

（1）根据《消水规》5.1.10条第2款，A选项正确；

（2）根据《消水规》5.1.13条第3款和8.1.2条第1款，B选项错误；

（3）根据《消水规》5.1.10条第1款、第2款，表3.3.2和表3.5.2，《消水规》5.1.10条第1款和5.1.10条第2款有互相矛盾的时候，如1.住宅高度为54m时，未规定，但第2款中小于等于10L/s，54m的住宅是符合的；2.$V>2$万m^3，且$h \leqslant 24m$的甲乙类厂房，分别对应的室内消防栓和室外消防栓用水量与第1、2款相矛盾，这种情况从严处理，应备用，C选项正确，D选项错误。

64. 答案：【AB】。
解析：

（1）根据《消水规》5.4.3条，A选项正确；

（2）根据《消水规》5.4.4条和6.1.5条，B选项正确；

（3）根据《消水规》5.4.6条，规定有误；只要消防车供水压力满足高区，经减压阀也能满足低区，C选项错误；

（4）消防水泵高低区分设，管道也分设，故水泵接合器不可能共用，D选项错误。

65. 答案：【ABC】。
解析：

根据《建水标准》6.5.21条第3款、6.6.1条第6款及条文说明、6.6.5条第8款、6.6.7条第5款5）：

（1）根据《建水标准》6.5.21条第3款，连接管上不宜设阀门，A选项错误；

（2）根据《建水标准》6.6.1条第6款及条文说明，要有前提"带温控的热水器辅热供水"，B选项错误；

（3）根据《建水标准》6.6.5条第8款，应为"当地年平均气温"，C选项错误；

（4）根据《建水标准》6.6.7条第5款5），辅助热源应只在最冷月平均气温小于10℃的季节运行，供热量可按补充在该季节空气源热泵产热量不满足系统耗热量的部分计算，可不按100％耗热量计算，D选项正确。

66. 答案：【BCD】。

解析：

根据《节水通用规范》5.1.1 条、《节能与可再生规范》3.4.1 条第 1 款、3.4.1 条第 2 款、5.2.1 条条文说明：

(1) 根据《节水通用规范》5.1.1 条，热源应可靠，并应根据当地可再生能源、热资源条件，结合用户使用要求确定，A 选项正确；

(2) 根据《节能与可再生规范》3.4.1 条第 1 款，集中生活热水供应系统热源采用燃气或燃油锅炉制备蒸汽作为生活热水的热源或辅助热源，是有先决条件的，且这种属于高品位能源低用，应该杜绝，并非是提高效率，B 选项错误；

(3) 根据《节能与可再生规范》3.4.1 条第 2 款，当满足 1) 条件时，可以采用市政电直接制热，但 C 选项是反过来说的，不成立，因为，当具备 1) 的条件时，不能直接说"应"采用市电，还有可能存在其他的热源，C 选项错误；

(4) 根据《节能与可再生规范》5.2.1 条条文说明，太阳能光伏或太阳能热水系统，二选一即可，D 选项正确。

67. 答案：【ABC】。

解析：

根据《建水标准》4.13.10 条，当构造内无存水弯的卫生器具、无水封地漏、设备或排水沟的排水口与生活排水管道连接时，必须在排水口以下设存水弯。A、B、C 选项正确。

68. 答案：【BC】。

解析：

根据《建水标准》4.4.16 条、4.3.6 条第 1 款、4.3.5 条条文说明、4.3.6 条条文说明：

(1) 根据《建水标准》4.4.16 条、4.3.6 条第 1 款，当采用排水沟排放厨房废水时，应在排水管连接处设置格栅，A 选项正确；

(2) 根据《建水标准》4.3.5 条条文说明，是设置地漏，B 选项错误；

(3) 根据《建水标准》4.3.6 条条文说明，管道井、设备技术层的事故排水建议设置无水封直通式地漏，连接地漏的管道末端采取间接排水，C 选项错误；

(4) 根据《建水标准》4.3.6 条条文说明，设备排水应采用不带水封的直通式两用地漏，这种地漏箅子既有设备排水插口也有地面排水孔，D 选项正确。

69. 答案：【ACD】。

解析：

根据《建水标准》5.2.39 条第 2 款、5.2.27 条条文说明、5.2.29 条、5.2.35 条第 1 款：

(1) 根据《建水标准》5.2.39 条第 2 款，满管压力流对管材有要求，但并非"优先"，A 选项错误；

(2) 根据《建水标准》5.2.27 条条文说明，汇水范围内可只设 1 根雨水排水立管：①外檐天沟雨落水管排水；②长天沟外排水，B 选项正确；

(3) 根据《建水标准》5.2.29 条，"楼梯间"平台时，可不设，C 选项错误；

(4) 根据《建水标准》5.2.35 条第 1 款，"应一致"，D 选项错误。

70. **答案：【AB】**。

解析：

根据《建筑与小区雨水规范》4.1.7 条、7.3.4 条第 2 款条文说明、5.4.7 条、7.3.3 条条文说明：

（1）根据《建筑与小区雨水规范》4.1.7 条，传染病医院的雨水，不得采用雨水收集回用系统，A 选项正确；

（2）根据《建筑与小区雨水规范》7.3.4 条第 2 款条文说明，向雨水蓄水池补水的补水管口应设在池外，B 选项正确；

（3）根据《建筑与小区雨水规范》5.4.7 条，看是否与建筑相连，C 选项错误；

（4）根据《建筑与小区雨水规范》7.3.3 条条文说明，应是最大时，D 选项错误。

专业案例模拟题（上午）参考答案与解析

1. 答案：【D】。

解析：

(1) 水库设计最低水位与居民区的地面高差最小为40m，除去供水厂内的处理构筑物及管道的水头损失，40m的水头剩余较少，不一定能完全满足整个居住区用水水压要求；因此东区距离供水厂较近区域可采用重力供水系统，较远区域采用局部加压供水系统；

(2) 在水库最低设计水位（95m）时为最不利工况，与工业区的高差仅为5m，不能满足工业区的生活、生产、消防用水水压要求；同时，由于工业园区的用水级别相对较高，通常情况下不允许停水，且本题中水源唯一，故应在管网中设"水库泵站"，即调蓄泵站（有调节池）。

2. 答案：【C】。

解析：

单管摩阻：$S_1 = S_2 = \alpha \cdot L = 0.23 \times 4000 = 920 \text{s}^2/\text{m}^5$，根据《给水工程》教材式（2-28a），

并联管路摩阻：$S_d = \dfrac{S_1 \times S_2}{(\sqrt{S_1} + \sqrt{S_2})^2} = \dfrac{920 \times 920}{(\sqrt{920} + \sqrt{920})^2} = \dfrac{920}{4} = 230 \text{ s}^2/\text{m}^5$，则双管输水

量为：$Q = \sqrt{\dfrac{H_b - H_0}{s + s_P + s_d}} = \sqrt{\dfrac{76.5 - 48}{100 + 10 + 230}} = 0.290 \text{m}^3/\text{s}$。

3. 答案：【C】。

解析：

(1) 根据《给水工程》教材式（2-16），$h = \alpha L q^2$，当输水流量不变，管道长度不变，管道上、下游标高不变时，改造前后管道比阻 α 相同。

(2) 改造前：$S_d = \dfrac{S_1 S_2}{(S_1^{0.5} + S_2^{0.5})^2} = \dfrac{1.32 \times 0.25 L^2}{[(1.32L)^{0.5} + (0.28L)^{0.5}]^2} = 0.13L = \alpha L$，即

$\alpha = 0.13$；

(3) 改造后：根据《给水工程》教材2.2.4节可知，海曾—威廉系数 $C_h = 120$ 时的金

属管道比阻 $\alpha_d = \dfrac{1.504945 \times 10^{-3}}{D^{4.87}} = 0.13$，计算得：$D = 0.40026$m，取400mm。

4. 答案：【B】。

解析：

(1) 每个进水孔流量 $Q = 130000 \div 2 \times 86400 = 0.752 \text{m}^3/\text{s}$；

(2) 栅条引起面积减少系数 $K_1 = b/(b+s) = 100 \div (100 + 10) = 0.91$；

(3) 根据《给水工程》教材式（3-17），过栅流速（正常取水时），$v = \dfrac{Q_1}{K_1 K_2 F}$，

$\dfrac{0.752}{0.91 \times 0.75 \times 2} = 0.55 \text{ m/s}$；

（4）事故校核，事故流量取设计流量 70%，$v' = \dfrac{Q_2}{K_1 K_2 F} = \dfrac{0.752 \times 2 \times 0.7}{0.91 \times 0.75 \times 2} = 0.77\text{m/s}$；

（5）根据《室外给水标准》5.3.18 条，只有无冰絮岸边式取水（$v=0.4\sim1.0\text{m/s}$）适合。

5. 答案：【D】。

解析：

空气流量密度：$g = $ 风量×密度/面积 $= \dfrac{1548 \times 1.29}{60 \times \frac{1}{4} \times 3.14 \times 6^2} = 1.1778\text{kg/(m}^2 \cdot \text{s)}$，

淋水密度：$q = $ 空气流量密度/气水比 $= \dfrac{1.1778 \times 3600}{0.8} = 5300\text{kg/(m}^2 \cdot \text{h)}$，

根据《给水工程》教材式（14-14）可知，淋水填料的高度为 $Z = $ 特性系数×淋水密度÷容积散质系数 $= \dfrac{N' \times q}{\beta_{xv}} = \dfrac{6.50 \times 5300}{12300} = 2.80\text{m}$。

6. 答案：【C】。

解析：

设斜板投影面积 $B\text{m}^2$，斜板沉淀池总沉淀面积为 $A\text{m}^2$。

（1）根据截留速度 $u_0 = $ 处理水量 Q/斜板沉淀池总沉淀面积 A，得到如下水量关系：

$\dfrac{0.4}{1000} = \dfrac{1440 \div 3600}{A}$，计算得：总沉淀面积 $A = 1000\text{m}^2$；

（2）因不计斜板材料多占体积和无效面积，根据斜板中流速和构造尺寸关系，以及《给水工程》教材式（7-34）、式（7-35），$\dfrac{u_0}{v_0}\left(\dfrac{1}{\sin\theta} + \dfrac{L}{d}\cos\theta\right) = 1$ 可知：

斜板间轴向流速：$v_0 = u_0\left(\dfrac{1}{\sin\theta} + \dfrac{L}{d}\cos\theta\right) = 0.0004 \times \left(\dfrac{1}{\sin60°} + 20\cos60°\right) = 4.462 \times 10^{-3}\text{m/s}$，

斜板出口流速 $v_s = v_0\sin60° = 4.462 \times 10^{-3} \times 0.866 = 0.004\text{m/s}$，

则斜板出口面积 = 沉淀平面面积 $F = $ 流量/流速 $= \dfrac{1440 \div 3600}{0.004} = \dfrac{0.4}{0.004} = 100\text{m}^2$；

（3）斜板沉淀池中斜板投影面积 $B = $ 斜板沉淀池总沉淀面积为－斜板出口面积 $= 1000 - 100 = 900\text{m}^2$。

7. 答案：【C】。

解析：

假定每格滤池面积为 $F(\text{m}^2)$，总过滤水量为 $6F \times 9 = 54F\text{m}^3/\text{h}$，第 1 格滤池冲洗前其他 5 格滤池总过滤水量为 $54F - 6F = 48F\text{m}^3/\text{h}$。第 1 格滤池冲洗时，其他 5 格滤池总过滤水量扣除表面扫洗水量，变为 $54F - \dfrac{1.5 \times 3600}{1000}F = (54 - 5.4)F = 48.6F\text{m}^3/\text{h}$，则第 2 格滤池的滤速变为：$10 \times \dfrac{54 - 5.4}{54} = 10 \times \dfrac{48.6}{48} = 10.125\text{ m/h}$。

8. 答案：【B】。

解析：

（1）根据题设，溶液中交换离子 Na^+ 离子的浓度为 $c_0 = 92 \div 23 = 4\text{mmol/L}$，树脂全

交换容量为 $q_0=2mol/L$，树脂中 Na^+ 离子的浓度 $q=2\times(1-98\%)=0.04mol/L$，根据《给水工程》教材表 13-9 可知：交换选择系数 $k=1.6$；

（2）根据《给水工程》教材式（13-20）可得，$\dfrac{0.04\div2}{1-0.04/2}=1.6\times\dfrac{C\div C_0}{1-C\div C_0}$，计算得：除盐运行初期出水 Na^+ 离子浓度 $c=0.053mmol/L$。

9. 答案：【C】。

解析：

$Q=200\times10000\div86400=23.15L/s$；

查《室外排水标准》表 4.1.15，K_z 由内插法可知：$K_z=2.3$；

综合生活污水设计流量：$Q=2.3\times23.15+10=63.25L/s$。

10. 答案：【A】。

解析：

（1）采用面积叠加法求 $Q_{2\text{-}3}$：

采用面积叠加法计算 $Q_{1\text{-}2}$：$Q_{1\text{-}2}=\varphi qF=0.55\times\dfrac{1580}{(10+5)^{0.58}}\times12.5=2258.4L/s$；

采用面积叠加法计算 $Q_{2\text{-}3}$：$Q_{2\text{-}3}=\varphi qF=0.55\times\dfrac{1580}{(20+5)^{0.58}}\times(12.5+3)=2082.3L/s$；

则 $Q_{2\text{-}3}=2258.4L/s$；

（2）采用流量叠加法求管段 $Q_{2\text{-}3}$：

$$Q_{2\text{-}3}=\varphi q_1F_1+\varphi q_2F_2=0.55\times\dfrac{1580}{(10+5)^{0.58}}\times12.5+0.55\times\dfrac{1580}{(20+5)^{0.58}}\times3$$

$$=2258.4+403=2661.4L/s$$

11. 答案：【D】。

解析：

（1）水力负荷 $L_q=\dfrac{Q}{A}=\dfrac{24000}{24\times2\times\frac{3.14}{4}\times21^2}=1.44m^3/(m^2\cdot h)$，不满足要求，A 选项描述正确；

（2）出水堰负荷 $L_y=\dfrac{Q}{L}=\dfrac{24000}{2\times2\times3.14\times21\times86400}=0.00105m^3/(m\cdot s)=1.05L/(m\cdot s)$，满足要求，B 选项描述正确；

（3）沉淀时间 $t=\dfrac{h}{L_q}=\dfrac{3}{1.44}=2.08h$，不满足要求，C 选项描述正确；

（4）外缘线速度 $v=\dfrac{1.5\times3.14\times21}{60}=1.65m/min$，满足要求，D 选项描述不正确。

12. 答案：【A】。

解析：

（1）填料表面积 A：$A=\dfrac{QS_{NH_3-N}}{L_A}=\dfrac{3000\times55}{1.0}=165000m^2$；

（2）填料表面积 A'：$A'=\dfrac{QS_{BOD_5}}{L_{A'}}=\dfrac{3000\times300}{5}=180000m^2$；

（3）填料表面积为 $180000m^2$，填料容积 V：$V = \dfrac{180000}{500} = 360m^3$；

（4）填充率为 η：$\eta = \dfrac{360}{875} \times 100\% = 41\%$。

13. 答案：【B】。

解析：

（1）计算反应区容积 V：

$$V = \frac{QS_0}{Lv} = \frac{2400 \times 10000 \times (1 - 55\%)}{1000 \times 15} = 720m^3；$$

（2）反应区上升流速 u：$u = \dfrac{Q}{A} = \dfrac{Q}{\dfrac{V}{H}} = \dfrac{2400}{24 \times 144} = 0.69m/h$；

（3）沉淀区高度 h：$h = qt = 1.2 \times 1.5 = 1.8m$，反应器总高度为：$H = 1.8 + 5 = 6.8m$。

14. 答案：【D】。

解析：

（1）重力浓缩对含磷污泥不适合，A 选项错误；

（2）气浮浓缩池面积 A：$A = \dfrac{QC}{M} = \dfrac{1800 \times 9}{2 \times 60} = 135m^2$，B 选项错误；

（3）带式浓缩机：当处理后固体浓度为 2% 时，浓缩处理后污泥量为 Q，

$$\frac{1000}{Q} = \frac{2\%}{(1 - 99.2\%)} \Rightarrow Q = 400m^3/d$$

而两台脱水机最大工作能力为：$3 \times 2 \times 2 \times 24 = 288m^3$，C 选项错误；

（4）当处理后固体浓度为 4% 时，浓缩处理后污泥量为 Q'，

$Q' = 1000 \times (1 - 99.2\%) \div 4\% = 200m^3/d < 288m^3$，符合要求，D 选项正确。

15. 答案：【B】。

解析：

（1）臭氧投加量 $C = 4 \times (120 - 20) + 18 = 418mg/L$

（2）臭氧需要量 $G = 1.06QC = 1.06 \times 2000 \times 418 = 886160g/d = 36.92kg/h$

（3）臭氧接触池容积 $V = QT = 2000 \times 30 \div 60 \div 24 = 41.67m^3$

（4）臭氧化空气量：$G_干 = 36.92 \times 1000 \div 14 = 2637.1m^3/h$。

16. 答案：【A】。

解析：

根据《建水标准》3.7.4 条：引入管＝直供＋补水

直供：$q_1 = 0.2 \times \dfrac{3 \times 1 + 1.6 \times 2}{3} \times \sqrt{3 \times [0.5 \times (3 + 3) + 0.5 \times 4 + 0.5 \times (4 + 6)]}$
$= 3.46L/s$

补水：$q_2 = \dfrac{80 \times 30 \times 10}{8 \times 3600} = 0.83L/s$

引入管＝3.46＋0.83＝4.30L/s；

错解： B 选项错误，当补水按最大时，考虑 $K_h = 1.2$ 时，引入管＝4.46L/s；

C选项错误，在A选项的基础上加消防补水设计流量，引入管$=7.3$L/s；

D选项错误，在B选项的基础上加消防补水设计流量，引入管$=7.46$L/s。

17. 答案：【C】。

解析：

根据《建水标准》3.2.2条及条文说明，表3.2.2中没有的建筑物可参照建筑类型、使用功能相近的建筑物，如音乐厅可参照剧院，美术馆可参照博物馆。

题目求最高日最高时的最小值，则最高日生活用水定额和最高日小时变化系数K_h均取最小值，使用时数取最大值，查表3.2.2得：

$$Q_h = \frac{1600 \times 2 \times 3 + 40 \times 30}{16 \times 1000} \times 1.2 + \frac{15 \times 200 \times 3}{3 \times 1000} \times 1.2 + \frac{15 \times 20 \times 40}{6 \times 1000} \times 2$$
$$= 0.81 + 3.6 + 4 = 8.41 \text{m}^3/\text{h}$$

错解： A选项错误，最高日生活用水定额取最小值，小时变化系数取最大值：

$$Q_h = \frac{1600 \times 2 \times 3 + 40 \times 30}{16 \times 1000} \times 1.5 + \frac{15 \times 200 \times 3}{3 \times 1000} \times 1.5 + \frac{15 \times 20 \times 40}{6 \times 1000} \times 2.5$$
$$= 1.013 + 4.5 + 5 = 10.513 \text{m}^3/\text{h}，$$

B选项错误，最高日生活用水定额取最大值，小时变化系数取最大值：

$$Q_h = \frac{1600 \times 2 \times 6 + 40 \times 50}{16 \times 1000} \times 1.5 + \frac{15 \times 200 \times 5}{3 \times 1000} \times 1.5 + \frac{15 \times 20 \times 40}{6 \times 1000} \times 2.5$$
$$= 1.988 + 7.5 + 5 = 14.488 \text{m}^3/\text{h}$$

D选项错误，未加员工用水量：

$$Q_h = \frac{1600 \times 2 \times 3}{16 \times 1000} \times 1.2 + \frac{15 \times 200 \times 3}{3 \times 1000} \times 1.2 = 0.72 + 3.6 = 4.32 \text{m}^3/\text{h}$$

18. 答案：【B】。

解析：

根据《建水标准》表3.7.8-1注2，健身中心的卫生间，可采用本表体育场馆运动员休息室的同时给水百分率。由《建水标准》表3.7.8-1注1，表中括号内的数值系电影院、剧院的化妆间、体育场馆的运动员休息室使用。

$$q_g = \sum q_0 n_0 b_g + \max\{1.2, q_{0蹲便} n_{0蹲便} b_{g蹲便}\}$$
$$= 8 \times 0.1 \times 50\% + 6 \times 0.15 \times 60\% + 2 \times 0.1 \times 20\% +$$
$$2 \times 0.1 \times 10\% + \max\{1.2, 2 \times 0.1 \times 2\%\}$$
$$= 0.4 + 0.54 + 0.04 + 0.02 + 1.2 = 2.2 \text{L/s}$$

错解： A选项错误，百分数取的括号外：

$$q_g = \sum q_0 n_0 b_g + \max\{1.2, q_{0蹲便} n_{0蹲便} b_{g蹲便}\}$$
$$= 8 \times 0.1 \times 70\% + 6 \times 0.15 \times 60\% + 2 \times 0.1 \times 70\% +$$
$$2 \times 0.1 \times 70\% + \max\{1.2, 2 \times 0.1 \times 5\%\}$$
$$= 0.56 + 0.54 + 0.14 + 0.14 + 1.2 = 2.58 \text{L/s}$$

C选项错误，百分号取的括号外，自闭式冲洗阀蹲便器没有单列计算：

$$q_g = \sum q_0 n_0 b_g$$
$$= 8 \times 0.1 \times 70\% + 6 \times 0.15 \times 60\% + 2 \times 0.1 \times 70\% +$$
$$2 \times 0.1 \times 5\% + 2 \times 0.1 \times 70\%$$

$$= 0.56 + 0.54 + 0.14 + 0.01 + 0.14 = 1.39 \text{L/s}$$

D 选项错误，自闭式冲洗阀蹲便器没有单列计算：

$$q_g = \sum q_0 n_0 b_g$$

$$= 8 \times 0.1 \times 50\% + 6 \times 0.15 \times 60\% + 2 \times 0.1 \times 20\% + 2 \times 0.1 \times 2\% + 2 \times 0.1 \times 10\%$$

$$= 0.4 + 0.54 + 0.04 + 0.004 + 0.02 = 1.004 \text{L/s}$$

19. 答案：【D】。

解析：

先求体积：丙类：6500m³；戊类：11600m³；丁类：15000m³；

根据《消水规》表 3.3.2 可知，三座厂房用水量分别是：25L/s，15L/s，15L/s；

再根据《消水规》表 3.3.2 注 1 可知，总流量是由流量较大的两座体积之和确定，注意这里是体积求和，而不是流量求和，即：丙类＋丁类＝21500m³；

当整体按丙类对待时，其流量 $Q=30$L/s；当整体按丁类对待时，其流量 $Q=15$L/s；

按最不利对待，D 选项正确。

20. 答案：【B】。

解析：

（1）室内：住宅>54m，属于一类高层住宅，消防设计流量为 20L/s；商业：$4.5\times5+0.3=22.8<24$m，属于多层公共建筑，按体积可知消防设计流量为 40L/s；车库：最大为 10L/s；则室内消火栓泵设计流量为 40L/s；

（2）选用消防泵时，要注意到：最大设计流量和最大设计扬程并不在一处发生，按 40L/s 和 1.1MPa 选泵是不科学的，依据《消水规》5.1.6 条第 1、4、5 款可知，选用 20L/s 的扬程是 1.1MPa，40L/s 和 0.80MPa 是科学合理的；所以，只有通过水泵样本才能选出比较合适的水泵额定参数；

（3）根据《消水规》5.1.6 条第 5 款，当出流量为 60L/s 时，$60\div40=1.5$，出口压力：$80\times65\%=52$m；当出流量为 30L/s 时，$30\div20=1.5$，出口压力：$110\times65\%=71.5$m。

21. 答案：【D】。

解析：

根据《建水标准》6.7.11 条第 1 款、6.7.11 条第 2 款，水泵的流量应按热水供水泵设计，

$$q_s = 0.2\alpha\sqrt{N_g} = 0.2 \times 2.5 \times \sqrt{5 \times (15+5) \times (1+0.5)} = 6.12 \text{L/s} = 22032 \text{L/h}。$$

采用半即热式水加热器，最不利淋浴器混合阀与低位热水箱最低水位高差为 28m，配水管网水损为 12m，回水管网水损为 10m，水加热器内的水损为 8m，水泵扬程仍按供水泵设计，根据《建水标准》表 3.2.12，淋浴器混合阀所需压力为 0.1MPa，则供水泵：$H_泵 = 28+12+10=50$m。综上所述，$q_s=22032$L/h，$H_泵=50$m。

错解：水泵按循环流量设计：5 层，每层 15 间标间，5 个单间，合计 $5\times(15\times2+5)=175$ 人；

根据《建水标准》6.7.10 条条文说明：$q_{xh}=0.15\times(3.31\times175\times150\div24\div1000)=0.15\times3.62=0.543$m³/h$=543$L/h。

错解：按《建水标准》式（6.7.10-2）计算：$H_泵=12+10+8=30$m。

22. 答案：【B】。

解析：

根据《建水标准》6.4.1条第2款、3.7.8条第1款、6.2.1条第2款：

(1) 每日供应2h，可知是定时供应，根据《建水标准》式 (6.4.1-2)；

(2) 根据《建水标准》式 (6.4.1-2) 中 b_g 可知，该宿舍按《建水标准》表 3.7.8-1 的上限取值，则淋浴器 b_g 取80%，盥洗槽水嘴取100%；

(3) 根据《建水标准》表 6.2.1-2 注2可知，使用IC卡时，淋浴器按表25%～40% 取值；

(4) 由 (3) 可知淋浴器小时用水量为 210～300L/h，温度是 37～40℃，计算时取 37℃，210L/h×25%＝52.5 L/h；盥洗槽取30℃，50 L/h。

根据《建水标准》式 (6.4.1-2)，$Q_h = \sum q_h C (t_{r1} - t_L) \rho_r n_0 b_g C_\gamma$

正解如下：

$Q_h = 210 \times 25\% \times 4.187 \times (37-10) \times 1 \times 30 \times 80\% \times 1.1 + 50 \times 4.187 \times (30-10) \times 1$
$\times 10 \times 100\% \times 1.1 = 202742.91 kJ/h$。

错解： A选项错误，当忘记考虑上限，直接取表 3.7.8-1 中下限时，

$Q_h = 210 \times 25\% \times 4.187 \times (37-10) \times 1 \times 30 \times 5\% \times 1.1 + 50 \times 4.187 \times (30-10) \times 1 \times 10 \times 5\% \times 1.1 = 12095.72 kJ/h$；

C选项错误，当不考虑25%时，

$Q_h = 210 \times 4.187 \times (37-10) \times 1 \times 30 \times 80\% \times 1.1 + 50 \times 4.187 \times (30-10) \times 1 \times 10 \times 100\% \times 1.1 = 672800.66 kJ/h$；

D选项错误，当不考虑25%，且选错 b_g 时，

$Q_h = 210 \times 4.187 \times (37-10) \times 1 \times 30 \times 100\% \times 1.1 + 50 \times 4.187 \times (30-10) \times 1 \times 10 \times 100\% \times 1.1 = 829486.57 kJ/h$。

23. 答案：【B】。

解析：

根据《建水标准》4.5.3条：

(1) 健身中心的卫生间，其卫生器具（除冲洗水箱坐便器外）的同时排水百分数按《建水标准》表 3.7.8 中的规定采用；

(2) 其余应按体育场馆运动员休息室的同时给水百分率采用；

(3) 当计算值小于一个大便器排水流量时，应按一个大便器的排水流量计算。

$q_g = \sum q_0 n_0 b_g$
$= 8 \times 0.1 \times 50\% + 6 \times 0.15 \times 60\% + 2 \times 0.1 \times 12\% + 2 \times 0.1 \times 2\% + 2 \times 0.1 \times 10$
$= 0.4 + 0.54 + 0.024 + 0.004 + 0.02 = 0.988 L/s < 1.5 L/s，取 1.5 L/s$

错解： A选项错误，A选项为计算值，没有和一个大便器的排水流量作对比；

C选项错误，冲洗水箱大便器的同时排水百分数按《建水标准》表 3.7.8-1 取20%，没有和一个大便器的排水流量作对比。

$q_g = \sum q_0 n_0 b_g$
$= 8 \times 0.1 \times 50\% + 6 \times 0.15 \times 60\% + 2 \times 0.1 \times 20\% + 2 \times 0.1 \times 2\% + 2 \times 0.1 \times 10\%$
$= 0.4 + 0.54 + 0.04 + 0.004 + 0.02 = 1.004 L/s$，

D选项错误，按《建水标准》式 (4.5.2) 计算。

$$q_{\mathrm{g}} = 0.12\alpha\sqrt{N_{\mathrm{p}}} + q_{\max} = 0.12 \times 2 \times \sqrt{8 \times 0.3 + 6 \times 0.45 + 2 \times 4.5 + 2 \times 3.6 + 2 \times 0.3}$$
$$+ 1.5 = 2.62\mathrm{L/s}$$

24. 答案：【C】。

解析：

根据《建水标准》4.10.15 条：

$$V_{\mathrm{W}} = \frac{m_{\mathrm{f}}b_{\mathrm{f}}q_{\mathrm{w}}t_{\mathrm{w}}}{24 \times 1000} = \frac{1000 \times 40\% \times 15 \times 12}{24 \times 1000} = 3\mathrm{m}^3$$

$$V_{\mathrm{n}} = \frac{m_{\mathrm{f}}b_{\mathrm{f}}q_{\mathrm{n}}t_{\mathrm{n}}(1-b_{\mathrm{x}})M_{\mathrm{s}} \times 1.2}{(1-b_{\mathrm{n}}) \times 1000} = \frac{1000 \times 40\% \times 0.2 \times 180 \times (1-95\%) \times 0.8 \times 1.2}{(1-90\%) \times 1000} =$$

$6.912\mathrm{m}^3$

$$V = V_{\mathrm{W}} + V_{\mathrm{n}} = 3 + 6.912 = 9.912\mathrm{m}^3$$

错解： A 选项错误，A 选项为污废合流情况下，化粪池的最小有效容积：

$$V_{\mathrm{W}} = \frac{m_{\mathrm{f}}b_{\mathrm{f}}q_{\mathrm{w}}t_{\mathrm{w}}}{24 \times 1000} = \frac{1000 \times 40\% \times 0.85 \times 40 \times 12}{24 \times 1000} = 6.8\mathrm{m}^3$$

$$V_{\mathrm{n}} = \frac{m_{\mathrm{f}}b_{\mathrm{f}}q_{\mathrm{n}}t_{\mathrm{n}}(1-b_{\mathrm{x}})M_{\mathrm{s}} \times 1.2}{(1-b_{\mathrm{n}}) \times 1000} = \frac{1000 \times 40\% \times 0.3 \times 180 \times (1-95\%) \times 0.8 \times 1.2}{(1-90\%) \times 1000}$$

$= 10.368\mathrm{m}^3$

$$V = V_{\mathrm{W}} + V_{\mathrm{n}} = 6.8 + 10.368 = 17.168\mathrm{m}^3$$

B 选项错误，为污废合流情况下，化粪池污泥部分的最小有效容积：$V_{\mathrm{n}} = 10.368\mathrm{m}^3$；

D 选项错误，为污废分流情况下，化粪池污泥部分的最小有效容积：$V_{\mathrm{n}} = 6.912\mathrm{m}^3$。

25. 答案：【A】。

解析：

中水用水量，计算方法同建筑给水。根据《中水标准》3.1.4 条：

冲厕最高日用水量：$250 \times 1000 \times 21\% \div 1000 = 52.5\mathrm{m}^3/\mathrm{d}$；

中水用水总量为 $Q_z = 52.5 + 20 = 72.5\mathrm{m}^3/\mathrm{d}$；

间歇运行时，中水储水池的最小有效容积，根据《中水标准》式（5.5.8-4）、式（5.3.3）：

$$Q_{\mathrm{zc}} = 1.2 \times (Q_{\mathrm{h}} \cdot T - Q_{\mathrm{zt}}) = 1.2 \times [T \times (1 + n_1) \times Q_z / t - Q_{\mathrm{zt}}]$$

Q_{zt} 为日最大连续运行时间（T）内的中水用水量，$t = 6\mathrm{h}$，$T = 4\mathrm{h}$，因为住宅小区用水是 24h 的，故平均每小时用水量为 $72.5 \div 24$，$Q_{\mathrm{zt}} = 4 \times 72.5 \div 24$

得 $Q_{\mathrm{zc}} = 1.2 \times (4 \times 1.05 \times 72.5 \div 6 - 4 \times 72.5 \div 24) = 46.4\mathrm{m}^3$

专业案例模拟题（下午）参考答案与解析

1. 答案：【B】。

解析：

（1）整个城市的最高日平均时用水量：$Q_1 = 64800 \div 24 = 2700\text{m}^3/\text{h}$；

C 区的最高日平均时用水量：$Q_2 = 20000 \div 24 = 833.33\text{m}^3/\text{h}$；

最高日最高时，二级泵站、水塔、调蓄水库同时供水的总量：$Q_3 = 1970 + 400 + 600 = 2970\text{m}^3/\text{h}$；

（2）改造后整个城市：$K_\text{h} = Q_3/Q_1 = 2970 \div 2700 = 1.1$；C 区的：$K_\text{h}' = (400 + 600) \div 833.33 = 1.2$。

2. 答案：【D】。

解析：

（1）根据顺时针方向为正、逆时针方向为负的假定，凡是水流方向与校正流量 Δq 方向一致的管段，加上校正流量，水流方向与校正流量 Δq 方向相反的管段，减去校正流量，即求它们的代数和；

（2）由此可以得出：公共管段 2—5 在环 Ⅰ 中为顺时针方向，应加上校正流量，$q_{25} + (-3) = q_{25} - 3$，再加上负号放入环 Ⅱ 中计算，得到水力平差计算前公共管段 q_{25} 的分配流量：$-(q_{25} - 3) + 2 = -15$，计算得：$q_{25} = 15 + 5 = 20\text{L/s}$。

3. 答案：【C】。

解析：

（1）根据《给水工程》教材 4.1.2 节：

切削叶轮 5% 后的水泵轴功率与切削叶轮前的水泵轴功率之比：

$$B = N_1/N_0 = (D_1/D_0)^3 = (0.95 \div 1)^3 = 0.857;$$

切削叶轮前水泵轴功率：$N_0 = N_\text{y}/\eta_1 = 9.8 \times (1700 \div 3600) \times (80 \div 0.88) = 421\text{kW}$；

（2）切削叶轮后水泵轴功率：$N_1 = 421 \times 0.857 = 361\text{kW}$；

切削叶轮后拖动水泵动力（电机）功率为：$N_\text{j} = N_\text{y}/\eta_1 = 361 \div 0.95 = 380\text{kW}$；

切削叶轮后水泵配用电机功率为：$N_\text{P} = k \times N_\text{j} = 1.08 \times 380 = 410\text{kW}$。

4. 答案：【B】。

解析：

（1）错误一：进水孔设计为一层。根据《给水工程》教材可知，水位变幅大于 6m，一般设置成两层进水孔，本题水位变幅远远大于 6m，故设计两层进水孔更合理；

（2）错误二：泵房进口标高用百年一遇洪水位计算。根据《室外给水标准》5.3.7条、5.3.11 条可知，泵房进口标高 ≥ 150 年一遇，洪水位 100.70m + 浪高 0.50m + 超高 0.50m = 101.70m；

（3）错误三：进水孔上缘设计标高错误。根据《室外给水标准》5.3.15 条可知，进水孔上缘设计标高应从冰层下缘起算＝92.60－0.40－0.30＝91.90m。

（4）根据以上分析，共有 3 处错误。

5. 答案：【B】。

解析：

（1）根据《给水工程》教材式（6-1）异向絮凝速度，以及【例题 6-1】可知：

$\dfrac{\mathrm{d}n}{\mathrm{d}t}=-\dfrac{4}{3\upsilon\rho}KT\eta n^2$；$\dfrac{\mathrm{d}n}{n^2}=-\dfrac{4}{3\upsilon\rho}KT\eta\mathrm{d}t$；$\dfrac{1}{n}-\dfrac{1}{n_0}=\dfrac{4}{3\upsilon\rho}KT\eta t$；$t=\dfrac{1}{n_0}\cdot\dfrac{3\upsilon\rho}{4KT\eta}$；

（2）当 $n=0.5n_0$ 时，对应时间：

$$t=\dfrac{1}{3\times10^6}\times\dfrac{3\times0.01\times1}{4\times1.38\times10^{-16}\times(273+20)\times0.5}=123658.3\text{s}=34.35\text{h}。$$

6. 答案：【D】。

解析：

（1）设单格面积为 $F(\text{m}^2)$，则滤池的处理流量：$Q=11\times(8-1)\times F=77F\text{m}^3/\text{h}$，

反冲洗所用流量：$Q_1=77F\times(1-30\%)=53.9F\text{m}^3/\text{h}$，

反冲洗强度：$q=Q_1/F=53.9F\div F=53.9(\text{m/h})=14.97\text{ L}/(\text{m}^2\cdot\text{s})$；

（2）根据《给水工程》教材式（8-23），$H=\dfrac{1}{2g}\times\left(\dfrac{qF\times10^{-3}}{\mu f}\right)^2$，计算得：

滤池过滤面积/配水系统孔口总面积＝$F/f=67$。

7. 答案：【B】。

解析：

根据《给水工程》教材表 12-1、表 12-2：考虑水流走超越管时，整个水力流程为重力自流，V 型滤池进水水位：$H_1=12.8+13.3-0.5-0.1-0.3-0.5=24.7$m，

V 型滤池出水水位：$H_2=16.8+0.3+4.5+0.6=22.2$m，

V 型滤池的水头损失：$h=H_1-H_2=24.7-22.2=2.5$m。

8. 答案：【A】。

解析：

$$V=10H\varphi F=10\times33.6\times0.66\times\dfrac{1700\times34}{10000}=1281.7\text{m}^3$$

9. 答案：【D】。

解析：

分别计算小区 A、B 的污水量：

$Q_{dr1}=\dfrac{200\times300\times150}{86400}=104.17\text{L/s}$，$Q_{dr2}=\dfrac{300\times300\times150}{86400}=156.25\text{L/s}$；

管段 5 设计流量：

$$Q_5=Q_s-n_A Q_{dr1}=600-3\times104.17=287.5\text{L/s}；$$

管段 4 设计流量：

$$Q_4=(n_B+1)(Q_{dr1}+Q_{dr2})=(2+1)\times(104.17+156.25)=781.26\text{L/s}；$$

管段 6 设计流量：

$$Q_6=Q_3+Q_2-Q_4=(3+1)\times104.17+(156.25+800)-781.26=591.7\text{L/s}；$$

结论：管段 5 设计流量为 287.5L/s；管段 6 设计流量为 591.7L/s；合流污水处理厂

设计流量为 781.26L/s。

10. 答案：【D】。

解析：计算调蓄池容积 V：

$$V = 3600t_i(n_1 - n_0)Q_{dr}\beta = 3600 \times 1.5 \times (4-2) \times 0.5 \times 1.5 = 8100\text{m}^3;$$

计算调蓄量 D：

$$V = 10DF\varphi\beta \Rightarrow D = \frac{V}{10F\varphi\beta} = \frac{8100}{10 \times 240 \times 0.25 \times 1.5} = 9\text{mm}。$$

11. 答案：【D】。

解析：

(1) 集水池容积 V：一台泵出流量为：$0.2\text{m}^3/\text{s}$，集水池容积 $V = 5 \times 60 \times 0.2 = 60\text{m}^3$；

(2) 有效水深 h：$h = V/A = 60 \div 50 = 1.2\text{m}$；

(3) 最高水位：$130 - 0.24 = 129.76\text{m}$；

(4) 最低水位：$129.76 - 1.2 = 128.56\text{m}$。

12. 答案：【C】。

解析：

(1) 沉砂池池长 $L = vt = 0.05 \times 7 \times 60 = 21\text{m}$，A 选项正确；

(2) 设计流量 $Q = 40000 \times K_z = 40000 \times 1.62 = 64800\text{m}^3/\text{d}$，总有效容为 V，则

$$V = Qt = \frac{64800}{24 \times 60} \times 7 = 315\text{m}^3，D 选项正确；$$

(3) 沉砂池的沉斗总容积至多为：$0.03 \times 40000 \times 2 \div 1000 = 2.4\text{m}^3$，B 选项正确；

(4) 2 格沉砂池曝气量至少为 $D = 2 \times 5 \times 21 \times 3.6 = 756\text{m}^3/\text{h}$，C 选项错误。

13. 答案：【C】。

解析：

(1) 已知每日排放污泥混合液 $Q_w = 200\text{m}^3$，污泥回流比 $R = 100\%$，污泥龄 $\theta_c = 3.5\text{d}$，

$$\theta_c = \frac{VX}{\Delta X} = \frac{VX}{Q_w \cdot X_R} \rightarrow \frac{V}{Q_w} \cdot \frac{R}{R+1} = \frac{V}{200} \times \frac{1}{2} = 3.5\text{d} \rightarrow V = 1400\text{m}^3;$$

(2) 已知活性污泥产率系数 $Y = 0.24\text{gVSS/gBOD}$，内源代谢系数 $K_d = 0.07\text{gVSS/(gVSS·d)}$，

$$Y_{obs} = \frac{Y}{1 + K_d\theta_c} = \frac{0.24}{1 + 0.07 \times 3.5} = 0.1928;$$

(3) 已知进水 $S_0 = 220\text{mg/L}$，出水 $S_e = 10\text{mg/L}$，设计流量 $Q = 5000\text{m}^3/\text{d}$，活性污泥的 P 含量 $\mu = 0.09\text{gP/gVSS}$，

$$\Delta P = \mu Y_{obs} \cdot Q(S_0 - S_e) = 0.09 \times 0.1928 \times 5000 \times (220 - 10) = 18219.6\text{g};$$

(4) 出水 P 浓度：$P = 6 - \frac{18219.6}{5000} = 2.36\text{mg/L}$。

14. 答案：【A】。

解析：

(1) 浓缩池面积 A：

$$A = \frac{QC}{M} = \frac{500 \times (1 - 97.5\%) \times 1000 + 1000 \times (1 - 99.4\%) \times 1000}{60} = 308.3\text{m}^2;$$

（2）根据《室外排水标准》8.2.1条第2款，浓缩时间不宜小于12h，D选项错误；

（3）当浓缩时间为12h时，有效水深：$h = \dfrac{V}{A} = \dfrac{Qt}{A} = \dfrac{\dfrac{(500+1000)}{24} \times 12}{308.3} = 2.43\text{m}$，A选项正确；

当浓缩时间为15h时，有效水深：$h = \dfrac{V}{A} = \dfrac{Qt}{A} = \dfrac{\dfrac{(500+1000)}{24} \times 15}{308.3} = 3.04\text{m}$，B选项错误。

15. 答案：【D】。

解析：

（1）分离区面积 $A_分$：$A_分 = \dfrac{(1+R)Q}{L_q} = \dfrac{\left(1+\dfrac{1}{4}\right) \times 2500}{24 \times 4.5} = 28.94\text{m}^2$；

（2）加大回流比后加压溶气废水量 Q_R：

$$\dfrac{Q_R}{Q_{R原}} = \dfrac{\dfrac{A}{S}QS'}{\dfrac{A}{S}QS} = \dfrac{S'}{S} = \dfrac{178}{100} \Rightarrow Q_R = \dfrac{178}{100} \times \dfrac{1}{4} \times 2500 = 1112.5\text{m}^3/\text{d}。$$

16. 答案：【D】。

解析：

根据《建水标准》3.7.5条第1款，先求 $u_0 = \dfrac{100 \times 300 \times 3 \times 2.0}{0.2 \times 6 \times 24 \times 3600} = 1.74$，

根据题设，总当量总数为 $3500 \times 6 = 21000$，

根据《建水标准》3.7.5条第1款，超过附录C的最大值，用最大时流量；即 $3500 \times 3 \times 300 \times 2.0 \div 24 \div 1000 = 262.5\text{m}^3/\text{h}$。

错解： A选项错误，按平均时：$262.5 \div 2 = 131.25\text{m}^3/\text{h}$；

C选项错误，若错误用 $u_0 = 1.74$，求 α_c，内插后 $\alpha_c = 0.0089$，$u = 0.015$，代入可得：$q_g = 0.2uN_g = 0.2 \times 0.015 \times 21000 = 63\text{L/s} = 226.8\ \text{m}^3/\text{h}$。

17. 答案：【A】。

解析：

根据《建水标准》3.2.2条及条文说明：

（1）住宅属于用水分散型的建筑物，宜按给水系统的设计秒流量选用水表的"过载流量"较合理。"过载流量"是"常用流量"的1.25倍；

（2）居住小区由于人数多、规模大，虽然按设计秒流量计算，但已接近最大用水时的平均秒流量。以此流量选择小区引入管水表的常用流量；

（3）居住小区引入管为2条及2条以上时，则应平均分摊流量；

（4）居住小区生活给水设计流量还应按消防规范的要求叠加区内一起火灾的最大消防流量校核，不应大于水表的"过载流量"。

则每栋住宅的设计秒流量为水表常用流量的1.25倍，即 $9.8 \div 3.6 \times 1.25 = 6.875\text{L/s}$

居住小区最大时流量为 $54 \times 2 = 108\text{m}^3/\text{h}$

错解：B选项错误，144m³/h是居住小区每条引入管水表的过载流量；

C选项错误，5.5L/s是每栋住宅引入管水表的常用流量，不是设计秒流量；

D选项错误，5.5L/s是每栋住宅引入管水表的常用流量，不是设计秒流量；54m³/h是小区每条引入管水表的常用流量，不是居住小区最大时流量。

18. 答案：【B】。

解析：

本题考察计算水泵扬程，以及室外消火栓最低工作压力，根据《消水规》10.1.6条，管道局部水损按10%计，总水头损失为 $1.1 \times 14.8 = 16.28$m，

则 $H_泵 = 1.2 \times 16.28 + 5.8 + 10 = 35.34$m；其中10m根据《消水规》7.2.8条得。

19. 答案：【D】。

解析：

根据《自喷规范》附录A可知，该厂房为严重危险等级Ⅰ级；

则根据《自喷规范》表5.0.1和表5.0.2可知，超过最大净空高度为8～12m时，泡沫塑料生产车间的喷水强度为 $20L/(min \cdot m^2)$，作用面积为160m²；再根据《自喷规范》表7.1.2注2和表6.1.1可知，应选用 $K \geqslant 115$ 的喷头，且每只喷头保护面积为9m²；$q = D \times S = 20 \times 9 = 180$L/s；

又 $q = K\sqrt{10P}$，则当 $q=180$，$K=115$ 时，可得 $180 = 115\sqrt{10P}$，即 $P=0.25$MPa。

20. 答案：【D】。

解析：

$H_泵 = h_静 + 水损 + 自由水头$；

$h_静 = (60-3+1.1) - (-4) = 62.1$m；

自由水头$=0.35$MPa$=35$m，水损$=$（吸水管+压水管）$\times 1.2 \times 1.2$；

$H_泵 = 0.01 \times (60-3+1.1) - (-4) + 1.2 \times (0.1+0.02) + 0.35 = 1.115$MPa $=111.5$m。

21. 答案：【D】。

解析：

根据《建水标准》6.6.7条第1款和《建水工程》教材式（4-28）：

$$Q_g = \frac{m \times q_r \times C \times (t_r - t_1) \times \rho_r \times C_\gamma}{T_5}$$

$$= \frac{600 \times 2 \times 100 \times 4.187 \times (60-10) \times 1 \times 1.1}{16} = 1727138\text{kJ/h}；$$

最小的水源热泵的水源取水量：

$$q_j = \frac{\left(1 - \frac{1}{\text{cop}}\right) \times Q_g}{\Delta t_{ju} \times C \times \rho_j} = \frac{\left(1 - \frac{1}{3}\right) \times 1727138}{8 \times 4.187 \times 1} = 34375\text{kJ/h}。$$

22. 答案：【B】。

解析：

先判断热媒能力，本题给了热水设计秒流量，先用"半即热"式试算，

$Q_h = 3600 q_g C(t_r - t_L)C\rho_r = 3600 \times 2 \times (60-5) \times 4.187 \times 1 = 1658052$kJ/h

即可以满足"半即热式"的供热量要求，则（1）、（2）错，（3）对，（4）错，洁具相

同时，定时所需耗热量大。

23. 答案：【D】。

解析：

（1）根据《建水标准》4.10.25 条，小区污水泵的流量应按小区最大小时生活排水流量选定；

（2）根据《建水标准》4.10.5 条及条文说明，小区室外生活排水最大小时排水流量应按住宅生活给水最大小时流量与公共建筑生活给水最大小时流量之和的 85%～95% 确定。不排入生活排水管道系统的给水量不应计入。故小区绿化排水不计入排水管道系统。

$$q = \left(\frac{120}{24} \times 2.5 + \frac{60}{10} \times 2.0 + \frac{80}{8} \times 1.0 + \frac{40}{12} \times 1.5\right) \times 85\% = 39.5 \times 85\% = 33.575 \text{m}^3/\text{h}$$

错解： A 选项错误，A 选项为小区最高日最高时给水量：

$$q = \frac{120}{24} \times 2.5 + \frac{60}{10} \times 2.0 + \frac{80}{8} \times 1.0 + \frac{40}{12} \times 1.5 + \frac{10}{2} \times 1.0 = 44.5 \text{m}^3/\text{h}$$

B 选项错误，B 选项为小区排水管道最大时流量时，加了绿化排水量：

$$q = \left(\frac{120}{24} \times 2.5 + \frac{60}{10} \times 2.0 + \frac{80}{8} \times 1.0 + \frac{40}{12} \times 1.5 + \frac{10}{2} \times 1.0\right) \times 85\% = 37.825 \text{m}^3/\text{h}$$

C 选项错误，C 选项为小区排水管道最大时流量的最大值：

$$q = \left(\frac{120}{24} \times 2.5 + \frac{60}{10} \times 2.0 + \frac{80}{8} \times 1.0 + \frac{40}{12} \times 1.5\right) \times 95\% = 39.5 \times 95\%$$
$$= 37.525 \text{m}^3/\text{h}$$

24. 答案：【D】。

解析：

根据《建水标准》5.2.4 条、5.2.5 条及附录 F，设计重现期 5 年、总排水能力取 10 年，

$$Q_{设} = \frac{q_j \times \varphi \times F_w}{10000} = \frac{110 \times 1 \times 1500}{10000} = 16.5 \text{L/s}; Q_{总} = \frac{q_j \times \varphi \times F_w}{10000} = \frac{200 \times 1 \times 1500}{10000}$$
$$= 30 \text{L/s};$$

$$Q_{yL} = Q_{总} - Q_{设} = 30 - 16.5 = 13.5 \text{L/s};$$

$$Q_{yL} = 400 b_{yL} \sqrt{2gh_{yL}^{3/2}} = 400 b_{yL} \times \sqrt{2 \times 9.81} \times 0.1^{3/2} = 13.5 \text{L/s};$$

$$b_{yL} = 0.241 \text{m} = 241 \text{mm}。$$

错解： A 选项错误，$Q_{设}$ 乘以 1.5

$$Q_{设} = 1.5 \times \frac{q_j \times \varphi \times F_w}{10000} = 1.5 \times \frac{110 \times 1 \times 1500}{10000} = 24.75 \text{L/s};$$

$$Q_{总} = \frac{q_j \times \varphi \times F_w}{10000} = \frac{200 \times 1 \times 1500}{10000} = 30 \text{L/s}; Q_{yL} = Q_{总} - Q_{设} = 30 - 24.75 =$$

5.25 L/s；

$$Q_{yL} = 400 b_{yL} \sqrt{2g} h_{yL}^{3/2} = 400 b_{yL} \times \sqrt{2 \times 9.81} \times 0.1^{3/2} = 5.25 \text{L/s};$$

$$b_{yL} = 0.094 \text{m} = 94 \text{mm}。$$

C 选项错误，$Q_{设}$、$Q_{总}$ 重现期分别取 10 年、50 年，

$$Q_设 = \frac{q_j \times \varphi \times F_w}{10000} = \frac{200 \times 1 \times 1500}{10000} = 30 \text{L/s} ; \quad Q_总 = \frac{q_j \times \varphi \times F_w}{10000} = \frac{300 \times 1 \times 1500}{10000}$$

$$= 45 \text{L/s};$$

$$Q_{yL} = Q_总 - Q_设 = 45 - 30 = 15 \text{L/s};$$

$$Q_{yL} = 400 b_{yL} \sqrt{2g} h_{yL}^{3/2} = 400 b_{yL} \times \sqrt{2 \times 9.81} \times 0.1^{3/2} = 15 \text{L/s};$$

$$b_{yL} = 0.268 \text{m} = 270 \text{mm}。$$

D 选项错误，$Q_设$、$Q_总$ 重现期分别取 10 年、100 年，

$$Q_设 = \frac{q_j \times \varphi \times F_w}{10000} = \frac{200 \times 1 \times 1500}{10000} = 30 \text{L/s} ; \quad Q_总 = \frac{q_j \times \varphi \times F_w}{10000} = \frac{340 \times 1 \times 1500}{10000} =$$

$$51 \text{L/s};$$

$$Q_{yL} = Q_总 - Q_设 = 51 - 30 = 21 \text{L/s};$$

$$Q_{yL} = 400 b_{yL} \sqrt{2g} h_{yL}^{3/2} = 400 b_{yL} \times \sqrt{2 \times 9.81} \times 0.1^{3/2} = 21 \text{L/s};$$

$$b_{yL} = 0.375 \text{m} = 375 \text{mm}。$$

25. 答案：【D】。

解析：

根据《建筑与小区雨水规范》4.3.12 条、4.3.11 条，

场地雨水径流总量：$W = 10 \psi_z \times h_y \times F = 10 \times 0.56 \times 209 \times 15.22 = 17813.5 \text{m}^3$；

外排雨水量：$W_p = W - V_L = 17813.5 - 5200 = 12613.5 \text{m}^3$；

日降雨控制及利用率：$f_k = 1 - W_p / (10 h_p \times F) = 60.4\%$。